U0297782

教育部人文社会科学重点研究基地重大项目（12JJD790032）
教育部人文社会科学重点研究基地重大项目（16JJD790021）
国家自然科学基金项目（41671119）

海洋经济可持续发展研究
——以环渤海地区为例

孙才志　王泽宇 等/著

科学出版社
北京

内 容 简 介

海洋开发已成为我国沿海地区现代化进程中重要的推动力量和 21 世纪发展的战略重点，但各地区和各海洋产业部门间的恶性竞争所引出的资源配置问题给海洋经济的发展带来巨大挑战。环渤海地区是中国海洋经济最新隆起地带，对其可持续发展的探究具有重要意义。基于此背景，本书以环渤海地区为研究对象，从资源环境承载力和海洋经济可持续发展、陆海系统协调发展、海洋功能评价与海洋产业布局，以及海洋产业健康和安全评价四个方面探讨环渤海地区海洋经济的可持续发展，并提出针对性建议。

本书可为海洋资源与环境、海洋科技、海洋产业和海洋管理等方面的决策者、研究者和管理人员提供参考，亦可当作高等院校海洋地理类专业师生的参考用书。

图书在版编目（CIP）数据

海洋经济可持续发展研究：以环渤海地区为例 / 孙才志等著. —北京：科学出版社，2018.1

（海洋经济可持续发展丛书）

ISBN 978-7-03-055364-5

Ⅰ. ①海…　Ⅱ. ①孙…　Ⅲ. ①海洋经济-区域经济发展-研究-中国　Ⅳ. ①P74 ②F127

中国版本图书馆 CIP 数据核字（2017）第 279687 号

责任编辑：石　卉　孙　宇　乔艳茹 / 责任校对：贾娜娜
责任印制：赵　博 / 封面设计：有道文化

科 学 出 版 社 出版
北京东黄城根北街 16 号
邮政编码：100717
http://www.sciencep.com
北京厚诚则铭印刷科技有限公司印刷
科学出版社发行　各地新华书店经销
*
2018 年 1 月第　一　版　开本：720 × 1000　1/16
2024 年 8 月第三次印刷　印张：14 1/2
字数：252 000

定价：78.00 元

（如有印装质量问题，我社负责调换）

“海洋经济可持续发展丛书”
专家委员会

本书编委会

组　长　孙才志

副组长　王泽宇

成　员（以姓氏笔画为序）

于广华　李　欣　杨羽頔

邹　玮　徐　婷　高　扬

韩　建　谭雄合　童艳丽

丛 书 序

浩瀚的海洋，被人们誉为生命的摇篮、资源的宝库，是全球生命保障系统的重要组成部分，与人类的生存、发展密切相关。目前，人类面临人口、资源、环境三大严峻问题，而开发利用海洋资源、合理布局海洋产业、保护海洋生态环境、实现海洋经济可持续发展是解决上述问题的重要途径。

2500 年前，古希腊海洋学者特米斯托克利（Themistocles）就预言："谁控制了海洋，谁就控制了一切。"这一论断成为 18～19 世纪海上霸权国家和海权论者最基本的信条。自 16 世纪地理大发现以来，海洋就被认为是"伟大的公路"。20 世纪以来，海洋作为全球生命保障系统的基本组成部分和人类可持续发展的宝贵财富而具有极为重要的战略价值，已为世人所普遍认同。

中国是一个海洋大国，拥有约 300 万平方千米的海洋国土，约为陆地国土面积的 1/3。大陆海岸线长约 1.84 万千米，500 平方米以上的海岛有 6500 多个，总面积约 8 万平方千米；岛屿岸线长约 1.4 万千米，其中约 430 个岛有常住人口。沿海水深在 200 米以内的大陆架面积有 140 多万平方千米，沿海潮间带滩涂面积有 2 万多平方千米。辽阔的海洋国土蕴藏着丰富的资源，其中，海洋生物物种约 20 000 种，海洋鱼类约 3000 种。我国滨海砂矿储量约 31 亿吨，浅海、滩涂总面积约 380 万公顷，0～15 米浅海面积约 12.4 万平方千米，按现有科学水平可进行人工养殖的水面约 260 万公顷。我国海域有 20 多个沉积盆地，面积近 70 万平方千米，石油资源量约 240 亿吨，天然气资源量约 14 亿立方米，还有大量的可燃冰资源，就石油资源来说，仅在南海就有近 800 亿吨油当量，相当于全国石油总量的 50%。我国沿海共有 160 多处海湾、400 多千米深水岸线、60 多处深水港址，适合建设港口来发展海洋运输。沿海地区共有 1500 多处旅游景观资源，适合发展海洋旅游业。此外，在国际海底区域我国还拥有分布在太平洋的 7.5 万平方千米多金属结核矿区，开发前景十分广阔。

虽然我国资源丰富，但我国也是一个人口大国，人均资源拥有量不高。据统计，我国人均矿产储量的潜在总值只有世界人均水平的 58%，35 种重要矿产资源的人均占有量只有世界人均水平的 60%，其中石油、铁矿只有世界人均水平的 11%和 44%。我国土地、耕地、林地、水资源人均水平与世界人均水平相比差距更大。陆域经济的发展面临着自然资源禀赋与环境保护的双重压力，向海洋要资源、向海洋要空间，已经成为缓解我国当前及未来陆域资源紧张矛盾的战略方向。开发利用海洋，发展临港经济（港）、近海养殖与远洋捕捞（渔）、滨海旅游（景）、石油与天然气开发（油）、沿海滩涂合理利用（涂）、深海矿藏勘探与开发（矿）、海洋能源开发（能）、海洋装备制造（装）以及海水淡化（水）等海洋产业和海洋经济，是实现我国经济社会永续发展的重要选择。因此，开展对海洋经济可持续发展的研究，对实现我国全面、协调、可持续发展将提供有力的科学支撑。

经济地理学是研究人类地域经济系统的科学。目前，人类活动主要集聚在陆域，陆域的资源、环境等是人类生存的基础。由于人口的增长，陆域的资源、环境已经不能满足经济发展的需要，所以提出“向海洋进军”的口号。通过对全国海岸带和海涂资源的调查，我们认识到必须进行人海经济地域系统的研究，才能使经济地理学的理论体系和研究内容更加完善。辽宁师范大学在 20 世纪

70 年代提出把海洋经济地理作为主要研究方向，至今已有 40 多年的历史。在此期间，辽宁师范大学成立了专门的研究机构，完成了数十项包括国家自然科学基金、国家社会科学基金在内的研究项目，发表了 1000 余篇高水平科研论文。2002 年 7 月 4 日，教育部批准“辽宁师范大学海洋经济与可持续发展研究中心”为教育部人文社会科学重点研究基地，这标志着辽宁师范大学海洋经济的整体研究水平已经居于全国领先地位。

辽宁师范大学海洋经济与可持续发展研究中心的设立也为辽宁师范大学海洋经济地理研究搭建了一个更高、更好的研究平台，使该研究领域进入了新的发展阶段。近几年，我们紧密结合教育部基地建设目标要求，凝练研究方向、精炼研究队伍，希望使辽宁师范大学海洋经济与可持续发展研究中心真正成为国家级海洋经济研究领域的权威机构，并逐渐发展成为“区域海洋经济领域的新型智库”与“协同创新中心”，成为服务国家和地方经济社会发展的海洋区域科学领域的学术研究基地、人才培养基地、技术交流和资料信息建设基地、咨询服务中心。目前，这些目标有的已经实现，有的正在逐步变为现实。经过多年的发展，辽宁师范大学海洋经济与可持续发展研究中心已经形成以下几个稳定的研究方向：①海洋资源开发与可持续发展研究；②海洋产业发展与布局研究；③海岸带海洋环境与经济的耦合关系研究；④沿海港口及城市经济研究；⑤海岸带海洋资源与环境的信息化研究。

党的十八大报告提出，要提高海洋资源开发能力，发展海洋经济，保护海洋生态环境，坚决维护国家海洋权益，建设海洋强国。当前，我国经济已发展成为高度依赖海洋的外向型经济，对海洋资源、空间的依赖程度大幅提高，今后，我国必将从海洋资源开发、海洋经济发展、海洋科技创新、海洋生态文明建设、海洋权益维护等多方面推动海洋强国建设。

“可上九天揽月，可下五洋捉鳖”是中国人民自古以来的梦想。“嫦娥”系列探月卫星、“蛟龙号”载人深潜器，都承载着华夏子孙的追求，书写着华夏子孙致力于实现中华民族伟大复兴的豪迈。我们坚信，探索海洋、开发海洋，同样会激荡中国人民振兴中华的壮志豪情。用中国人的智慧去开发海洋，用自主创新去建设家园，一定能够让河流山川与蔚蓝的大海一起延续五千年中华文明，书写出无愧于时代的宏伟篇章。

"海洋经济可持续发展丛书"专家委员会主任
辽宁师范大学校长、教授、博士生导师
韩增林
2017年3月27日于辽宁师范大学

前　言

海洋是人类生存和发展的基本环境和重要资源，是世界各国进入全球经济体的重要桥梁。随着陆域资源的紧张和能源的日益短缺，海洋成为世界主要沿海国家拓展经济和社会发展空间的载体。从全球范围来看，中国是一个海陆兼备的国家，管辖海域面积约 300 万平方千米，约占中国陆地总面积的 1/3。随着我国开放型经济的形成，海洋的战略地位突出，海洋经济对国民经济和社会发展的支撑作用也越来越明显。继党的十八大报告首次提出“建设海洋强国”之后，国家发展和改革委员会和国家海洋局联合印发《全国海洋经济发展“十三五”规划》，该文件的公布有助于推动我国海洋强国战略的实施。发展海洋经济、开发利用海洋资源是一国最重要的发展战略之一，在国家经济社会发展全局中的地位和作用日益突出。壮大海洋经济、拓展蓝色发展空间，对于实现“两个一百年”奋斗目标，实现中华民族伟大复兴的中国梦具有重大意义。

近年来，我国海洋经济总体态势保持良好，海洋经济总体实力进一步提升；布局进一步优化；结构调整加快；海洋科技创新与应用取得新成效；海洋管理与公共服务能力进一步提升；海洋经济对外开放不断扩展。但同时也要看到，世界经济仍处于深度调整期，仍未摆脱低迷状态，国际市场需求依旧乏力，地缘政治关系复杂多变，给我国海洋经济相关领域的对外投资、拓展海洋经济发展空间带来诸多不确定性。我国经济发展进入新常态，海洋经济发展不平衡、不协调、不可持续的问题依然存在，海洋经济发展布局有待优化，海洋产业结构调整和转型升级压力加大，部分海洋产业存在产能过剩问题，自主创新和技术成果转化能力有待提高，海洋生态环境承载压力不断加大，海洋生态环境退化，陆海协同保护有待加强，海洋灾害和安全生产风险日益突出，保障海洋经济发展的体制机制尚不完善等，这些因素仍制约着我国海洋经济的持续健康发展。

目前，国内外关于海洋经济发展的研究比较丰富，笔者通过整理相关文献发现，区域海洋经济差异是近年来的一个热点问题；海洋产业研究的热点主要集中在海洋产业结构与布局及其优化、海洋产业竞争力、海洋产业集群、现代海洋产业等方面；可持续发展方面的研究主要集中在海洋经济可持续发展的评价、海洋资源开发利用的可持续及人类与海洋关系的脆弱性等方面。本书在前人研究的基础上，在资源环境承载力和海洋经济可持续发展方面，首先对海域承载力进行评价分析，为海域承载力研究提供了新的研究思路与方法；其次以资源环境承载力为基础，从资源和环境对经济发展的阻尼效应入手，对每一种阻尼类型进行机制分析，为海洋经济持续健康发展理论开辟了新的路径；最后在代谢视角下考察海洋经济系统的可持续发展程度，并针对不同地区的海洋经济可持续发展状况进行时空差异分析，揭示其内在变化规律。本书将更加系统而直观地呈现出环渤海地区海洋经济可持续发展的现状，进一步完善海洋经济的可持续发展理论。在陆海系统协调发展方面，在国外相关研究比较欠缺，国内相关研究刚刚起步的大背景下，本书从省域、市域和县域三个研究尺度出发，分别探讨海陆一体化发展与地域间竞合关系，陆海系统协调度时空差异和沿海经济的空间溢出效应，为进一步拓展陆海关系研究的层次与深度，进一步丰富陆海统筹关系测度方法和思路，进一步完善相关理论体系发挥积极的作用。在海洋功能评价与海洋产业布局方面，本书首先以海洋功能评价为着眼点，根据系统论中结构决定功能的基本原理，对环渤海地区海洋功能进行评价；其次，本书更加注重产业的载体，也就是沿海城市，在产业布局中着重考虑城市所具备的产业发展条件，使产业布局的视野更加开阔。国内外尚无针对海洋产业健康测度方面的研究，对海洋产业安全测度方面的研究也较少，相关研究集中在海洋产业关联、海洋产业结构、主导海洋产业和海洋产业生态环境保护等方面，缺乏对海洋产业健康和安全系统性的理论研究，且现存的研究方法比较单一，急需多样化的实证研究。本书运用科学的方法和指标体系研究海洋产业健康及安全，为制定环渤海地区海洋产业发展规划提供科学参考，具有一定的理论和实践意义。

本书共六章。第一章为绪论，主要内容为本书的研究背景及意义、国内外研究现状及趋势。第二章为理论基础，主要包括海洋资源环境与经济发展相关理论、陆海协调互动相关理论、海洋功能与产业布局相关理论及海洋产业健康和安全相关理论。第三章为海洋经济可持续发展综合测度，从海域承载力研究，海洋资源、环境阻尼效应测度分析和海洋经济可持续发展研究三个方面进行了阐述。第四章为陆海统筹测度研究，从省域、市域和县域三个研究尺度出发，分别探讨海陆一体化发展与地域间竞合关系，陆海系统协调度时空差异和沿海经济的空间溢出效应。第五章为海洋功能评价与海洋产业布局研究，主要内容是以海洋功能评价为着眼点，根据系统论中结构决定功能的基本原理，对环渤海地区海洋功能进行评价，考虑城市所具备的产业发展条件，在产业布局中以沿海城市为载体，衡量海洋产业发展的基础。第六章为环渤海地区海洋产业健康和安全评价研究，主要内容包括海洋产业健康和安全的概念，环渤海地区海洋产业健康评价及时空分异分析，环渤海地区海洋产业安全评价及时空分异分析，以及环渤海地区海洋产业健康和安全发展政策建议等。

本书由孙才志、王泽宇设计整体框架，第一章和第二章由童艳丽完成；第三章由孙才志、于广华、李欣、覃雄合、王泽宇完成；第四章和第五章由孙才志、高扬、韩建、杨羽頔、邹玮完成；第六章由孙才志、徐婷完成；姜坤参与了本书的校对工作，在此一并表示感谢！

孙才志

2017年8月

目　　录

第一章

绪　论

海洋经济是开发、利用和保护海洋的各类产业活动及与之相关联活动的总和。随着海洋资源的开发利用不断加强，在我国沿海开发过程中，海洋经济在国民经济体中的地位越来越高，对产业结构的调整和经济的增长起着重要的作用。环渤海地区是中国北部沿海的黄金地带，位于东北亚经济区的中心位置，是中国协调南北经济发展，参与全球经济合作的重要区域。渤海、黄海具有丰富的海洋资源，为环渤海地区提供了经济发展的物质基础，是中国海洋经济最新隆起地带。但是，随着海洋开发的深入，许多问题和矛盾凸显，环渤海地区的资源和环境受到较大破坏，严重制约了海洋经济的发展。因此，当今学术界对环渤海地区海洋经济可持续发展的研究十分重视。

第一节　研究背景及意义

一、研究背景

（一）总体背景

我国是一个海洋大国，拥有丰富的海洋资源。20 世纪 90 年代以来，席卷整个沿海地区的海洋开发热潮，促进了我国海洋经济的持续快速发展，海洋经济在国民经济发展中的地位得到迅速提升，到 2016 年，全国海洋生产总值已达到 70 507 亿元。海洋经济对国民经济的贡献，也由 20 世纪 80 年代的不足 0.7%提升到 2016 年的 9.5%。海洋经济在整个国民经济体系中发挥着越来越重要的作用,海洋开发已经成为我国沿海地区现代化进程中重要的推动力量和 21 世纪发展的战略重点。

我国拥有长达约 1.84 万千米的大陆海岸线，管辖海域面积约 300 万平方千米，沿海区域跨越多个气候带，地理区位条件优越，海洋渔业、矿产、油气及旅游等资源丰富多样，在沿海区域率先对外开放的背景下，各具特色的海洋经济区域充分发挥自身比较优势，有效地促进了海洋经济的快速发展。然而，虽然我国海洋经济建设已取得一定成绩，但随着海洋开发活动增多，海洋经济发展中的各种问题和矛盾日益凸显，如我国海洋经济贡献度远低于发达国家，海洋经济中产业结构不合理，海洋资源利用率低，近海生态环境持续恶化，海洋开发科技含量不高，地方海洋人才匮乏，海洋综合管理和协调机制有待完善等。

1. 海洋资源利用率低下，近海生态环境恶化

随着沿海地区城市化进程的加快，人口和经济活动在海岸带高度集聚。世界上有 2/3 的大城市为临海城市，约有 70%的人口和工业资本。中国约有 50%的人口和 60%的国内生产总值（GDP）集中在沿海地区。然而，沿海地区也属于生态环境敏感地区，尤其是海岸带地区生态脆弱，易受气候变化、海陆相互作用等自然因素及人类活动的影响，而导致环境的恶化；海岸带的利用涉及海洋资源开发、港口建设、海水养殖、滩涂利用、滨海旅游等内容，这些经济开发活动在极大地满足人类社会需要的同时，也常常对沿海特别是海岸带地区带来严重破坏。

近几十年来，我国沿海地区经济社会高速发展，工业化、城市化进程显著加快，人们进行了多种多样的海岸带开发活动，从而导致海洋资源利用冲突、生态环境退化、生态系统服务功能丧失等问题越来越凸出。沿海地区主要有以下资源和环境问题：①沿海地区的人口密度增长过快，而人口是资源短缺、环境恶化和各种矛盾冲突的主要潜在因素；②临海工业迅速发展，城市化进程加快，争地矛盾突出；③工业、农业废水和生活污水的大量排放造成的近岸海域污染和淡水资源短缺；④沿海资源的过度开发造成资源的衰退；⑤海平面上升使得海岸侵蚀加强，大片滨海湿地丧失及洪涝灾害增加；⑥由于各种自然和人为因素的影响，渔业资源不断退化。

2. 陆海系统孤立发展，结构矛盾突出

我国是一个海陆兼备的国家，拥有 12 海里的领海、12 海里的毗连区及 200 海里的专属经济区和大陆架等管辖海域，面积约 300 万平方千米，相当于陆地总面积的约 1/3。单纯的海洋开发对国民经济的贡献是有限的。已有研究认为，海洋系统和陆域系统并不是彼此孤立的，两者共同构成地球生物的基本生存环境，并且海洋经济产业需要布局在沿海海域并以陆域经济为依托，因此海洋经济系统与陆域经济系统既具有时间上的对等性，又具有空间上的共存性，二者相互依存、密切联系。2011 年发布的《国民经济和社会发展第十二个五年规划

纲要》明确提出了“坚持陆海统筹，制定和实施海洋发展战略，提高海洋开发、控制、综合管理能力”的重要目标。

而当前我国陆海系统协调发展情况并不理想。首先，海洋经济规模小，经济贡献率低。陆海经济缺乏关联性和互动性，海洋资源优势未得到充分发挥，雄厚的陆域工业基础也未能有效带动海洋经济的进步。其次，海陆功能规划欠缺统一性，沿海经济建设与陆域经济区发展脱离。再次，海岸带资源过饱和使用，大规模填海造地活动在各地逐渐增多使得滨海地带生态系统遭到破坏，环境脆弱性问题更加突出，同时陆域污染的对海排放问题也加剧了近海生态环境的恶化程度。最后，各地区在海洋开发中缺乏一个强有力的陆海统筹协调管理组织。多部门分割管理的现行体制容易导致各地海岸带开发管理各自为政，各区域、各部门间缺乏协调，陆海间缺乏互动，以致恶性竞争加剧，产业布局混乱，加剧陆海结构性矛盾。

3. 海洋开发与海洋功能错位，产业布局混乱

随着海洋开发活动的复杂化与多元化，海洋开发中的各类矛盾日益突出，我国沿海地区普遍出现诸如海洋资源利用过度、海洋环境恶化、海洋生态系统功能退化等问题，最主要的原因是在海洋开发过程中只重视海洋的资源功能，而忽视海洋的生态、环境功能，没有按照海洋自然生态基础（海域承载力）确立海洋开发的主要功能，仍是为了海岸带综合管理（integrated coastal zone management，ICZM）而进行的部门区域规划，从而导致海洋开发活动与海洋实际功能的错位。2006 年国务院发布的《国民经济和社会发展第十一个五年规划纲要》第二十章明确提出“根据资源环境承载能力、现有开发密度和发展潜力……将国土空间划分为优化开发、重点开发、限制开发和禁止开发四类主体功能区……”，资源环境承载力问题已从理论发展到实践，成为主体功能区规划的科学基础和核心指标之一。海洋作为蓝色国土，应该作为一个有机组成部分参与到国土主体功能区规划中，而按照海洋自然生态基础（海域承载力）确立海洋空间的功能方向是科学开发海洋的重要前提。

此种情况意味着，当前我国海洋经济已进入调整优化时期。国务院印发的《全国海洋经济发展“十二五”规划》中也明确指出，“‘十二五’时期是加快海洋经济发展方式转变的重要阶段，必须科学判断和准确把握发展趋势，充分利用好各种有利条件，努力保持海洋经济长期平稳较快发展”，并要求“根据

不同地区和海域的自然资源禀赋、生态环境容量、产业基础和发展潜力……积极优化海洋经济总体布局”。由此可见，重新审视海洋功能与海洋产业的匹配度，进行海洋经济功能整合，并根据海洋经济功能整合结果来确定海洋产业方向与经济目标，科学布局海洋产业，有助于谋求陆海系统各构成要素之间在结构和功能联系上保持相对平衡,这也将成为破解当前海洋经济发展瓶颈的关键。

（二）环渤海区域背景

环渤海地区是指环绕渤海全部及黄海部分沿岸地区而组成的广大经济区域，与长江三角洲、珠江三角洲一起构成我国经济增长的“第三极”。环渤海地区的可持续发展、环渤海综合经济区的可持续发展、东北亚经济圈中心地位的持续性等都将取决于渤海及黄海海域资源、生态、环境的可持续利用能力。国家十分重视环渤海地区的经济发展和生态环境保护，把环渤海地区定义为我国重要的外向型经济区，充分利用其海上、河流、陆地、空中交通网络，建设经济技术开发区、保税区、新工业区和旅游区。近几年来，随着天津滨海新区、辽宁沿海经济带、黄河三角洲高效生态经济区、山东半岛蓝色经济区等国家战略的相继出台，国家对环渤海经济区发展提出了今后较长时期的战略要求，使得该区的现代化建设不断步入高潮。

从行政区划来看，环渤海地区覆盖辽宁、河北、山东三省及天津直辖市，共下辖 17 个沿海城市，包括天津，河北省的秦皇岛、唐山和沧州，辽宁省的大连、丹东、营口、盘锦、锦州和葫芦岛，山东省的滨州、东营、潍坊、烟台、威海、青岛和日照。环渤海地区海岸线长度 6924.2 千米，占全国陆地海岸线长度的 38.47%。凭借该区域内丰富和多样化的海洋资源和海洋能源，海洋经济已成为环渤海各地经济发展的强劲引擎，受到各级行政部门的高度重视。2011年，天津市发布了《天津市海洋经济和海洋事业发展“十二五”规划》，河北省发布了《河北省海洋科技与新兴产业发展规划（2011—2015 年）》，辽宁省发布了《辽宁省海洋经济发展“十二五”规划》，山东省《山东半岛蓝色经济区发展规划》获得国务院批复，已上升为国家战略。但与此同时，各地海洋经济的发展方式过于粗放，资源利用无序，生态脆弱性加剧，海洋产业布局与海洋功能严重错位，重大海洋生态问题经常发生。再加上传统海洋产业多比重过高，区域内和部门间不合理竞争加速内耗，区域海洋经济发展瓶颈已经十分明显。

二、研究意义

（一）海洋资源、环境和经济的可持续发展

统筹沿海地区社会、经济、资源与环境的协调发展，是我国新时期制定沿海区域发展战略的重要内容，而区域承载力是制定区域发展战略的重要依据之一。沿海地区是中国未来社会经济发展的重点区域，评价沿海地区的承载能力成为保证经济与生态协调发展的基础。目前环渤海地区海洋经济发展对海洋资源和空间的依赖程度较高。海域承载力研究对于该地区资源环境的可持续开发利用、区域经济社会协调发展具有重要意义。

海洋经济已成为我国国民经济的重要支柱之一。但是各省域由于地理位置、海洋资源环境、社会经济条件及技术开发水平的迥异，使得海洋经济发展存在差异。尤其是进入21世纪后，各省份纷纷出台海洋经济发展规划，海洋经济发展水平发生了变化。海洋经济发展动态演变分析研究及海洋资源环境阻尼效应研究，对于准确把握海洋经济发展状况具有重要的现实意义。

海洋经济的可持续发展一直是一个涉及面广、复杂性较高的议题，如果只是单纯将问题切割成各个部分作为独立问题来研究，显然欠缺科学性，也无法在实践中发挥指导作用。本书将海洋经济系统视为耗散结构，它不可能一直不停地通过耗能来支撑经济社会的发展，而必须从外界获取物质和能量，不断输出产品和废物，才能保持稳定有序的状态，犹如一个复杂的有机体，不断进行新陈代谢，实现海洋生态系统的优化、循环和再生。从这一独特的视角出发，显然对该地区海洋经济的可持续发展具有更加深入的实践指导意义。

（二）陆海系统统筹协调发展

海洋经济与陆域经济并不是孤立存在的，二者之间存在着密切的联系。在空间上，海洋开发是在陆域经济发展的基础上进行的，海洋经济通过沿海地区经济的支撑向内陆辐射，带动内陆腹地经济的发展，海洋经济发展中的制约因素需要在与陆域经济的互助互动中才能消除；陆域经济一方面利用海洋丰富的资源进行自身发展的补充，另一方面通过广阔的海洋向外进行产业延伸。在技术上，陆域经济发展过程中的成熟技术通过向海洋传播和转移推动了海洋产业的形成与发展，而海洋经济中的高新科技又能反过来促进陆域经济的发展。基于海洋经济与陆域经济之间的密切联系，对二者进行海陆经济一体化发展可以

对海陆资源配置进行帕累托改进，实现可持续利用，实现保护环境、建设美好生态的愿景。

在现实经济发展中，环渤海地区的海洋经济与陆域经济间面临着重重矛盾，已经成为制约海洋经济发展和资源利用效益提升的主要因素，主要体现在：海洋产业发展滞后于区域内经济整体结构；海陆功能区布局不协调；海陆产业结构衔接不完善，不利于海陆经济互补；环渤海海域环境和生态质量整体上不容乐观等。由于海洋产业的空间布局集中在海岸带地区，这就要求布局必须遵循海陆一体化原则，统筹考虑海陆域的自然条件、社会经济条件和技术水平等影响因素，合理配置海洋经济生产要素，实现产业布局合理化，同时配套基础设施建设和合理治理保护环境，实现海陆经济协调可持续发展。综上所述，海陆经济一体化的研究具有一定的现实意义。

陆海统筹发展议题相对来说具有更加宽泛的内涵，而不仅仅局限于经济系统。本书认为，所谓陆海统筹，就是在区域社会发展中，将陆域系统和海洋系统作为影响整个区域系统发展的两个重要子系统，综合考虑陆海在资源、环境、经济和社会发展上的特点，以陆海之间的优势互补和协调互动为着眼点，科学制定海洋和海岸带开发的陆海统一规划。其直接目的在于，有效利用陆域系统的优势来支撑海洋开发的广度和深度，再通过海洋系统的活力为陆域发展开拓更大的提升空间；而长远目的则在于实现陆海资源的合理配置，促进区域可持续发展。在不同视角下，通过对不同尺度的陆海统筹协调关系进行评价分析，特别是空间计量等先进测算方式的引入，将有助于解决环渤海地区当前出现的各种海陆系统间的冲突和矛盾，同时有助于实现整个区域的统筹协调发展。

（三）海洋功能整合与产业布局调整

环渤海地区在我国海洋经济版图中的地位举足轻重，但海洋经济在快速发展的同时，也带来了海洋资源开发利用不足、近岸海域环境污染、生态恶化等问题，并严重威胁到沿海地区的可持续发展。上述问题的出现主要是海洋利用方式与海洋功能发生错位发展导致的，因此，海洋功能评价是海洋资源可持续开发利用与海洋生态环境保护的重要前提。目前国内该领域的相关研究主要是海洋功能区划的研究，即根据区域的自然属性，结合人类社会需求，确定区域的主导功能，为海洋管理提供宏观指导依据，从而实现海洋资源的可持续开发和保护。我国的海洋功能区划始于 20 世纪 80 年代末期，我国历时六年完成了全国近岸海域的小比例尺区划。我国于1998～2001年开始启动中国近岸大比例尺海洋功能区划，并在此基础上编制了《全国海洋功能区划（2011—2020年）》。

可见，我国海洋功能区划侧重于海洋资源开发与海洋经济发展，对海洋生态环境关注不足，该方面指标缺项太多，同时缺乏宏观视野，从而导致海洋功能区划定位不清，地理分异不明显，难以发挥海洋功能的比较优势与特色，不利于海岸带综合管理。建立更加系统全面的海洋功能评价体系已成为海洋资源可持续开发利用与海洋生态环境保护的重要前提。

在海洋产业布局研究方面。针对以往研究在主导产业选择上主要关注于产业本身的问题，本书认为，产业的载体是沿海城市，在产业布局中应该着重考虑城市所具备的产业发展条件，使产业布局的视野更加开阔。与此同时，由于区域内部海洋经济发展的不平衡性，个别城市海洋产业开展丰富多样，而另一些城市产业单一落后，本书尝试在海洋经济发展滞后地区也甄选出前景好、适合开展的海洋产业，以达到区域海洋经济协调发展的目标。这对于产业同构和恶性竞争问题严重的环渤海地区来说显然具有更加积极的指导意义，这也是本书和实践方面联系最为紧密的部分。

（四）海洋产业健康和安全发展

党的十八大报告中明确提出“提高海洋资源开发能力，发展海洋经济，保护海洋生态环境，坚决维护国家海洋权益，建设海洋强国”，将海洋在党和国家工作大局中的地位提高到前所未有的高度。习近平在中共中央政治局第八次集体学习时强调：中国拥有广泛的海洋战略利益，坚决维护国家主权和海洋权益，着力让海洋经济成为新的增长点。大力发展海洋经济是毋庸置疑的历史潮流，在关注海洋经济增长的同时，应加大对海洋产业健康和安全的关注。海洋产业健康关乎沿海地区海洋产业健康发展甚至国家经济的健康发展。海洋产业安全是国家经济安全的重要组成部分，研究海洋产业安全问题对于维系国家经济安全具有重要的意义。

改革开放以来，环渤海地区经济的快速腾飞离不开海洋产业做出的积极贡献，2016年环渤海地区海洋经济总产值为24 323亿元，占全国海洋生产总值的34.5%[1]。环渤海地区掀起海洋经济开发热潮，但海洋产业发展遇到多方面问

---

① 资料来源：《2016年中国海洋经济统计公报》。

题，如多数城市海洋经济发展较慢、产业结构急需优化升级、生态环境容量告急、资源未得到有效利用等，促进海洋产业健康和安全发展迫在眉睫。

第二节 国内外研究现状及趋势

一、海域承载力研究

目前国外对海域承载力评价仅限于单要素评价，并没有综合性研究，多集中于对海洋渔业、贝类、海岸带等资源的承载力及可持续发展研究。Dame 和 Prins（1997）利用赫尔曼模型对 11 个海岸带和河口生态系统的双壳贝类的承载力进行了对比分析。Luo 等（2001）用 3D 空间显式模型对切萨皮克湾大西洋鲱鱼的承载力进行了时空分析。Vasconcellos 和 Gasalla（2001）运用营养模型研究了巴西南部地区的渔业捕捞和海洋生态系统承载力。Chadenas 等（2008）研究了资源的季节性压力和显著的区域性突变对承载力的影响，提出了一套包括承载力和发展能力的指标体系并将其用于法国沿海地区战略资源的承载力评价。Filgueira 和 Grant（2009）用生态系统盒子模型对加拿大爱德华王子岛特拉卡迪湾的贝类养殖承载力进行评价分析。

国内关于海域承载力的研究起步较晚，狄乾斌和韩增林（2004）首次将承载力概念应用于海域，提出了海域承载力的概念，并对其定义及内涵、研究内容、研究特点等进行了详细描述，还对评价指标体系的构建、定量化方法进行了探讨，借助状态空间法以辽宁海域为例进行了定量化测度。苗丽娟等（2006）首次提出海洋生态环境承载力概念，并对海洋生态环境承载力评价指标选取的原则、指标体系的建立及指标权重的确定方法等进行了初步探讨，并构建了适合我国海洋生态环境承载力评价的指标体系。刘康和霍军（2008）提出了海岸带承载力的概念，并根据 PSR 模型对海岸带承载力评估指标体系的构建进行了探讨。熊永柱和张美英（2008）提出了海岸带环境承载力的概念及内涵。韩立民和罗青霞（2010）提出了海域环境承载力的概念，建立了相应的评价指标体系，并尝试用模糊数学法进行海域环境承载力的评价。于谨凯和杨志坤（2012）运用模糊综合评价法对渤海近海海域生态环境承载力进行评价，并指出其生态环境承载力的主要限制因素。黄苇将海洋生态系统服务功能引入承载力评价中，构建了海洋资源-生态-环境承载力复合系统，并定量分析评价和预测渤海湾承载力状况。狄乾斌等（2013）借鉴生物免疫学原理构建海洋生态承载力综合测度模型，以辽宁海域为例进行了实证研究。

二、资源环境的阻尼效应研究

所谓阻尼是指由于资源、环境问题的不断出现，资源和环境对经济的发展有着“限制性”，从而导致经济增长速度与不存在约束的情况下的经济增长速度相比有所下降，这个有所下降的经济增长速度被称为经济的“增长阻尼”。在经济“增长阻尼”方面，国内外学者都已做了很多的研究。Dasgupta 和 Heal（1974）指出，考虑到资源的“尾效”作用，稳态的增长路径仅存在于不可再生资源在生产中不重要的情况下；Nordhaus（1992）利用扩展的柯布-道格拉斯函数得出资源和土地对美国经济产生的增长阻尼值大约为 0.0024；最近几年国内学者也开始在 Romer 模型的基础上，对我国自然资源所引起的“增长尾效”进行分析。杨杨等（2006）利用 Romer 模型，通过修正前提假设，将建筑用地纳入土地资源数据中，得出我国水土资源对经济的“增长阻尼”约为 1.18%。崔云（2007）根据大卫·罗默的假说，利用 1978～2005 年中国土地的数据，分析了中国经济增长要素中土地资源的“增长阻尼”。李影和沈坤荣（2010）在 Romer 假说的基础上，放宽了其关于经济规模不变的假定，对我国经济增长的能源结构性约束进行了量化分析，得出各能源资源的阻尼值，从而说明了能源结构性约束对我国经济增长的影响。万永坤等（2012）针对当前资源阻尼效应研究所存在的不足，考虑到投入要素之间的替代关系，对北京市水土资源阻尼系数进行了计算并分析了其土地资源和水资源的阻尼效应。

目前国内外对于阻尼效应的研究大都着眼于陆地资源和环境对经济的影响，关于海洋资源和环境对海洋经济阻尼效应的研究几乎没有。这一方面是由于我国海洋经济起步晚，人们并没有看到其潜在问题；另一方面是因为我国海洋经济虽然发展迅速，但其在国民经济中的地位仍不是很高。但应该看到的是，沿海地区是我国人口最多、人口密度最大，以及经济、科技、文化最发达的地区。海洋经济在快速发展的同时，也出现了海洋资源过度开发、海洋环境恶化等问题，因此研究海洋资源、环境对海洋经济的阻尼效应具有紧迫性。

三、海洋经济可持续发展研究

目前，国外相关研究主要集中在海洋资源的科学开发与海岸带综合管理方面。Jonathan 和 Paul（2002）认为技术对海洋资源的发展和管理极其重要；Montero（2002）对海岸带经济综合管理规律进行了研究；Paul 和 Teresa（2003）从海洋环境的角度去研究海洋的开发和管理；Samonte-Tan 等（2007）以海洋资源的净效益为依据去探讨海岸带的管理；Gogoberidze（2012）对海洋经济的潜力进行评估并将其应用于海岸带的规划。以上研究强调技术进步、经济发展和海洋环境在海洋开发和海岸带管理与规划中的重要地位，体现了海洋经济可持续发展的部分内涵。

相比之下，国内该领域的相关研究相对丰富。张德贤（2000）、蒋铁民和王志远（2000）强调从海洋经济持续性、海洋生态持续性和良好的社会持续性三个方面去研究，为海洋经济可持续发展的研究与实践提供了理论参考；王诗成（2001）从海洋经济发展与环境协调，经济、社会、生态效益统一，去探讨海洋经济可持续发展理论，有力推进了我国海洋经济绿色发展；王长征和刘毅（2003）、张耀光（2006）对我国海洋经济可持续发展存在的问题及发展的思路进行研究并提出相应对策；狄乾斌等（2009）和韩增林（2004）从海域承载力角度探讨海洋经济可持续发展评价指标体系；狄乾斌运用复合生态系统场力分析框架量化了海洋经济可持续发展综合评价指数，论证了经济系统、社会系统和生态系统之间协调是实现可持续发展的保证；郑德凤等（2014）使用生态足迹法评价海洋经济可持续发展，指出了生态安全对实现可持续发展的重要性。

四、海陆一体化研究

国外没有海陆一体化这一概念，而是从对海岸带综合管理视角来对海洋经济进行研究。海岸带综合管理是为了持续动态地控制人类在利用海岸带资源过程中对海岸带环境造成的不利影响，从而制定一系列的政策和管理战略的过程。20 世纪 30 年代，美国的 J. M. 阿姆斯特朗和 P. C. 赖特首次提出了综合管理延伸到大陆架外部边缘的海洋空间和海洋资源区域的方法，从此拉开了世界各国对海岸带周围活动管理的研究。国外对海岸带综合研究的成果主要有两类：一类是重要国际会议的文献资料，如联合国环境与发展大会通过的《21 世纪议程》，以及世界海岸大会形成的《海岸带综合管理指南》《制定和实施海岸带综合管理规划的安排》《海岸带超前综合管理的经济分析》等重要文献，其中的研究理论、研究方法与实施举措都对海岸带综合管理的发展起到了十分重要的作用；第二类是一些学者的著作和研究论文，具有代表性的有 Cicin-Sain 和 Knecht（1998）的 *Integrated Coastal and Ocean Management: Concepts and Practices*、Heikoff（1977）的 *Coastal Resources: Management; Institutions and Programs* 及美国海岸带管理专家约翰 · R. 克拉克（2000）的《海岸带管理手册》。近年来，国外如《海洋政策》(*Marine Policy*)、《海岸带管理》(*Coastal Zone Management*)等知名海洋期刊刊登了许多设计国家或地区的海岸带管理政策框架或者分析海岸带管理问题的论文，如 Mitchell（1998）分析了加拿大政府的海洋战略与可持续发展管理框架，Rutherford 等（2005）探讨了海洋综合管理和协同规划过程，Blake（1998）研究了加勒比海可持续发展管理与规划，Cicin-Sain 和 Belfiore（2005）研究了整合海洋与海岸带的自然保护区管理实践，de Vivero（2007）对欧盟海洋政策进行了总结等。

国内对海陆一体化理论的研究主要集中于以下几个方面。

一是对海陆一体化定义、内涵、途径等理论问题的探讨。代表性著作为栾维新等的《海陆一体化建设研究》。此外，栾维新和王海英（1998）通过海陆产业的差异性和联系得出海陆一体化是提高综合效益的必由之路；任东明等（2000）提出实行海陆一体化，通过建立临海产业和点轴开发模式，可以解决东海在海洋经济发展过程中面临的资源、产业及环境污染等多方面的问题；张海峰（2005a）三次论证海陆统筹是兴海强国的重要途径；韩立民和卢宁（2008）认为海陆一体化的定义有广义和狭义之分，广义的定义是指对海陆资源、海陆联系进行统一规划，不仅促进海陆经济的可持续发展，还要涉及社会层面，促进整个沿海地区交通、文化、管理等方面的全面发展，狭义的定义仅是指海陆经济一体化发展；徐质斌（2010）认为，正是海陆经济在发展过程、资源种类、经济基础等方面存在可以相互流动的能量梯度，才使得海陆一体化的发展成为可能，并且通过一体化发展可以获得大于海陆经济系统势能机械和的势能。

二是关于某一区域如何进行海陆一体化建设的研究。栾维新（1997）、周亨（2000）提出发展临海产业是实现海陆一体化的重要途径；刘志高等（2002）提出实施海陆一体化是连云港市发展不理想问题的解决办法，并从加强港城联系，加强港口建设，发展水产、海洋化工、海洋交通运输等临海产业的角度提出了实施海陆一体化的建议；王磊（2007）从空间布局、产业发展角度为天津市滨海新区设计了海陆一体化的发展模式；王诗成（2011）分析了山东省实施海陆一体化的意义、优势及面临的挑战，提出从港口、产业集群、陆岛工程等六个关键方面建设蓝色半岛经济。

三是有关海洋经济与陆域经济关联性的研究。宋薇（2002）从劳动力、资金、资源、技术等生产要素在海陆产业之间的流通、海陆产业相对应产业链的耦合两个主要方面分析了海陆产业之间的关联；李靖宇和尹博（2005）分析了大连市与辽东半岛海陆产业发展的弊端，并提出了协调发展对策；戴桂林和刘蕾（2007）从系统论的角度分析了陆海产业系统的相关性，指出陆海产业联动能够促进区域和社会的可持续发展；赵昕和王茂林（2009）利用灰色关联分析法测度了山东省海陆经济三次产业。

四是海洋经济可持续发展和海陆污染一体化调控等方面的研究。许启望（1998）提出在利用海洋资源，发展海洋经济的同时要重视生态环境的保护；王茂军等（2001）认为海陆一体化是解决海陆交互地带污染问题的有效方法，并就调控方法展开系统分析；李杨帆等（2004）针对江苏海岸湿地的污染特点，通过海陆一体化的思路设计了一套调控水质污染的方案。

五、陆海统筹协调研究

由于“陆海统筹”概念由我国学者提出，所以国外针对该领域的研究基本空白。而与陆海关系相关的研究主要集中在海洋与海岸带管理方面。Cicin-Sain 和 Belfiore（2005）从理论和实践两方面研究了整合海洋与海岸带的自然保护区管理实践；Davis（2004）同样在 *Ocean & Coastal Management* 上发表文章对比美国不同区域海岸带的管理情况，并对其进行分析；de Vivero（2007）则对欧盟海洋政策做了大体总结，从社会的维度考察海洋政策的制定；Ehler 和 Douvere（2009）出版专著，介绍了基于生态系统管理的海洋空间规划；Panayotou（2009）发表在 *Journal of Coastal Research* 上的研究呼吁海岸带综合管理应该对生态环境的变化做出更为积极的应对；Rodriguez 等（2009）将地理信息系统（GIS）技术运用到了海岸带研究和管理当中，体现出量化数字方法在研究中的先进意义。在天津举办的 2012 年第二届亚洲太平洋经济合作组织蓝色经济论坛上，一些国外学者的研究报告同样表达了对海岸带管理方面的关注，如 Anil

Premaratne 的《经济发展与海洋和海岸带资源可持续管理：斯里兰卡海岸带管理规划的经验》、Felipe H. Nava 的《创建地方政府网络，发展蓝色经济》、Stephen Adrian Ross 的《基于海洋的蓝色经济——东亚走在前面》等。

“陆海统筹”（又称“海陆统筹”）这一概念由我国学者张海峰在 2004 年北京大学“郑和下西洋 600 周年报告会”上率先提出，他在 2005 年再次强调实施海陆统筹战略的重要性，由此，国内相关的理论研究逐渐展开。李义虎（2007）认为中国的大陆属性和海洋属性均很强，消除海陆地二分，实现陆海统筹才能更好地维护国家利益；叶向东（2009a）分析了东部地区海陆统筹发展中存在的问题及其根源，设计了东部地区率先实施海陆统筹发展战略的对策思路；鲍捷等（2011）从空间层次和规模尺度转换的角度，构建了我国海陆统筹战略选择模式，并为海陆统筹发展战略规划提供初步建议；孙吉亭和赵玉杰（2011）从决定机制、作用机制、调节机制三方面深入研究海陆统筹机制，探讨如何协调和平衡海洋和陆地两大子系统，才能实现区域效益最优；韩增林等（2012）明确解释了陆海统筹的内涵与在经济、社会和生态上的目标，为陆海统筹研究与实践提供了理论参考；董跃和姜茂增（2012）强调了国外海岸带综合管理经验中经济与环境的核心内容，对我国陆海统筹战略的实施提供了有益启示；蔡安宁等（2012）从不同尺度规模的空间视角方面探讨了我国陆海统筹的发展策略，明确了社会行为在陆海统筹实践中的主导地位；而杨荫凯（2013）对陆海统筹案例和战略实施所面临的问题进行了总结并提出建议。这些理论研究为本书陆海统筹水平的评价奠定了基础。

六、空间溢出效应研究

经济的空间溢出效应是指一个地区的经济发展对与其邻近地区经济发展所产生的影响。从 20 世纪 50 年代开始，以 Perroux 的增长极理论、Myrdal 的累计因果循环理论和 Hirschman 的区际经济增长传播理论为代表的发展经济学派就已经开始着眼于非均衡发展与经济增长影响关系的理论研究工作；到 20 世纪八九十年代，新经济地理学派的 Krugman 和 Baldwin 等通过空间集聚的外部性分析对经济增长的溢出机制进行了系统阐述。

近年来，空间计量经济学（spatial econometric）方法被广泛应用于经济空间溢出效应的测算上。空间计量经济学由荷兰计量经济学家 Paelinck 提出，后经 Anselin 等发展，最终形成了学科框架体系。空间计量经济学主要应用于空间效应的设定，以及模型的估计、检验及预测等，目前空间计量经济学广泛应用于区域科学、地理经济学、城市经济学和发展经济学等领域。在投资溢出、交通基础设施溢出及知识溢出领域，Crespo 和 Fontoura（2007）认为只有东道国具有一定的学习和吸收能力，外商直接投资（FDI）的溢出效应才会显著；Cabrer-Borras 和 Serrano-Domingo（2007）对西班牙各地区之间的知识溢出效应进行研究，探讨地理距离对这种效应的影响；Tong 等（2013）研究了交通基础设施对美国各州农业部门的经济产出的直接影响和空间溢出效应。在经济溢出效应计量方面，Carlino 和 Defina（1995）则对美国八个区域的人均收入增长进行 VAR 模型估计，结果验证了区域之间存在持久强劲的区域溢出效应；Sonis 等（1995）通过反馈回路分析对亚洲国家间的相互影响机制进行了探讨；Douven 和 Peeters（1998）研究了本国或本地区内生变量的变动所引起的外国或其他地区经济变量变动的程度，并解释了溢出传播方式；Conley 和 Ligon（2002）使用不同算法的经济距离对经济溢出效应进行测算，证明了其对各个国家经济增长的重要作用；Ramajo 等（2008）利用欧盟内部 163 个区域的面板数据进行了空间经济计量方面的研究。

关于中国的溢出效应研究工作同样涉及水资源、FDI、R&D、基础设施建设、国际贸易等多个领域（项歌德等，2011；井润田等，2013；Yu et al.，2013；苏建军等，2013；赵良仕等，2014），而本书将重点关注经济的空间溢出效应研究。Ying（2000）使用探索性空间数据分析（ESDA）法发现广东对与其相邻的五省份中的四个有正溢出效应；王铮等（2003）利用区域溢出效应统计分析模型分析了各个省份的经济增长溢出效应，结果表明中国大部分省份的经济增长溢出效应是正的，上海对外的经济增长溢出效应最大；李小建和樊新生（2006）证明河南省县域经济增长与相邻县域呈显著的正相关关系，表现出区域之间存在经济溢出效应；黄晓峰（2007）对福建的空间集聚及其溢出效应进行分析，结果显示区域经济空间集聚产生的“溢出效应”是影响区域经济增长的一个重要因素；陈丁和张顺（2008）运用柯布-道格拉斯函数证实了我国各省份之间存在邻居效应，即本省份的经济状况明显受到相邻省份经济状况的正向影响。

在与本书关系紧密的沿海经济溢出效应测算方面，Brun 等（2002）认为短期内沿海和内陆地区间的溢出效应不足以减轻区域间的不平衡；李国平和陈安平（2004）运用 VAR 模型和脉冲响应法考察了东部、中部、西部三大地区经济增长之间的动态关系及其对地区差距的影响，得到东部地区的经济增长不仅有利于东部自身，还会对中西部地区的发展产生溢出效应的结论；陈安平（2007）则将全国划分为八大区域，通过格兰杰因果关系检验和脉冲响应结果验证了个别区域的经济增长并不存在明显的溢出效应的结论；而潘文卿和李子奈（2007）利用了第一份中国八大区域投入产出表对中国沿海与内陆地区间的溢出效应进行实证分析，结果显示沿海地区的经济发展对内陆地区的溢出效应并不明显，甚至不及内陆对沿海的溢出效应；Groenewold 等（2008）在对中国六大区域之间的经济增长溢出效应的研究中发现，黄河区域和长江区域对其他区域的溢出效应比较明显；彭连清（2008）利用了区域间投入产出表的基本流量数据，结合 Miller-Round 模型测算了我国区域间经济增长的溢出效应，结果显示东部沿海的溢出效应被内部吸收，并未对西部地区的发展产生明显的带动作用；薄文广和安虎森（2010）通过邻省发展水平及其细分变量的引入，测算出我国区域经济形成了东部地区外向型和中西部地区内向型两种经济运行系统，且两系统之间互动的缺乏不利于区域经济的协调发展。

七、海洋功能评价研究

顾世显（1991）从资源、环境、经济与社会诸要素的综合角度，研究海洋地域分异规律、分区划分；唐永銮（1991）对海洋功能区划划分的原则、分区系统和方法做了相关探讨；葛瑞卿（2001）对海洋功能区划的理论和实践进行了研究；张宏声（2003）全面地分析了我国海洋资源及海域开发保护状况，对海洋功能区划的指导思想、原则、目标，以及全国海洋功能分区和重点海域主要功能进行详细分析；栾维新和阿东（2002）结合海洋功能区划的实际，依据陆域农业区划和生态规划等方面的理论，探讨了我国海洋功能区划的基本方案。以上研究大致反映了海洋的生态保护、地域分异、经济社会发展及海域可持续利用等方面。目前国外该领域的相关研究主要集中在海洋空间规划层面，并逐渐成为海岸带综合管理的热点。20 世纪 60～70 年代，加拿大、德国、荷兰、新西兰、英国、法国、比利时、挪威、印度和韩国等国家相继开展了区域性海洋开发战略研究和海洋空间规划研究，意在协调海洋资源的保护和利用，进行基于生态环境系统的海洋空间规划、海洋空间规划管理实施和监测评估。美国在 1977 年实施海岸带管理计划时，根据海洋环境保护和海洋经济可持续发展的原则，把夏威夷海域划分为 10 个海域资源区，把阿拉斯加划分为 32 个海岸带资源区，把蒙特利湾划分为 13 种类型区。国外上述区划思路，如基于海洋生态系统、沿海经济生产、资源后续利用的理念和方法等值得借鉴。

从国内外研究现状来看，与国外同类研究相比，首先，我国海洋功能区划侧重于海洋资源开发与海洋经济发展，对海洋生态环境关注不足，该方面指标缺项太多；其次，宏观层面的省级与中观层面的市级海洋功能区划往往是微观层面上的县级海洋功能区划的简单叠加，缺乏宏观视野，从而导致海洋功能区划定位不清，地理分异不明显，难以发挥海洋功能的比较优势与特色，不利于海岸带综合管理。

八、海洋产业布局研究

海洋产业布局研究各海洋产业部门在这一地域空间内的分布和组合形态。目前国外专门针对该领域的研究比较罕见。主要相关研究大体集中在一般产业布局和对某种特定的海洋资源或产业部门的特点及组织形式进行评价。对于一般产业布局来说，从德国科学家杜能（Thunen）的农业区位论和韦伯（Weber）的工业区位论开始，以区位理论为代表的产业布局理论体系经过发展已经日趋丰富和完善。杜能在 1826 年出版了《孤立国同农业和国民经济的关系》一书，设计了著名的孤立国六层农业圈，他认为在农业布局上并不是哪个地方适合种什么就种什么，农业经营方式也不是越集中越好，在这方面起决定作用的是级差地租，即特定农场（或地域）距离城市（农产品消费市场）的远近。农业生产的集中化程度与离中心城市的距离成反比。此后，德国的另一位经济学家韦伯把这一理论应用到工业中，他在 1909 年撰写的《工业区位论》一书中系统地提出了工业区位理论，成为工业布局理论的创始者。到近现代，Fetter 的贸易区位理论，Christaller 和 Losch 等的中心地理论使产业布局理论进一步发展，而增长极理论、点轴理论和地理二元经济理论的发展又对产业布局理论形成了新的补充。

在与海洋相关的产业布局方面，外国学者集中关注的是港口布局问题。从 1943 年德国学者 Kautz 发表《海港区位论》开始，到 20 世纪 60 年代英国学者 Bird 关注港口空间结构的演化进程，再到 Rimmer 在 1967 年连续发表三篇文章，以澳大利亚和新西兰的港口发展为例，建立了专门针对港口体系演化的 Rimmer

模型，较好地解释了海港空间结构演化的实际过程。1990 年 B. Slack 使用改进后的 Taaffe 模型，分析了随着经济和技术的发展，港口-腹地关系呈现的多样化趋势。近期，国外海洋产业研究也开始涉及个别海洋产业发展对策和海洋产业对社会经济的影响。Islam（2003）分析了孟加拉国渔业资源利用的不合理性，并提出当地渔业管理需要关注的方向。Blanco（2007）等关注了捕捞业和渔业资源浪费的现象。Kwak 等（2005）利用投入产出法分析了海洋产业在韩国经济发展中的重要角色。

纪建悦和林则夫（2007）利用因子分析法对环渤海海洋经济发展的支柱产业进行了选择；韩立民和都晓岩（2007）从系统动力学入手，研究了海洋产业布局理论问题，并对泛黄海地区海洋产业布局做了深入探讨；于谨凯等（2008）将 Weaver-Thomas 关于工业战略产业布局优化的模型应用到我国海洋经济区的产业布局上，通过组合指数值来分析我国海洋产业的优化布局问题；林超（2009）利用系统分析等多种方法对东营市河口区海洋产业进行了优化布局；张耀光等（2009）采用偏离份额分析法确定了辽宁省主导海洋产业；徐敬俊（2010）对海洋产业布局理论进行了系统研究，并总结了海洋产业布局的一般规律；吴殿廷等（2010）研究了区域发展和产业布局之间的耦合关系；秦宏和谷佃军（2010）结合相关性分析、贡献度分析和趋势分析等多种方法，界定了山东半岛的海洋主导产业；孙才志等（2012a）利用 AHP-NRCA 模型对环渤海地区海洋功能进行评价来指导资源配置和产业布局调整；李健和滕欣（2012）以天津滨海新区为例对海洋战略性主导产业选择进行了研究；胡晓莉等（2012）结合主导产业选择基准和相关指标，运用麦肯锡矩阵来筛选出天津市的海洋主导产业；孙立家（2013）采用区位熵理论对山东省七个沿海地市的主导产业发展方向进行实证研究；孟月娇（2013）运用德尔菲（Delphi）法和层次分析法（AHP）对青岛市海洋主导产业进行了选择。

九、海洋产业健康与安全研究

（一）海洋产业健康国内外研究概况

目前国内外尚无针对海洋产业健康测度方面的研究，相关研究集中在海洋产业布局、海洋产业结构、海洋产业集聚、海洋产业竞争力和海洋产业生态环境保护等方面。

（1）海洋产业结构方面的研究。具有代表性的有 Fogarty 和 Murawski（1998）对海洋产业结构系统中的渔业对乔治沙州的影响进行了研究；Rakocinski 等（1992）研究了路易斯安那州渔业结构与环境梯度的关系；Miloy 和 Copp（1970）对得克萨斯州海洋产业结构和海洋资源进行了经济分析。

（2）海洋产业集聚方面的研究。具有代表性的有 Chetty（2002）根据迈克尔·波特的产业集群理论将新西兰海洋产业集群发展与国际竞争力的提升进行动态关联分析，提出产业集聚是结构调整和产业成长综合作用的结果。

（3）海洋产业布局方面的研究。具有代表性的有 Rees 等（2010）研究了海洋产业布局对海洋生物多样性的影响；Eyring 等（2010）对海洋运输业布局的影响因素进行了分析；Baker 等（1980）对石油产业布局在印度尼西亚红树林附近影响了热带海洋生态系统进行了研究。

（4）海洋产业竞争力方面的研究。具有代表性的有 Wijesekara 和 Kim（2010）对海洋制药产业的竞争力进行研究；Hrwood（1992）评估了商业渔业的竞争力；Lorenz（1991）对 1890～1970 年英国造船行业竞争力下降的原因进行了分析。

（5）海洋产业可持续发展方面的研究。具有代表性的有 Kashubsky（2006）研究了海洋油气业开采过程中产生的污染对其他产业及海洋生态环境造成的威胁；Jones（2008）从保护渔业等视角研究了如何加强海洋自然保护区的建设；Garrod 和 Wilson（2003）阐述了海洋生态旅游业的发展经验；Ge 等（2010）研究了通过发展高新科技保障海洋产业快速稳定发展。

国内对海洋产业的研究主要集中于以下几个方面。

（1）对海洋产业界定及发展趋势的研究。具有代表性的有刘康和姜国建（2006）通过海洋产业分类的界定和海洋经济统计分析海洋产业发展趋势；楼东等（2005）运用灰色关联分析法分析了我国主要海洋产业关联度，研究了我国海洋产业发展趋势；叶向东（2009b）通过对海洋产业特征和现状的分析，思考海洋经济的发展趋势；冷绍升等（2009）建立了我国海洋产业标准体系框架，并结合我国海洋产业实际情况进行运用。

（2）海洋产业结构方面的研究。具有代表性的有张静和韩立民（2006）通过明晰海洋产业结构演变的一般规律及其特殊性，明确重点发展方向；孙才志和王会（2007）在分析辽宁省海洋经济发展状况的基础上，对辽宁省海洋产业结构进行了研究；刘洪斌（2009）运用灰色线性规划模型将山东省海洋经济发展总目标分解到各海洋产业，结合灰色关联分析和区位熵确定海洋产业优化领域；韩增林等（2007）通过比较辽宁省和全国及其他部分沿海省份的海洋产业结构得到辽宁省海洋产业结构发展水平。

（3）海洋产业布局方面的研究。具有代表性的有于谨凯等（2009）通过研究各海洋产业集中系数和区位指向提出“三点群两轴线”的布局体系；韩立民和都晓岩（2007）研究了海洋产业布局的内涵、层次等理论问题，提出海洋产业合理布局的动力模型；吴以桥（2011）研究了我国海洋产业布局状况及对策；于永海等（2004）以大连市经济技术开发区用海项目为例讨论了区域海洋产业合理布局的问题；赵昕和余亭（2009）利用集中度和均衡度等从产业和区域两个角度分析了我国海洋产业布局情况，为优化产业布局提供对策建议。

（4）海洋产业竞争力方面的研究。具有代表性的有殷克东和王晓玲（2010）设计构建中国海洋产业竞争力的四维一体联合决策理论测度模型，对海洋产业竞争力进行梯度划分及动态评价；李晓光等（2012）对山东蓝色经济区海洋产业竞争力进行了评价；刘大海等（2011）对中国沿海省份的海洋产业竞争力进行了测度和比较；徐丛春等（2011）利用波士顿矩阵的方法对广东省海洋产业竞争力进行了评价。

（5）海洋主导产业方面的研究。具有代表性的有张耀光等（2009）运用偏离-份额分析等方法确定了辽宁省主导海洋产业，明确发展方向；张月锐（2006）对东营市主导海洋产业进行研究并制定了正确的升级战略；郭晋杰（2001）对广东省海洋经济构成进行分析并研究了主要海洋产业发展方向。

（6）海洋产业可持续发展方面的研究。具有代表性的有吴凯和卢布（2007）对中国海洋产业结构及海洋渔业的可持续发展进行分析；于谨凯和于平（2008）建立海洋产业可持续发展研究指标体系，研究了我国海洋产业可持续发展对策；任品德等（2007）对广东省海洋产业发展中存在的问题进行了研究，提出了广东省海洋产业可持续发展的战略与对策。

（7）海洋产业吸纳劳动力方面的研究。具有代表性的有栾维新和宋薇（2003）从发展速度、劳动生产率、比较劳动生产率、产业间的关联强度等方面论证了海洋产业在吸纳劳动力方面具有的独特优势；周井娟（2011）从就业弹性和单位岗位贡献度两个角度对主要海洋产业的就业拉动效应做出分析；刘国军和周达军（2011）研究了浙江省海洋产业就业弹性并对未来浙江省海洋产业可吸纳就业人数做出预测；崔旺来等（2011）综合运用统计学、经济学等方法理论分析浙江海洋产业的劳动就业贡献度，并对劳动力的吸纳能力进行分析预测。

（二）海洋产业安全国内外研究概况

国外学者对海洋产业安全研究起步较早。Henderson（1999）研究了亚洲金融危机对新加坡旅游业安全的影响；Schittone（2001）研究佛罗里达西部海域时，发现受旅游业的影响，当地捕鱼量严重减少，该海域的旅游业与捕鱼业之间存在安全利益冲突；Nijdam 和 de Langen（2003）提出推进海洋产业集群，促进荷兰海洋产业安全发展。

国内学者在参考国外学者研究的基础上对我国海洋产业安全相关问题进行了研究。法丽娜（2008）建立了海洋产业安全评价体系，对我国海洋产业的不安全指标提出相应的政策选择；于谨凯和张亚敏（2011）运用数据包络分析（DEA）模型对我国海洋运输业的安全进行了评价；于谨凯等（2011）运用运筹学理论和方法建立海洋油气业安全评价的可拓物元模型，对我国海洋油气业安全做出评价；张诗雨（2012）研究了海洋产业安全形势及应对方法；尹建华等（2009）运用模糊评价法研究了产业集群风险。国外对海洋经济、海洋产业等的相关研究已经比较成熟，对我国学者的研究有一定的借鉴意义，但是目前国内外没有著作明确地提出海洋产业健康的概念、内涵及科学测度等，且对海洋产业安全的测度等的研究较少，测度方法较单一。

国内外学者对海洋产业等方面的研究成果、可持续发展理论、产业结构理论、协同论及我国沿海地区发展海洋经济的政策纲领，增强了对海洋产业健康和安全的宏观把握，同时奠定了本书的研究基础。我国对海洋经济、海洋产业的研究成果总量相对较少，不足之处主要体现在：现有的研究多为现状、问题和对策等定性研究，缺乏科学的定量研究；由于研究数据的缺乏，现有研究多集中于某个沿海省份的海洋经济发展评价，缺乏对沿海经济区及细化到沿海城市的研究；从时间和空间演进角度进行海洋产业发展研究的并不多见。

第二章

理论基础

自20世纪60年代起，海洋开发逐渐形成世界性热潮，开发深度和广度迅速拓展，海洋相对于陆地的经济地位大幅度提升。2006年国家海洋信息中心以国家标准（《海洋及相关产业分类》）的形式提出了海洋经济的定义：海洋经济是开发、利用和保护海洋的各类产业活动，以及与之相关的产业活动的总和。海洋经济学是一门带有边缘学科性质的综合性应用经济学科，它以海洋经济增长为核心，以海洋资源的有效配置和可持续发展为条件，围绕海洋生产力的影响因素，形成了涵盖微观、中观、宏观三个层面的理论体系框架。

海洋经济的可持续发展涉及社会、经济、资源和环境等众多因素，是一个庞大的社会-经济-生态系统，所以海洋经济的可持续发展涉及多层含义：海洋生态的持续性、海洋经济的持续性和社会的持续性。本章主要从海洋资源环境与经济发展、陆海协调互动、海洋功能与产业布局和海洋产业健康与安全四个方面来阐述其理论基础。

第一节　海洋资源环境与经济发展相关理论

一、海域承载力理论

海域原意是指包括水上、水下在内的一定海洋区域。《中华人民共和国海域使用管理法》规定，“本法所称海域，是指中华人民共和国内水、领海的水面、水体、海床和底土”，本书所研究的海域为环渤海地区行政管辖海域。环渤海地区行政管辖海域包括管辖的渤海海域加上丹东、烟台及青岛管辖的部分黄海海域，海域面积达11万多平方千米。

刘容子和吴珊珊（2009）对海域承载力进行了有代表性的概念界定，认为：“海域承载力是一种特定的区域承载力概念，海域承载力是指一定时期内，以海洋资源的可持续利用、海洋生态环境的不被破坏为原则，在符合现阶段社会文化准则的物质生活水平的条件下，通过海洋的自我调节、自我维持，海洋所能支持人口、环境和社会经济发展的能力或限度。”

二、可持续发展理论

可持续发展理论是一门边缘性学科，它与经济学、生态学、资源科学、系统科学等学科有着紧密的联系。1987年世界环境与发展委员会（World Commission on Environment and Development，WCED）在《我们共同的未来》（*Our Common Future*）报告中将可持续发展定义为：既满足当代人的需求，又不损害后代人满足其自身需求的能力的发展。

可持续发展的内涵主要包括以下三个方面：①保护自然资源和生态环境是可持续发展的基础，经济发展要与资源环境承载力相协调，人类经济和社会发展不能超过资源环境的承载力，只有这样才能保证发展的可持续性；②经济发展是实现可持续的条件；③改善和提高生活质量并且使其与社会进步相适应是可持续发展的目标。

可持续发展理论体系由社会可持续发展、经济可持续发展和资源环境可持续发展三个互相联系、互相渗透和互相影响的分体系组成，且每一个分体系又包含若干个分子系统。只有经济社会发展与资源环境发展相协调才能实现可持续发展。可持续发展与协调发展的关系体现了目的和手段的关系，在协调发展的运动过程中，发展是系统运动的指向，而协调则是对这种指向行为的有益约束和规定，协调就是为了保证实现可持续发展目标。可以通过协调一定时空条件下的海洋经济、资源、环境、人口与社会等各要素之间的关系，进而提高系统的可持续发展水平、可持续发展能力。沿海地区是由资源、环境、生态、经济等系统共同构成的复杂巨系统，因此沿海地区的可持续发展不仅取决于每一个子系统的持续发展，更取决于子系统及其整体系统之间的协调发展。

从承载力的角度来看，沿海地区的可持续发展实质上就是社会经济发展规模与速度不超过沿海地区承载力的一种社会、经济、环境、生态与管理可持续发展模式。承载力是可持续发展的重要体现，两者具有紧密联结的关系：承载力是沿海地区可持续发展的重要支撑；承载力研究的目的是实现可持续发展。因此，实现沿海地区可持续发展应该是开展承载力评估的目标与追求，承载力评估及主体功能区规划、区域发展政策制定等都必须以可持续发展理论为指导，推进沿海地区的可持续发展。

三、资源与环境经济学

资源与环境经济学是利用现代经济学的方法研究自然资源与环境资源配置问题的科学，或者说是分析与解决自然资源与环境问题的科学。海域资源是以海域作为依托，在海洋自然力作用下生成的广泛分布于整个海域内，能够适应或满足人类物质、文化及精神需求的一种被人类开发和利用的自然或社会的资源。因此，海域资源是资源与环境经济学研究的客观对象之一。资源与环境经济学的理论主要包括环境经济手段理论、环境资源价值评估理论、绿色国民经济核算理论、循环经济理论等，其最为核心的是海洋可持续理论。海域资源具有不可再生性。为避免当代人过多地占有和使用本应属于后代人的财富，特别是自然财富，过度追求当前经济增长，要求实现海域资源的可持续开发利用。

海域资源配置是海洋经济学的重要研究内容,必须意识到海域资源的存量、环境的自净能力和消纳能力是有限的，海域资源的稀缺性成为海洋经济发展的限制条件，而海洋经济是国民经济新的增长极，海洋经济不可持续发展势必影响到整个社会经济的增长。海域资源配置是海洋经济学的重要研究内容，资源与环境经济学相关理论对海域资源配置具有重大的指导价值。

四、资源稀缺理论

经济学是研究如何有效配置资源的一门科学，现代微观经济学研究的一个基本命题就是资源的稀缺性。19 世纪初期，自然资源保护学说及古典经济学理论成为现代自然资源与社会发展的理论根源。资源稀缺理论是现代自然资源与经济发展领域的理论之一。自然资源及其收益对经济发展的影响是古典经济学研究的主要内容，其中最为重要的理论便是土地资源稀缺理论。

18 世纪末期，自然资源稀缺理论和著名的人口论由马尔萨斯在他的著作《人口原理》中首次提出。马尔萨斯认为，无论是自然资源的数量有限性还是经济稀缺性都是绝对的，社会发展和技术进步不会改变这两个特性。他还认为，人类对自然资源的需求将会随人口的增长而不断增加，随着社会发展，资源的供给将不能满足人类对自然资源的需求，最后人类将没有资源可以利用。马尔萨斯的理论被称为绝对资源稀缺论（Theory of Absolute Resource Scarcity）。

19 世纪初期，英国古典经济学家大卫·李嘉图提出新的观点——相对资源稀缺论（Theory of Relative Resource Scarcity）。他从自然资源的异质性出发，认为自然资源存在不均质性，否认了自然资源的绝对稀缺性和人类对自然资源利用的绝对极限。认为自然资源只存在相对稀缺，而且由于技术不断进步，制约经济发展的决定因素并不是资源相对稀缺。从经济学的角度来看，大卫·李嘉图的相对资源稀缺论更具有实际意义。

19 世纪中期，另一位英国经济学家约翰·穆勒在其著作《政治经济学原理》中，将资源相对稀缺的概念拓展到更为宽广的范围，认为在达到自然资源的极限之前就会出现资源绝对稀缺的效应，但是这一极限会因为社会进步和技术革新而得到拓展和推迟。这一理论被称为“静态经济”，是人类思想中首次考虑子孙后代发展的理论。

与人类无限的需求相比，资源总是稀缺性的，需要更多的物品和资源才能满足这种无限的需求，资源在一定的时空范围内是有限的，这就造成了资源的稀缺性。人类社会最基本的矛盾就是资源的有限性与人类需求的无限性之间的矛盾。

五、生态经济理论

生态经济学是随着人类社会面临的环境与可持续发展问题的日益突出、人类解决环境问题的迫切需要而发展起来的。20 世纪 60 年代末，美国经济学家肯尼斯·鲍尔丁（Kenneth Boulding）在他的重要论文《一门科学——生态经济学》中正式提出了“生态经济学”的概念，阐述了生态经济学的研究对象，首次提出了“生态经济协调理论”，标志着生态经济学的正式诞生。

生态经济学有别于传统的经济学和生态学，也不是生态学和经济学的简单组合，它是以生态经济系统作为研究对象，研究生态经济系统的运动发展规律及其机理的科学，其核心是用经济学理论来研究生态经济这一复合系统的发展规律。其中生态经济系统是具有特定结构和功能的复合系统，它由社会、经济、生态、环境等子系统构成。生态经济学是人类对经济增长与生态环境关系的反思，是研究人类经济活动与生态环境关系及其规律的科学，具体研究生态系统结构与功能特点、生态平衡与经济平衡的关系、生态效益与经济效益的关系、生态供给与经济需求的矛盾等，以此来谋求社会经济系统与自然生态系统协调、持续、稳定地发展。

生态经济是依据生态经济系统的结构和功能，遵循生态规律和经济规律，合理开发和持续高效循环利用各种物质和能量，追求社会经济良性发展、人与自然和谐共处的区域发展模式。生态经济是生态效益、经济效益和社会效益共同作用下的最佳经济形态，它不仅强调区域经济发展要兼顾当前利益和长远利益、整体利益和局部利益，更强调资源的高效、综合和循环利用。生态经济是生态系统与经济系统保持动态平衡的系统，强调经济过程与生态过程的统一。生态经济强调生态环境为经济活动提供空间与场所，更重要的是其自身也是经济要素和重要的经济资源，强调经济发展必须重视生态资本的投入产出效益。区域经济增长必须遵守生态经济规律，即在承载力容许的范围内发展，否则将打破生态系统的平衡，这样的经济增长是暂时的，最后必然导致经济失调。

六、效率理论

（一）经济效率理论

在经济学中，“效率”一词的定义源于亚当·斯密（Adam Smith）“看不见的手”理论，经济效率理论指出市场机制是人类社会进步的重要动力，它在经济生活和市场体系中的地位非常重要。帕累托效率也是经济学上所说的效率，即“帕累托最优状态”，它是指对于经济资源的配置，不存在其他可行的配置，使得该经济体中所有个人都至少与他们原来的情况一样好，没有人会因为改变而使自己的情况变糟，那么这种资源的配置就达到了最优水平。20 世纪初期，新古典主义经济学派为“效率”提供了一个明确的定义，即将稀缺的资源进行合理分配，以最小投入实现产出的最大化，从而满足人类的愿望和需要。

（二）海洋经济效率

海洋经济是一个新的领域，虽然海洋经济效率的概念还没有得到明确的界定，但学者们已掌握了有关海洋经济效率的本质含义。李彬和高艳（2010）认为海洋经济与人类的技术水平关系密切，海洋经济的发展依赖于较高的科学技术，海洋技术效率作为衡量技术水平的重要指标，其含义是：在既定的产出或投入下，投入可减少，产出可增加的能力。刘雪梅（2011）将“效率”一词延伸到港口上，认为港口效率应该从技术、配置、成本和总经济四方面进行定义。赵昕和郭恺莹（2012）给出海洋经济效率的明确定义，认为海洋经济效率是评价海洋经济投入产出情况的重要指标，它是在现有海洋资源环境和国家开发利用海洋资源时所投入的人力、物力、财力基础上，产生的经济效益。

海洋经济效率是用来衡量海洋经济投入产出的优劣状况的一个基本指标，其定义是：以现有的海洋环境及资源为基础，在开发利用海洋资源从事生产和服务的过程中，在投入包括机会成本在内的人力、物力、财力的基础上所实际获得的经济收益。海洋经济效率既取决于劳动生产率，也取决于产品和服务的价值的实现程度。在综合众学者对海洋经济效率的定义的基础上，笔者认为海洋经济效率不同于海洋经济效益。在某些情况下，低效率不能代表低效益，同样高效率也并不一定就能带来高效益，但两者具有密切的联系，海洋经济效益是核心，效率是基础。因此，本书认为海洋经济效率是地区对各种海洋生产要素的综合利用效率，即“海洋资源不被浪费”，但它是相对的而非绝对的。

第二节　陆海协调互动相关理论

一、海陆一体化理论

由于海、陆两大经济系统在资源类型、发展模式及基础实力等方面的差异，所以存在着生产要素在二者之间相互流动的能量势差。陆域经济发展历史长，因此陆域相对于海洋存在着“正势差”；而海洋在资源禀赋方面强于陆域，因此陆域相对于海洋存在着“负势差”。也就是说，陆域经济发展历史悠久，陆域拥有的先进技术和资金管理方面的经验可以支援海洋经济的建设；而海洋经济拥有比陆域经济更广阔的发展空间和更丰富的资源，可以在一定程度上补充陆域经济的发展需求，因此学者根据海陆经济的特点提出海陆一体化的建设构想。海陆一体化，是指根据海、陆两个地理单元的内在联系，运用系统论和协同论的思想，把海陆地理、经济、社会、文化和生态系统作为一个整体大系统，从全局的角度进行统一规划、综合管理，实现区域科学、和谐、永续发展。

从资源利用方面来看，海陆一体化战略是优化配置海洋资源与陆域资源，将海洋丰富的资源向陆域转移，填补陆域资源需求的同时提高海洋资源的开发与利用能力；从产业发展方面来看，海洋产业起源于陆域产业，海陆一体化战略是借助海洋广阔的空间资源转移和延伸陆域产业；从科技支持方面来看，陆域经济拥有先进的技术和管理经验，海陆一体化战略是利用陆域已有的科学技术支持海洋经济的发展，海洋经济中发展成熟的科学技术反过来促进陆域经济的发展；从环境治理方面来看，海陆一体化战略是控制海陆污染，对已经污染的环境进行联动监督与生态治理，在控制污染源的基础上加强生态环境建设和保护。海陆一体化需要人们从系统论的角度出发，以整体的视角结合海洋经济与陆域经济发展的规律和系统优势，将海洋经济作为整个经济大系统的一部分，不断协调海陆资源、产业、科技和环境方面的发展，共同促进经济大系统的平衡发展。

海陆一体化区别于海陆统筹，海陆统筹是规划和开发海洋与沿海地区经济发展的指导思想，海陆一体化是海陆统筹战略在经济发展中的具体实施过程，并且海陆一体化打破了传统海洋与陆地各自独立的观念，把海洋看作是区域社会发展的支持系统之一，海陆系统不断进行着物质、能量、信息交换，通过这种交换来实现海陆巨系统的最优平衡，从某些方面来说，海陆一体化是对海陆统筹的升华。

二、系统论

系统是具有特定功能和特定秩序的有机整体，组成该整体的若干要素之间相互作用和相互联系，单个系统本身可以作为子系统或组成要素从属于更大的系统。从系统的概念可知，任何一个经济或社会形态都可以构成一个系统。按照系统论的观点，每一个系统都由多个要素组成，每一个要素都处在一个特定的位置，发挥着特定的功能，各个要素之间彼此独立，却又在系统的统一约束下，共同遵循着某种规律，实现彼此间的联系和运动，形成一个密不可分的整体。各要素并不是通过简单的加总形成一个系统，而是通过相互联系、相互补充、相互促进，在有限的资源条件下尽可能发挥自己的最大效用，表现出系统的整体效用大于各要素效用之和的特征。系统内的各要素在运行过程中都能遵循一定的规律，整个系统动态地处于平衡之中。

沿海地区区域经济由海洋经济和陆域经济构成,海陆经济的发展涉及资源、产业、科技、环境等众多因素，这些因素构成一个庞大的系统。依据系统论，因经济空间区位及生产活动对象的不同将沿海经济系统划分为海洋经济子系统和陆域经济子系统，在逻辑上可以表示为沿海经济系统={海洋经济子系统，陆域经济子系统}，用数学语言可以描述为$S=\{s_1,s_2\}$，其中S为沿海经济系统，s_1为海洋经济子系统，s_2为陆域经济子系统。

系统都具有能量，沿海经济系统中的能量源于其组成要素海洋经济子系统和陆域经济子系统之间的相互影响和作用产生的总势能。由系统论的特点可知系统整体的总势能大于系统内所有要素能量之和，因此沿海经济系统中的总势能将大于海洋经济子系统与陆域经济子系统的能量之和。假设E为沿海经济系统的总势能，e_1为海洋经济子系统的能量，e_2为陆域经济子系统的能量，E_0为海陆经济子系统能量之和，根据系统论，则有$E>E_0$。

当系统处于最优平衡状态时，系统内部的经济结构合理，产业聚合能力强，经济运行效率高，即系统内部的各子系统之间能够实现能量互补。在沿海地区的经济建设和社会生产过程中，当海陆经济子系统处于动态最优平衡状态时，生产、技术、利益、分配等各个方面都处于协调状态，海陆一体化将在整体上使经济更高效运行，产业间更加凝聚，从而反过来更好地促进海陆经济系统的持续、快速、健康发展。

三、能力结构理论

在经济学中，能力不是一个十分严格的概念，但是它却开辟了一种研究思路。构成能力的各要素之间通过一定的相互作用构成能力结构。从功能上看，能力结构是符合某方面需求的各种能力要素的组合，是一个只有在合理结构中才能发挥潜能的、有机联系的能力系统。区域能力结构是一个地区或国家在要素积累基础上所形成的配置能力、学习能力、技术能力、开放能力等能力的总和，有三层含义：①区域在本质上是一个由多要素、多层次合成的一个能力结构，包含了资源、产业、技术等多种构成能力结构的因素；②能力结构是一个不间断的整体，决定着区域的长期竞争优势，能力结构各要素之间的匹配性与均衡性，是决定能力结构稳定性的重要因素；③区域经济发展范围的扩大和发展水平的提高是由区域能力积累、能力结构升级所决定的。在区域能力结构方面，能力结构与资源和竞争力的关系十分重要。

（1）能力结构与资源。能力结构与资源密不可分，资源的获得，一方面有利于提高优化能力结构的可能性，另一方面能够创造竞争优势。但是拥有一定的资源未必能转化为相应的能力，因此，区域能力结构的形成和提高需要通过多种资源的获得并进行相互作用和整合。换句话说，区域能力结构的形成方式、发展变化与区域资源的规模、产业结构的状态等密切相关。

（2）能力结构与竞争力。区域能力结构是区域竞争力的内在反映，由于区域能力存在差异，因此由区域能力构成的区域能力结构转化成的区域外在竞争力也存在差异。当区域外在竞争力高于区域能力时，区域能力结构能够得到充分实现；当区域外在竞争力低于区域能力时，区域能力结构受到约束。因此，必须对区域内部的能力进行协调、整合和优化，实现区域能力结构升级才能提高区域外在竞争力。

区域竞争优势的根源在于区域拥有可使用的能力资源，外部条件或政策效应只能影响区域竞争优势，对区域竞争优势起决定作用的仍然是区域所拥有的特定能力资源。区域竞争优势的可持续性主要在于区域内拥有的能力资源具有较高的融合度，从而产生更强大的集聚资源。

沿海地区的可持续发展能力即海陆一体化能力，海陆一体化可持续发展能力结构由海洋经济与陆域经济的能力结构组成，而海陆资源是海陆能力结构的构成基础，海陆能力结构的稳定性与海陆资源的规模、海陆产业的结构密切相关，只有海洋经济与陆域经济的各项特定能力转化成能力结构时，才有可能提高海陆经济的竞争力，因此，必须注重海陆能力之间的协调、整合与优化，只有海陆能力进行成功耦合，相互补充、相互协调、相互平衡，才能促进沿海地区经济的可持续发展。

四、陆海统筹理论

（一）海洋开发的主体地位

在早前陆海统筹相关研究中，大多数学者建议纠正“重陆轻海”的传统，将海洋与陆地放在同等的地位来看待。本书认为，提高海洋开发的战略地位是陆海统筹发展的前提条件，陆域系统和海洋系统作为组成整个区域发展系统的两个子系统，两者地位理应有所不同。陆域系统规模大，发展机制比较成熟，但受制于资源瓶颈，进步空间有限，而海洋系统规模小，成长机制有待完善，但具备资源禀赋优势，发展前景广阔。因此，在区域管理与规划中，应该更加重视海洋开发的主体地位，将海洋系统的发展视为陆海统筹建设的首要目标，使之成为带动区域进步的主导力量，为整个区域的发展注入活力。

（二）陆域系统的支持作用

海洋开发作为区域发展的全新驱动力量，虽然本身具有资源禀赋优势，但资源利用效率仍需要广泛的技术、资金、管理、腹地等方面的支持，否则海洋开发活动将难以持续，而这些支持恰好是陆域系统所能提供的。陆域系统经过多年的发展，基础雄厚，特别是在科技服务和管理经验方面可以给予海洋系统充足的支持。此外，广阔的陆域腹地既能为海洋开发提供有效的缓冲空间，又能为其带来巨大的市场容量，可以说陆域系统所提供的支持决定了海洋系统发展的规模与质量，也决定了区域发展的可持续水平。

（三）海洋系统的带动作用

海陆系统互动属于能量交换的过程，如果只是陆域系统为海洋系统输送能量，最终将造成能量结构性失衡，并不利于整个区域的协调发展。海洋开发借助陆域支持向前推进的同时，必然会挖掘出更大的资源利用空间，这也正是陆域系统突破资源瓶颈的关键所在。从陆海统筹长远目标来说，整个区域的发展也要求海洋系统的发展对陆域系统形成能量反馈，帮助陆域系统破除发展局限，能量反馈也有助于陆域系统为海洋开发提供更为坚实的支撑。

（四）政策规划的有效引导

陆海系统的有效互动可以对区域发展产生驱动效应，但陆海系统也存在一些先天的矛盾冲突，当市场无法在资源配置中发挥优化作用时，就需要相关的政策规划为陆海互动提供有效的指引，这也正是陆海统筹战略实施的主要思路。陆海统筹规划的编写，海岸带综合管理体制的改进，相关服务体系的完善，以及统筹试点区域的建设都是保证陆海协调互动的有效方式。只有充分利用行政手段排除合作障碍，创造更加广泛的互动基础，才能使陆海统筹理念得到更加深切的落实。

（五）陆海统筹互动机制

首先，整个区域发展系统中的陆海两个子系统并不对等，总体结构呈金字塔形。海洋系统规模小，但作为区域发展的先锋，位于金字塔顶端，而陆域系统规模较大，位于金字塔低端，为海洋开发提供基础支撑；当政策规划发挥引导作用，扩大了陆域系统对海洋系统的支持面之后，海洋系统可倚仗陆域基础，扩展自身的发展规模；而当陆海系统进行充分互动，使海洋开发的规模扩张到最大化后，海洋系统对陆域系统的辐射程度也随之增加，这样就为陆域系统的进步创造了更加广阔的空间；如果陆域继续利用这些空间得到发展的同时，又为海洋系统提供支持，就可以形成良性循环，使区域发展规模不断扩大，达到协调可持续发展的目的（图 2-1）。

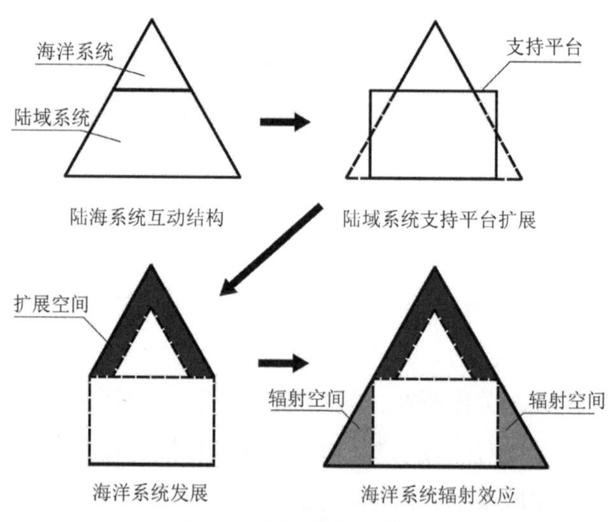

图 2-1　陆海统筹互动机制

五、空间计量经济学

空间计量经济学概念由荷兰计量经济学家 Jean Paelinck 提出，后经 Anselin 等的发展，最终形成了学科框架体系。空间计量经济学主要应用于空间效应的设定，以及模型的估计、检验及预测等，目前空间计量经济学广泛应用于区域科学、地理经济学、城市经济学和发展经济学等领域。随着空间计量经济学的发展，已经形成了一系列有效的理论和实证研究方法。这些方法不仅在上述领域的研究日益得到拓深，而且为人文地理学、自然地理学、社会学、环境科学、公共卫生学、犯罪学等学科提供了重要的分析工具，开拓了新的研究思路。

作为计量经济学的一个分支，空间计量经济学研究的是在横截面数据和面板数据的回归模型中处理空间相互作用（空间自相关）和空间结构（空间异质性结构分析）问题。主流经济学分析往往忽略了空间相关性问题，普遍使用忽略了空间效应的最小二乘法进行模型估计，于是存在模型设定偏差的问题，导致得出的各种计算结果和推论分析不够完整和科学，缺乏应有的解释力。空间计量经济学改变了传统计量经济学空间区域数据无关联和匀质性的假定，将空间关联权重矩阵纳入回归分析模型中，考虑了空间自相关性对区域经济活动的影响，使得模型估计更加贴近客观事实。空间自相关性体现出的空间效应可以用以下两种基础模型来表现和刻画：当变量间的空间依赖性对模型显得非常关键而导致了空间相关时，即为空间滞后模型；当模型的误差项在空间上相关时，即为空间误差模型。

空间依赖性也叫空间自相关性，是空间效应识别的第一个来源，它产生于空间组织观测单元之间缺乏依赖性的考察。而且，Anselin 进一步区分了真实空间依赖性和干扰空间依赖性。真实空间依赖性反映现实中存在的空间交互作用，如区域创新的扩散、经济要素的流动、技术的溢出等，它们是区域间经济或创新差异演变过程中的真实成分，是确实存在的空间交互影响因素，如劳动力、资本流动等耦合形成的经济行为在空间上相互影响、相互作用，研发的投入产出行为及政策在地理空间上的示范作用和激励效应。相反，干扰空间依赖性可能来源于测量问题，如创新研究过程中空间模式与观测单元之间边界的不匹配，造成相邻地理空间单元出现测量误差。测量误差与调查过程中数据的采集和空间单位有关，如数据一般是按照省、市等行政区划统计的，这种假设的空间单元与研究问题的实际边界可能不一致，这样就很容易产生测量误差。空间依赖性不仅意味着空间上的观测值缺乏独立性，而且意味着存在于这种空间相关中的数据结构，也就是说空间相关的强度及模式由绝对位置和相对位置共同决定。空间相关性表现出的空间效应可以用空间误差模型和空间滞后模型来刻画。

空间异质性是空间计量经济学模型识别的第二个来源。空间异质性指地理空间上的地区缺乏均质性，存在发达地区和落后地区经济地理结构，从而导致经济社会发展和创新行为存在较大的空间上的差异。空间差异性反映了经济实践中的空基观测单元之间经济行为关系的不稳定性。对于空间异质性，需要将空间单元的特性考虑进去，大多可以通过经典的计量经济学方法来估计。但是，当空间异质性与空间相关性同时存在时，经典的计量经济学方法不再有效。这种情况下，问题变得复杂，区分空间依赖性和空间异质性比较困难。

第三节　海洋功能与产业布局相关理论

一、海洋功能理论

海洋功能区划包括国家、省、市、县四级，其中《全国海洋功能区划（2011—2020 年）》已于 2012 年批准实施，海洋功能区划涉及的重点海域包括近岸海域、群岛海域及重要资源开发利用区。其主要功能区有港口航运区、渔业资源利用和养护区、矿产资源利用区、旅游区、海水资源利用区、海洋能利用区、工程用海区、海洋保护区、特殊利用区和保留区等十种。这些海洋功能区划的实施在一定程度上规范了海洋资源开发和发展秩序，保护了海洋生态环境，促进了海洋经济健康发展。但目前功能区划编制工作的开展只是局限于进行专家评审和协调，出于各方面利益的考虑，各行政区内功能类型齐全，缺乏主导功能的定位，从而导致功能区内争滩涂、争港口、争海域现象频繁出现，产业结构雷同问题比较严重。因此，需要统筹考虑区域内的海洋生态环境结构、海洋经济结构、海洋资源结构和沿海城市的社会结构，科学评价环渤海地区的海洋功能，进行海洋功能的排序。

二、比较优势理论

绝对优势理论（Theory of Absolute Advantage），又称绝对成本说（Theory of Absolute Cost）、地域分工说（Theory of Territorial Division of Labor），是最早的主张自由贸易的理论，由英国古典经济学派主要代表人物亚当·斯密创立。该理论将一国内部不同职业之间、不同工种之间的分工原则推演到各国之间的分工，从而形成国际分工理论。绝对优势理论是科学成分与非科学成分的混合，其深刻指出了分工对提高劳动生产率的意义。各国按照各自的有利条件进行分工和交换，将会使各国的资源、劳动力和资本得到最有效的利用，大大提高劳动生产率和增加物质财富，并使各国从贸易中获益，这便是绝对成本说的基本精神。事实上，交换以分工为前提，在人类历史上分工早于交换。同时，交换也不是人类本性的产物，而是社会生产方式和分工发展的结果。亚当·斯密将不同国家的同种产品的成本进行直接比较，认为区位优势意味着绝对成本优势。

大卫·李嘉图的比较优势理论解决了亚当·斯密绝对优势理论的局限性问题。比较优势理论认为，国际贸易的基础是生产技术的相对差别（而非绝对差别），以及由此产生的相对成本的差别。每个国家都应根据“两利相权取其重，两弊相权取其轻”的原则，集中生产并出口其具有“比较优势”的产品，进口其具有“比较劣势”的产品。比较优势理论在更普遍的基础上解释了贸易产生的基础和贸易利得，大大发展了绝对优势理论。事实上，田忌赛马的故事也体现了比较优势原理。比较成本理论在历史上起到过进步作用，为自由贸易政策提供了理论基础，推动了当时英国的资本积累和生产力的发展。在该理论的影响下，“谷物法”被废除。这是19世纪英国自由贸易政策所取得的最伟大胜利。区域比较优势对经济发展最重要、最基本的影响，是它决定了社会生产在空间地域上的基本形式。大卫·李嘉图的比较优势理论和亚当·斯密的绝对优势理论的可取之处在于：每个区域将自己的产业发展与自己的特点结合起来从而形成竞争优势之路。

三、产业布局理论

海洋产业布局是研究各海洋产业部门在其所在地域空间内的分布和组合形态。对于一般产业布局来说，从德国科学家杜能的农业区位论和韦伯的工业区位论开始，以区位理论为代表的产业布局理论体系经过发展已经日趋丰富和完善。杜能在1826年出版了《孤立国同农业和国民经济的关系》一书，设计了著名的孤立国六层农业圈。他认为在农业布局上并不是哪个地方适合种什么就种什么，农业经营方式也不是越集中越好，在这方面起决定作用的是级差地租，即特定农场（或地域）距离城市（农产品消费市场）的远近。农业生产的集中化程度与离中心城市的距离成反比。为此，他设计了孤立国六层农业圈：第一圈层为自由式农业圈，主要生产蔬菜、牛奶；第二圈层为林业圈，主要生产木材；第三圈层为轮作式农业圈，主要生产谷物；第四圈层为谷草式农业圈，主要生产谷物、畜产品，以谷物为重点；第五圈层为三圃式农业圈，主要生产谷物；第六圈层为畜牧业圈，以畜产品为重点；第六圈层以外是荒原。杜能论证并提出了农业生产空间差异的形成和模式，而海岛的开发利用也与其有着相似之处。在海岛的陆域存在着林业、耕作的生产，在环岛海域存在滩涂养殖、浅海养殖、深海养殖等海洋农牧化生产，这些生产与海岛城镇之间同样存在杜能圈的特征。除此之外，在海岸、海洋空间内，滩涂种植业、海水灌溉农业及水中海洋农牧化生产也大体符合杜能的农业区位论。工业区位论在造船工业中具有明显体现，中国的造船工业多分布在沿江河沿岸地区。

此后，德国的另一位经济学家韦伯把这一理论应用到工业领域，在其1909年撰写的《工业区位论》一书中系统地提出了工业区位理论，成为工业布局理论的创始者。他认为，运费对工业布局起决定作用，工业的最优区位通常应选择在运费最低点上。劳动费用和运费一样是影响工业布局的重要因素，同时，聚集地也会对工业最优区位产生影响。工业区位论在造船工业中具有明显体现，中国的造船工业以前多数布局在沿江河沿岸地带，以上海而言，它是中国主要造船工业基地，占有全国造船产值和产量较大的比重，因此造船业能跻身上海六大支柱产业当中。高兹提出“海港区位论”，创立了“总费用最小原则”，追求海港建设的最优区位，认为理想的海港位置应该能使由腹地经陆地到达海港，再经由海上到达海外诸港的总运费压缩至最低。同时，建港本身的投资应该是最小的。这一理论为海港区经济发展提供了重要启示，确定了港口与腹地相互依存、有机统一的重要关系。到近现代，Fetter的贸易区位理论，Christaller和Losch等的中心地理论使产业布局理论进一步发展，而增长极理论、点轴理论和地理二元经济理论的发展又对产业布局理论形成了新的补充。

四、产业集群和产业集聚

20世纪80年代以来，新的产业集聚原理对于经济发展的重大意义得到了国际学界、商界和政界的空前重视。“竞争战略之父”迈克尔·波特1990年在《国家竞争优势》一书中首先提出“产业集群”概念，为人们提供了一个思考、分析国家和区域经济发展并制定相应政策的新视角。迈克尔·波特认为，产业集群是在某一特定领域内互相联系的、在地理位置上集中到公司和机构的集合。产业集群包括一批对竞争起重要作用的、相互联系的产业和其他实体。产业集聚是指属于某种特定产业及其相关支撑产业，或属于不同类型的产业在一定地域范围内的地理集中，形成强劲、持续竞争优势的现象。

海洋产业是指在生产过程中利用海洋资源和空间而进行的生产和服务活动，主要包括以下五个方面：直接从海洋获取产品的生产和服务；直接从海洋获取产品的一次加工生产和服务；直接应用于海洋产品的生产和服务；利用海水或海洋空间作为生产过程的基本要素所进行的生产和服务；海洋科学研究、教育、技术服务和管理。从海洋产业门类看，我国海洋经济已涉及国民经济20多个门类，包括12个主要海洋产业、10个海洋科研教育管理服务业、6个相关海洋产业，具体是海洋渔业、海洋油气业、海洋矿业、海洋盐业、海洋化工业、海洋生物医药业、海洋电力业、海洋利用业、海洋船舶工业、海洋工程建筑业、海洋交通运输业、滨海旅游业、海洋科研教育管理服务业及其相关产业。从区域范围看，海洋经济涉及全国沿海地区11个省（自治区、直辖市）、53个沿海城市（地级市）和242个沿海地带（市、区、县）三个层次。

海洋第一产业指海洋农业，是人类利用海洋生物有机体将海洋环境中的物质能量转化为具有使用价值的物品或直接收获具有经济价值的海洋生物的社会生产部门，包括海洋渔业、海水养殖业等。海洋第二产业包括海洋化工业、海洋矿产业、海洋装备制造业、水产品加工业、海洋生物医药业等。海洋第三产业是为海洋开发生产、流通和生活提供社会化服务的部门，主要有海洋交通运输业、滨海旅游业等。

在海洋经济发展过程中，海洋产业的集聚效应也表现得极为明显。河北曹妃甸就是一个典型的产业集聚城市。北京一些重化工业外迁，为曹妃甸承接京津产业转移，发展临港重化工业提供了机遇。根据开发建设规划，曹妃甸将形成以大码头、大钢铁、大化工、大电能等“四大”主导产业为核心、相关工业组成布局、三次产业协调发展的强大产业集群。目前海洋产业中已形成的产业集群包括港口群、海洋农牧化生产集群、船舶制造产业集群等。

第四节 海洋产业健康和安全相关理论

一、协同论

哈肯（H. Haken）于1976年提出了“协同论”。协同论研究各种不同的系统从混沌无序的状态向稳定有序结构转化的机理和条件。哈肯提出的“从混沌状态自发形成的有组织的结构”是科学家们所面临的最吸引人的现象和最富于挑战性的问题之一。协同论最根本的思想是系统自主地、自发地通过子系统的相互作用转化成规则的系统。竞争与合作是其研究的重要内容，协同论最基本的概念即竞争与协作。虽然系统是千差万别的，它们的性质是不一样的，但在整个环境中，每一个系统相互制约，存在合作且相互干扰的关系，如不同单位、部门间的协调关系，企业之间的竞争与合作关系。

协同理论的主要内容可以概括为以下三个方面。

（1）千差万别的自然系统或社会系统均存在着协同作用。协同驱动系统结构逐步发展为有序状态。协同效应，是集体效应或是复杂开放系统中大量子系统的相互作用所产生的整体效应。任何复杂的系统，当受到外部能量或物质达到一定程度的聚集阈值的影响时，子系统之间产生协同效应。协同效应，使系统在临界点从混乱无序过渡到产生某种稳定的结构。协同作用阐释了自组织现象发生的过程。

（2）伺服原理即伺服快变量服从慢变量，序参量支配子系统，通过内部因素之间的系统稳定性和不稳定性相互作用所描述的自组织系统的过程。其实质是系统不稳定或接近临界点，系统的动力学和突现结构由几个集体变量决定，而系统中的其他变量由这些序参量支配。

（3）自组织是相对于他组织而言的。他组织从系统外部得到组织指令和组织能力。自组织系统没有外部命令的条件，其内部子系统间遵循一定的规则，自动形成一定的结构。自组织原理说明在一些外部能量流、信息流和物质流的作用下，系统通过大量子系统的相互作用，一个新的时间、空间或功能有序的结构形成。

二、产业结构调整理论

产业结构是指在社会再生产过程中，一个国家或地区的产业组成，即资源在产业间配置的状态。产业发展水平即各产业所占比重，以及产业间的技术经济联系，即产业间相互依存、相互作用的方式。在各种产业结构调整理论中，影响较大的有不平衡增长理论、主导部门理论和两基准理论。

（一）赫希曼的不平衡增长理论

资源的稀缺性存在于发展中国家，全面的投资和发展在各领域几乎是不可能存在的，只有将有限的资源选择性地投资于某些行业，最大限度地促进经济增长，即不平衡增长。赫希曼认为，应对为经济做出最大贡献的项目进行投资，关键问题是缺乏相应的机制，难以做出正确的决策。

（二）罗斯托的主导部门理论

罗斯托认为经济增长的各个阶段都存在相应的工业部门发挥主导作用，任何国家都是从低级的主导部门经过发展过渡到高级的主导部门。罗斯托根据技术标准把经济成长阶段划分为传统社会阶段、为起飞创造前提阶段、起飞阶段、成熟阶段、高额群众消费阶段和追求生活质量阶段六个阶段。

（三）筱原三代平的两基准理论

两基准理论中的两基准指收入弹性基准和生产率上升基准。收入弹性基准要求把资金投入到收入弹性大的行业或部门，因为这些行业或部门拥有广泛的市场需求，便于利用规模经济效益迅速提高盈利。生产率上升基准要求将资金投入到生产率上升最快的行业或部门，因为这些行业或部门由于生产率增长快，单位成本下降快，在工资一定的条件下，该行业或部门的利润必然上升最快。

三、产业保护理论

产业保护理论是指研究产业保护的对象、手段、程度及效果的有关产业安全的一种理论。在自由市场环境中对产业的保护并非排斥竞争，而是保护合理、正当的贸易竞争，保护的对象是全球范围内的所有具有法律效益的产业，保护的措施应当是符合国际贸易法的要求，产业保护应当把握一个“度”，既不过度保护造成产业发展“孤家寡人”，限制产业的发展，又不任其发展，造成产业的不正当竞争。亚历山大·汗密尔顿于 1791 年在向国会递交的《关于制造业的报告》（*Report on Manufacture*）中指出：美国施行产业保护的两条路径，一是关税保护和独立自主发展自己的工业，特别是制造业，二是实行自由贸易政策，为外国提供原料和工业半成品。产业保护在自由市场环境中对竞争的要求十分重要，这种保护是以国情为依据，促进产业结构更新和循环发展，不断增强产业的贸易竞争能力。产业保护的政策措施也是在国情需要的条件下制定和实施的，包括产业的扶持、结构调整、技术引进、基础建设等各方面的产业政策。

四、产业控制理论

产业的控制力是指外国资本（简称外资）对本国产业的控制力，以及本国产业控制力的强弱和影响产业安全的程度，即本国产业对外资的控制力。产业控制理论是研究外资产业控制力和东道国产业控制力的产业安全理论。产业控制的基本内容包括对股权、市场、品牌、技术、决策权等的控制。第二次世界大战以后，外资企业的迅猛发展引起了西方学者的广泛关注，经过大量的研究取得了丰富的成果。美国学者斯蒂芬·海默在其博士论文中率先提出垄断优势理论，他的导师金德尔伯格发展了这一理论，他认为研究对外直接投资应从“垄断优势”着眼。英国经济学家 J. H. Dunning 将区位理论引入垄断优势理论中，得到了国际生产折中理论，认为企业若想完全具备对外直接投资的条件就必须同时具备所有权优势、内部化优势和区位优势。

在经济全球化和一体化的大背景下，各国的国际贸易和国际投资自由发展，由此在对外开放政策下将会面临产业的控制力问题，如何才能有效地保护本国产业、分散外资的集中度、防止外资的垄断，将是产业控制理论研究者的研究方向。

五、产业国际竞争力理论

古典产业竞争优势理论发端于亚当·斯密创立的绝对优势学说，完善于大卫·李嘉图的比较优势学说。两种学说都假定，企业运行于完全竞争的市场结构中；劳动力作为唯一的生产要素，在各国之间不流动；企业规模报酬保持不变。基于这些假设，亚当·斯密指出，各国生产同一产品的劳动熟练程度是有差别的，因而各国的劳动生产率就有高低之分，而劳动生产率的不同又导致各国单位产品的成本差异。劳动生产率较高，从而单位产品的成本较低，则该国在这项产业上就有绝对优势。在亚当·斯密看来，劳动生产率优势是产业竞争优势的唯一源泉。因此，一个国家应当专门化生产有绝对成本优势的产品，用来交换本国有绝对成本劣势的产品。

产业国际竞争力是指国家或地区的某一产业相比他国或地区同行业在产业生产效率、满足市场需求能力、可持续获利等方面所体现出的竞争优势。1990年，美国哈佛大学迈克尔·波特教授发表了其著作《国家竞争优势》，该书在学术界引起强烈震动，并受到多个国家政府的高度关注。迈克尔·波特认为，国家是企业最基本的竞争优势，因为它能创造并保持企业的竞争条件。国家不但影响企业所制定的战略，而且是创造并延续生产与技术发展的核心。产业是研究国家竞争优势的基本单位，迈克尔·波特强调，“国家竞争优势”从根本上决定了一国特定产业国际竞争优势的强弱。某个产业的国家竞争优势取决于四个关键因素：生产要素，内需条件，相关产业和支持性产业，以及企业结构、战略和同业竞争。这四个因素构成了该产业国家竞争优势的“钻石体系”。迈克尔·波特将传统产业竞争力理论发展为动态的国际竞争优势理论。传统产业竞争力理论认为竞争优势来源于比较优势，而且是由资源禀赋决定的，这是静态分析。迈克尔·波特的国家竞争优势理论认为，国家的竞争力和财富是被创造出来的，尤其强调决定产业竞争优势的各个要素是被创造出来的。因此，迈克尔·波特的理论可以被看成是动态的国际竞争优势理论。他强调政府应当扮演激励者的角色，通过制定政策来鼓励或促使企业提高创新能力，并促使产业迈向更高的竞争阶段。他区分了“竞争优势”与“比较优势”；强调动态的竞争优势、国内需求的重要性、国家在决定竞争优势方面的能动作用；划分了国际竞争的发展阶段。

随着经济全球化的深入和科技的迅猛发展，国家间的产业竞争日益加剧，产业国际竞争力逐渐成为一国或地区国际经济地位的决定性因素。在这种国际局势下，要想维护产业安全，保证产业的可持续发展，只有通过不断提升产业的国际竞争力来实现。

第三章

海洋经济可持续发展综合测度

面对海洋经济存在的一系列问题，国务院在《全国海洋经济发展“十二五”规划》中提出“科学开发利用海洋资源，积极发展循环经济，大力推进海洋产业节能减排，加强陆源污染防治，有效保护海洋生态环境，切实增强防灾减灾能力，推进海洋经济绿色发展”的重要目标，并再次提出“海洋可持续发展能力进一步增强”的总体目标。在此背景下，本章首先运用海域承载力指标对环渤海地区资源环境的可持续开发利用进行测度；其次，通过海洋经济发展动态演变分析及海洋资源环境阻尼效应研究，对海洋经济发展状况进行掌握；最后，由于海洋经济的可持续发展一直是一个涉及面广、复杂性较高的议题，本书将海洋经济系统视为耗散结构，即海洋经济系统不可能一直不停地通过耗能来支撑经济社会的发展，它必须从外界获取物质和能量，不断输出产品和废物，才能保持稳定有序的状态，犹如一个复杂的有机体，不断进行新陈代谢，实现海洋生态系统的优化、循环和再生。

第一节　海域承载力研究

统筹沿海地区社会、经济、资源与环境的协调发展，是我国新时期制定沿海区域发展战略的重要内容，而区域承载力是制定区域发展战略的重要依据之一。沿海地区是中国未来社会经济发展的重点区域，评价沿海地区的承载力成为保证经济与生态协调发展的基础。因此，海域承载力研究对于沿海地区资源环境的可持续开发利用，区域经济社会协调发展具有突出的影响。在环渤海地区海洋资源日渐枯竭、海洋环境恶化的大背景下，对该地区海域承载力进行评价分析，将为海域承载力研究提供新的研究思路及方法，对于丰富承载力研究具有重要的理论价值，同时对于环渤海经济圈的可持续发展具有重大意义。

一、研究方法

（一）韦伯-费希纳定律

德国生理学家韦伯和物理学家费希纳提出韦伯-费希纳定律（Weber-Fischna

Law），它是用于揭示心理量与物理量之间数量关系的定律，可以确定各种感觉阈限和测量刺激的物理量和心理学的关系。韦伯-费希纳定律能够确切表达人体产生的反应量 k 与客观环境刺激量 c 之间的函数关系：

$$k = \alpha \lg c \tag{3-1}$$

式中，α为韦伯常数。

近年来，韦伯-费希纳定律逐渐被一些学者引用到环境影响评价研究中，考虑到资源环境等对承载力的影响类似于环境污染因素对环境质量的影响，本章根据韦伯-费希纳定律的基本原理，将资源、环境等各项影响因素作为外界刺激强度，进行指标分级。

韦伯-费希纳定律应用到承载力评价中基于以下三点假设：c 为影响承载力的外部因素，即指标；把人体产生的反应量 k 视为外部影响因素即指标对承载力的影响程度；α是由各指标的性质决定的，对于同一指标α为常数。

对式（3-1）两边求差分可得

$$\Delta k = \alpha \frac{\Delta c}{c} \tag{3-2}$$

式（3-2）表明当影响承载力的外部因素 c 成等比变化时，对承载力的影响程度成等差变化。

因此，在计算分级标准值时，虽然影响因素各相邻标准级别之间的值成等比变化，但这一影响因素对承载力造成的影响程度变化应是等差分级。将 i 指标划分为五级，k=1 对应于 c_{i0} 的级别，k=6 对应于 c_{id} 的级别。可知 i 指标任意两级 k、l 之间的客观重要性比率为

$$\frac{c_{ik}}{c_{il}} = \alpha_i^{k-l} \quad (k,l = 1,\cdots,6) \tag{3-3}$$

取 l=0，式（3-3）变为

$$c_{ik} = c_{i0}\alpha_i^k \tag{3-4}$$

式中，

$$\alpha_i = (c_{id} / c_{i0})^{\frac{1}{6}} \tag{3-5}$$

α_i定义为 i 指标相邻两级标准的影响程度比率。本章运用韦伯-费希纳定律计算环渤海 17 个沿海城市各评价指标的分级标准，通过研究其间同一指标所有地区数据的最大值与最小值计算相邻两级标准确定分级情况，具有整体性，弥补了参考相关统计数据和已有标准确定评价等级的不足，提高了分级标准的科学性和合理性。

（二）D-S 证据理论

D-S 证据理论（D-S Evidential Theory）是由 A. P. Dempster 首先提出，并由 G. Shafer 进一步发展起来的一种处理不确定性的理论。设 D 为样本空间，函数 M：$2^D \rightarrow [0,1]$，且满足 $M(\Phi)=0$，$\sum M(A)=1$，其中 $A \subseteq D$，则称 M 是 2^D 上的概率分配函数，M（A）称为 A 的基本概率数。

命题的信任函数 Bel：$2^D \rightarrow [0,1]$，且 $\mathrm{Bel}(A)=\sum M(B)$，其中 $B \subseteq A$。Bel 函数又称下限函数，Bel（A）表示对命题 A 为真的信任程度。

似然函数 Pl：$2^D \rightarrow [0,1]$，且 $\mathrm{Pl}(A)=1-\mathrm{Bel}(\bar{A})$，其中 $A \subseteq D$。似然函数的含义是由于 Bel（A）表示对 A 为真的信任程度，所以 $\mathrm{Bel}(\bar{A})$ 就表示对非 A 为真，即 A 为假的信任程度，由此可推出 Pl（A）表示对 A 为非假的信任程度。似然函数又称不可驳斥函数或上限函数。

设 $M_1,M_2,\cdots,M_n$ 是 n 个概率分配函数，则其正交和 $M=M_1 \oplus M_2 \oplus \cdots \oplus M_n$ 为

$$M(\Phi)=0$$

$$M(A)=k^{-1}\sum_{\cap A_i=A}\prod_{1 \leqslant i \leqslant n} M_i(A_i) \tag{3-6}$$

式中，$k=1-\sum_{\cap A_i=\Phi}\prod_{1 \leqslant i \leqslant n} M_i(A_i)=\sum_{\cap A_i \neq \Phi}\prod_{1 \leqslant i \leqslant n} M_i(A_i)$

综合评价指数为

$$Z=\sum_{j=1}^{m} T_j X_{ij} \quad (i=1,2,\cdots,n,j=1,2,\cdots,m) \tag{3-7}$$

式中，X_{ij} 为第 i 个系统第 j 项指标标准化后的值，T_j 为利用 D-S 证据理论合成主观赋权法和客观赋权法确定的评价指标 X_j 的权重。

D-S 证据理论适用于互补、不确定信息的融合，它能够将大量繁杂的主观不确定信息，通过 D-S 证据理论信息融合原理有效地转化为确定性的决策结果。

已有研究成果将主客观权重相结合时多采用线性加权法，运用 D-S 证据理论合成不确定的主观权重和确定的客观权重，能提高权重的准确性和科学性。本章采用 D-S 证据理论将主观性较强的层次分析法和客观性较强的熵值法相结合确定综合权重。

（三）层次分析法

层次分析法是美国运筹学家 T. L. Satty 等在 20 世纪 70 年代提出的。层次分析法分析评价系统中各基本要素之间的关系，建立系统的递阶层次结构。对同一层次的各元素源于上一层次中某一准则的重要性进行两两比较，构造两两比较判断矩阵，并进行一致性检验。由判断矩阵计算被比较要素对于该准则的相对权重。层次分析法算法通常包括以下步骤。

1. 明确目标，建立分层结构

首先对所研究的问题有一个整体的认识，明确它所涉及的因素及因素之间的相互关系，然后将问题由上至下分成若干逻辑单元，形成层状结构。最高层为目标层，表示要解决的最终问题；中间是准则层、子准则层等，该层可以看作是对最高层的细化，也可以看作是对措施层的概括总结；最后一层为措施层，主要为实现最终目标的基本元素。层状决策分析模型如图 3-1 所示。

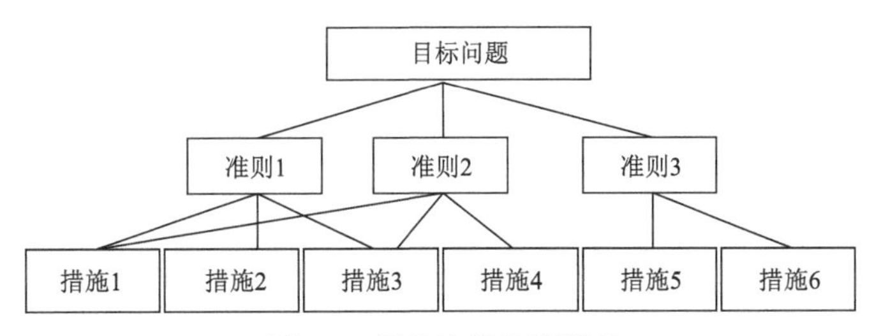

图 3-1　层状决策分析模型

2. 构造判断矩阵

判断矩阵是层次分析法的出发点，表示下层每两个元素对于上层元素的权重之比，元素的权重根据德尔菲法，按照 1～9 标度对指标体系中的各个指标的重要性程度进行赋值，综合专家打分的结果之后得出两两比较判断矩阵 A，$A=\left\{a_{ij}\right\}$，判断矩阵满足 $a_{ij}>0$，$a_{ji}=\dfrac{1}{a_{ij}}$，$a_{ii}=1$，称为正反判断矩阵（表 3-1）。

表 3-1 1～9 标度的含义

相对重要程度	含义
1	同等重要
3	略为重要
5	相当重要
7	明显重要
9	绝对重要
2，4，6，8	介于两相邻重要程度之间

3. 权重的计算

（1）计算判断矩阵 A 的每一列的总和 M_i：

$$M_i = \sum_{j=1}^{n} a_{ij}, \quad i = 1, 2, \cdots, n \tag{3-8}$$

（2）计算判断矩阵 A 的每一项 a_{ij} 除以它所在列的总和 (W_{ij})：

$$W_{ij} = \frac{a_{ij}}{M_i} \quad (i = 1, 2, \cdots, n; j = 1, 2, \cdots, n) \tag{3-9}$$

（3）计算每行平均值 w，w 即为所求的各项指标的权重，$i = 1, 2, \cdots, n$，n 为判断矩阵阶数。

4. 一致性检验

从实践的角度看，通过上述方法建立的判断矩阵，难免存在一些矛盾，即不一致。所以必须通过一致性检验才能继续进行，层次分析法主要通过以下四步进行检验。

（1）计算判断矩阵的最大特征值 $\lambda_{\max}$：

$$\lambda_{\max} = \frac{\sum_{i=1}^{n} a_{ij}}{n} \tag{3-10}$$

（2）计算一致性指数 CI：

$$\mathrm{CI} = \frac{\lambda_{\max} - n}{n - 1} \tag{3-11}$$

（3）通过查询平均随机一致性指数表（表 3-2），得到同阶矩阵平均一致性指数 RI，来计算矩阵的一致性比率 CR：

$$\mathrm{CR}=\frac{\mathrm{CI}}{\mathrm{RI}} \tag{3-12}$$

表 3-2　平均随机一致性指数表

阶数	1	2	3	4	5	6	7	8	9
RI	0	0	0.58	0.90	1.12	1.24	1.32	1.41	1.45

当$\mathrm{CR}=0$时，判断矩阵具有完全一致性；当$\mathrm{CR}\leqslant 0.1$时，判断矩阵具有满意的一致性；当CR>0.1时，判断矩阵具有非满意的一致性，必须对矩阵元素做出调整，直到达到一致性满意为止。

（四）熵值法

熵值法（entropy method）是一种客观赋权方法，能够克服人为确定权重的主观性及多指标变量间信息的重叠。信息系统中的信息熵是对信息无序度的度量。某项指标的指标值信息熵越大，信息的无序度越高，其信息的效用值越小，该指标权重越小；反之，某项指标的指标值信息熵越小，信息的无序度越低，其信息的效用值越大，该指标权重越大。

（1）选取 n 个地区，m 个指标，则 x_{ij} 为第 i 个地区的第 j 个指标的数值（$i=1,2,\cdots,n;j=1,2,\cdots,m$）。由于各项指标的计量单位并不统一，因此在用它们计算综合指标前，我们先要对它们进行标准化处理，即把指标的绝对值转化为相对值，令 $x_{ij}=\left|x_{ij}\right|$，从而解决各项不同质指标值的同质化问题。由于正向指标和负向指标数值代表的含义不同（正向指标数值越高越好，负向指标数值越低越好），对于高低指标用不同的算法进行数据标准化处理。其具体方法如下。

正向指标：$$x'_{ij}=\frac{x_{ij}-\min(x_{1j},x_{2j},\cdots,x_{nj})}{\max\left(x_{1j},x_{2j},\cdots,x_{nj}\right)-\min\left(x_{1j},x_{2j},\cdots,x_{nj}\right)}\times 100 \tag{3-13}$$

负向指标：$$x'_{ij}=\frac{\max(x_{1j},x_{2j},\cdots,x_{nj})-x_{ij}}{\max\left(x_{1j},x_{2j},\cdots,x_{nj}\right)-\min\left(x_{1j},x_{2j},\cdots,x_{nj}\right)}\times 100 \tag{3-14}$$

则 x'_{ij} 为第 i 个地区的第 j 个指标的数值（$i=1,2,\cdots,n;j=1,2,\cdots,m$）。为方便起见，仍记数据 $x'_{ij}=x_{ij}$。

（2）计算第 j 项指标下第 i 个地区占该指标的比重：

$$p_{ij}=\frac{X_{ij}}{\sum\limits_{i=1}^{n}X_{ij}}\quad(i=1,2,\cdots,n,j=1,2,\cdots,m) \tag{3-15}$$

（3）计算第 j 项指标的熵值：

$$e_j = -k\sum_{i=1}^{n} p_{ij} \ln p_{ij}\text{，其中，}k>0\text{，}k=\frac{1}{\ln|n|}\text{，}e_j \geqslant 0 \tag{3-16}$$

（4）计算第 j 项指标的差异系数。对于第 j 项指标，指标值的差异越大，熵值就越小，定义差异系数：

$$g_j = \frac{1-e_j}{m-E_e} \tag{3-17}$$

式中，$E_e = \sum_{j=1}^{m} e_j$，$0 \leqslant g_j \leqslant 1$

（5）求权值：

$$w_j = \frac{g_j}{\sum_{j=1}^{m} g_j} \quad (1 \leqslant j \leqslant m) \tag{3-18}$$

（五）信息扩散技术

信息扩散技术（information diffusion technique）是为了弥补样本信息不足而考虑优化利用样本模糊信息的一种集值化处理方法。该方法可将一个有观测值的样本变成一个模糊集，即将单值样本变成集值样本。信息扩散估计无须事先假设待估参数的分布，可将信息量不够的样本空间进行完备化，即使在信息量不足的情况下，也能分析出尽可能精确的结果。结合海域承载力评价的特点，本书选用非线性的正态信息扩散函数构造隶属函数，其计算过程如下。

设某评价指标的论域 $U=\{u_1,u_2,\cdots,u_m\}$，其中 $u_i(i=1,2,\cdots,m)$ 为指标论域的控制点。对于评价指标的一个单值观测样本 y_j，可以将其所携带的信息扩散给指标论域 U 上的所有点，相应的扩散估计为

$$f_j(u_i) = \frac{1}{h\sqrt{2\pi}} \exp\left[-\frac{(y_j-u_i)^2}{2h^2}\right] \quad (i=1,2,\cdots,\mathrm{m}\text{；}j=1,2,\cdots,n) \tag{3-19}$$

式中，h 为扩散系数，可根据样本集合中最大值 b、最小值 a 和样本个数 n 来确定。计算公式为

$$h=\begin{cases}0.8146(b-a) & n=5\\ 0.5690(b-a) & n=6\\ 0.4560(b-a) & n=7\\ 0.3860(b-a) & n=8\\ 0.3362(b-a) & n=9\\ 0.2986(b-a) & n=10\\ 2.6851(b-a) & n\geqslant 11\end{cases} \tag{3-20}$$

令

$$C_j=\sum_{i=1}^{m}f_j(u_i) \tag{3-21}$$

令 $$p_{ij}=f_j(u_i)/C_j \tag{3-22}$$

由于

$$\sum_{i=1}^{m}p_{ij}=1 \tag{3-23}$$

故称 p_{ij} 为样本 y_j 在指标评价域上的归一化信息分布。

对于样本 y_j，某一级别 k 内的控制点有 $u_p,u_{p+1},\cdots,u_q$（$q>p$），则样本 y_j 关于 k 级别的隶属度为

$$r_{jk}=\sum_{i=p}^{q}u_i \tag{3-24}$$

模糊综合评价的结果表示为如下模糊变换：

$$b_j=\sum_{k=1}^{5}r_{jk}W_k \tag{3-25}$$

$B=\{b_1,b_2,\cdots,b_n\}$，$0\leqslant b_j\leqslant 1$，$b_j$ 为模糊综合评价的各级别隶属度。为了综合考虑各级别隶属度的影响，通常采用级别特征值确定评价等级，级别特征值的计算公式为

$$c=\sum_{i=1}^{5}b_i k \tag{3-26}$$

如果 $|c-k|\leqslant 0.5$，则最终评价的级别为 k 级。

二、海域承载力评价指标体系分析

（一）指标体系构建

海域承载力与一般区域承载力一样具有系统性、开放性、动态性和综合性等特点，但海域承载力又具有复杂性、动态变化性、模糊性，以及影响因素的多方面性、多层次性等特点。基于以上特点，构建海域承载力评价指标体系除了遵循科学性、可比性、可操作性等一般原则外，还应遵循以下原则。

（1）综合性与显著性相结合。选取的指标应既能综合反映海域承载力的资源、环境、社会、经济等方面，还能突出反映海域承载力的主要特征和状况。

（2）动态性与稳定性相结合。指标在时间上要具有连续性，不仅要能对现在的状况进行准确评价，还要能较好地对过去的情况和未来发展趋势进行描述和度量。

根据上述原则，参考前人的研究成果，结合环渤海地区实际情况及当前经济社会发展特点，对资源、环境、生态、经济及科技五个子系统进行详细分析，构建出海域承载力评价指标体系（表 3-3）。

表 3-3 海域承载力评价指标体系及权重

目标层	准则层	指标层	主观权重	客观权重	D-S 综合权重
环渤海地区海域承载力评价	资源（0.2）	人均海岸线长度 C_1/米	0.0068	0.0383	0.0060
		人均海水产品产量 C_2/千克	0.0805	0.0464	0.0861
		规模以上港口生产用码头泊位数 C_3/个	0.0164	0.0673	0.0255
		港口货物吞吐量 C_4/万吨	0.0579	0.0638	0.0852
		人均海域面积 C_5/（米^2/人）	0.0110	0.0370	0.0094
		海水养殖面积 C_6/公顷	0.0274	0.0435	0.0275
	环境（0.2）	万元 GDP 工业废水排放量 C_7/吨	0.0767	0.0188	0.0333
		城镇生活污水处理率 C_8/%	0.0129	0.0054	0.0016
		工业固体废弃物产生量 C_9/万吨	0.0203	0.0397	0.0186
		工业废水排放达标率 C_{10}/%	0.0488	0.0010	0.0011
		工业固体废弃物综合利用率 C_{11}/%	0.0323	0.0024	0.0018
		环保投资占 GDP 比重 C_{12}/%	0.0089	0.0328	0.0067

续表

目标层	准则层	指标层	主观权重	客观权重	D-S 综合权重
环渤海地区海域承载力评价	生态（0.2）	人均滩涂面积 C_{13}/平方千米	0.0959	0.0415	0.0918
		海洋渔业生态效率 C_{14}/%	0.0217	0.0475	0.0238
		海洋石油加工业生态效率 C_{15}/%	0.0391	0.0999	0.0901
		旅游业生态效率 C_{16}/%	0.0433	0.0670	0.0669
	经济（0.2）	海洋经济占 GDP 比重 C_{17}/%	0.0835	0.0153	0.0295
		渔业总产值 C_{18}/万元	0.0320	0.0351	0.0259
		人均海洋经济总产值 C_{19}/（元/人）	0.0527	0.0343	0.0417
		海岸线经济密度 C_{20}/（万元/千米）	0.0195	0.0724	0.0326
		城镇居民恩格尔系数 C_{21}/%	0.0123	0.0004	0.0001
	科技（0.2）	沿海城市科技支出 C_{22}/万元	0.0910	0.0962	0.2019
		教育经费 C_{23}/亿元	0.0525	0.0566	0.0685
		科技教育投入占 GDP 比重 C_{24}/%	0.0282	0.0084	0.0055
		海洋产业全员劳动生产率 C_{25}/%	0.0282	0.0292	0.0190

注：海洋渔业、海洋石油加工业、旅游业生态效率通过该产业产值与环境污染评分之比所得

（二）海域承载力评价指标分级标准

利用韦伯-费希纳定律，结合环渤海地区实际情况，制定各评价指标的分级标准，见表 3-4。

表 3-4 海域承载力评价指标分级标准

指标	类型	高（Ⅰ级）	较高（Ⅱ级）	一般（Ⅲ级）	较低（Ⅳ级）	低（Ⅴ级）
C_1	正	0.22～0.4	0.12～0.22	0.07～0.12	0.04～0.07	0.01～0.04
C_2	正	384.12～1 026	143.82～384.12	53.85～143.82	20.16～53.85	2.8～20.16
C_3	正	62～225	17～62	5～17	2～5	0～2
C_4	正	12 381～45 338	3 381～12 381	923～3 381	252～923	18～252
C_5	正	2 998～5 393	1 668～2 999	927～1 668	516～927	159～516
C_6	正	82 417～151 078	44 961～82 417	24 527～44 961	13 880～24 527	3 980～13 880
C_7	逆	0～3	3～8	8～14	14～20	20～32
C_8	正	75～100	56～75	42～56	32～42	18～32
C_9	逆	11～67	67～166	166～411	411～1 017	1 017～2 516
C_{10}	正	95～100	80～95	50～80	40～50	26～40
C_{11}	正	95～100	75～95	55～75	40～55	27～40

续表

指标	类型	高（Ⅰ级）	较高（Ⅱ级）	一般（Ⅲ级）	较低（Ⅳ级）	低（Ⅴ级）
C_{12}	正	1.7～5	1.2～1.7	0.7～1.2	0.2～0.7	0～0.2
C_{13}	正	370～600	240～370	110～240	60～110	10～60
C_{14}	正	2.12～5.53	0.81～2.12	0.31～0.81	0.12～0.31	0.01～0.12
C_{15}	正	0.91～2.85	0.29～0.91	0.09～0.29	0.03～0.09	0～0.03
C_{16}	正	2.05～8.15	0.57～2.15	0.15～0.57	0.04～0.15	0～0.04
C_{17}	正	24.86～59.55	10.38～24.86	4.35～10.38	1.81～4.35	0.3～1.81
C_{18}	正	1 654 158～3 357 495	814 965～1 654 158	401 514～814 965	197 816～401 514	48 016～197 816
C_{19}	正	11 160～28 460	4 375～11 160	1 716～4 375	673～1 716	103～673
C_{20}	正	80 683～231 115	28 167～80 683	9 834～28 167	3 433～9 834	418～3 433
C_{21}	逆	30～35	35～40	40～45	45～50	50～60
C_{22}	正	80 605～289 405	22 450～80 605	6 253～22 450	1 742～6 253	135～1 742
C_{23}	正	107.5～302.5	38.5～107.5	13.5～38.5	4.8～13.5	0.5～4.8
C_{24}	正	2.5～3	2～2.5	1.5～2	1～1.5	0～1
C_{25}	正	30～66	14～30	6.5～14	3～6.5	0.5～3

注：表中正指效益型指标，是指对海域承载力有正作用，其数据越大越好；逆指成本型指标，是指对海域承载力有负作用，其数据越小越好

三、海域承载力评价结果

运用上述基于信息扩散技术的模糊综合评价模型计算得到环渤海地区海域承载力隶属函数判断矩阵，利用公式计算可求得环渤海地区海域承载力的级别特征值，见表 3-5。

表 3-5 环渤海地区海域承载力级别特征值

地区	2000 年	2001 年	2002 年	2003 年	2004 年	2005 年	2006 年	2007 年	2008 年	2009 年	2010 年	2011 年
天津	2.796	2.499	2.366	2.164	2.006	2.073	2.030	1.983	1.874	1.843	1.809	1.851
唐山	3.313	3.169	3.182	3.006	2.801	2.801	2.750	2.663	2.613	2.541	2.484	2.449
秦皇岛	3.306	3.087	3.161	3.030	2.851	2.818	2.742	2.684	2.595	2.485	2.417	2.404
沧州	3.584	3.406	3.400	3.232	3.087	3.070	3.016	2.923	2.836	2.776	2.679	2.628
大连	3.156	2.804	2.977	2.905	2.750	2.697	2.628	2.147	2.127	2.027	1.978	1.968
丹东	3.315	3.107	3.147	3.035	2.880	2.848	2.767	2.668	2.567	2.490	2.426	2.308
锦州	3.487	3.263	3.312	3.181	3.037	3.005	2.923	2.827	2.694	2.579	2.555	2.454

续表

地区	2000年	2001年	2002年	2003年	2004年	2005年	2006年	2007年	2008年	2009年	2010年	2011年
营口	3.460	3.298	3.276	3.161	2.987	2.982	2.918	2.833	2.740	2.579	2.469	2.381
盘锦	3.264	3.103	3.057	2.920	2.767	2.729	2.661	2.544	2.445	2.293	2.283	2.187
葫芦岛	3.363	3.128	3.086	3.010	2.916	2.900	2.825	2.729	2.631	2.498	2.463	2.403
青岛	3.137	2.757	2.756	2.710	2.466	2.445	2.354	2.297	2.171	2.147	2.205	2.156
东营	3.085	2.930	2.891	2.797	2.575	2.570	2.514	2.427	2.371	2.293	2.229	2.158
烟台	2.986	2.820	2.773	2.687	2.489	2.430	2.328	2.323	2.187	2.146	2.074	2.032
潍坊	3.416	3.245	3.209	3.115	2.928	2.875	2.773	2.687	2.619	2.564	2.489	2.421
威海	3.140	3.046	2.977	2.854	2.675	2.576	2.478	2.428	2.375	2.314	2.222	2.178
日照	3.500	3.315	3.284	3.162	3.018	3.003	2.947	2.870	2.817	2.744	2.656	2.600
滨州	3.520	3.358	3.321	3.197	3.052	3.035	2.952	2.883	2.799	2.740	2.644	2.577

四、海域承载力时空分析

（一）海域承载力时间分异分析

从表3-5可以看出，环渤海17个沿海城市2000～2011年海域承载力级别特征值整体呈减小趋势，说明海域承载力虽有波动，但总体上呈上升趋势，各地海域承载力不断提高。这主要归因于人们海洋意识的增强、综合管理水平的提高，以及对资源环境保护力度的加大，促进了各子系统的有序健康发展。2001年开始的“渤海碧海行动计划”，《中华人民共和国海洋环境保护法》，全国及环渤海各地区“海洋功能区划”、“海洋经济发展规划”等一系列国家和地方政策法规的制定与实施，在一定程度上规范了环渤海地区的海洋资源开发和发展秩序，保护了海洋生态环境，促进了海洋经济健康协调发展，有效提升了海域承载力水平。但是大多数城市海域承载力级别特征值都在1.8～4，这说明环渤海地区在经济发展的过程中仍存在资源利用不合理和生态环境保护力度不够等问题，海域承载力整体水平不高。

一方面，随着时间发展，区域间差异并未缩小。2000年级别特征值最大的沧州与最小的天津差值为0.788，2011年级别特征值最大的沧州与最小的天津差值为0.777。另一方面，各地发展速度快慢不一，地区间条块分割严重，经济协调成本高，市场化程度低，资金、人才、技术等要素流动不够畅通，总体差距依然较大。环渤海地区在今后的发展过程中，应把整个地区作为一个整体，加强地区间的协调发展,注重利用承载力水平较高地区辐射带动周边地区发展,更好地发挥其“经济第三增长极”的作用。

（二）海域承载力空间分异分析

1. 海域承载力空间差异显著

为了更形象地说明环渤海 17 个城市海域承载力的空间分异情况，利用表 3-5 各地区 12 年海域承载力级别特征值的平均值，采用 Arcgis9.3 软件中的自然断裂法对环渤海地区的海域承载力进行分级，得到环渤海地区海域承载力的空间布局特征，如图 3-2 所示。

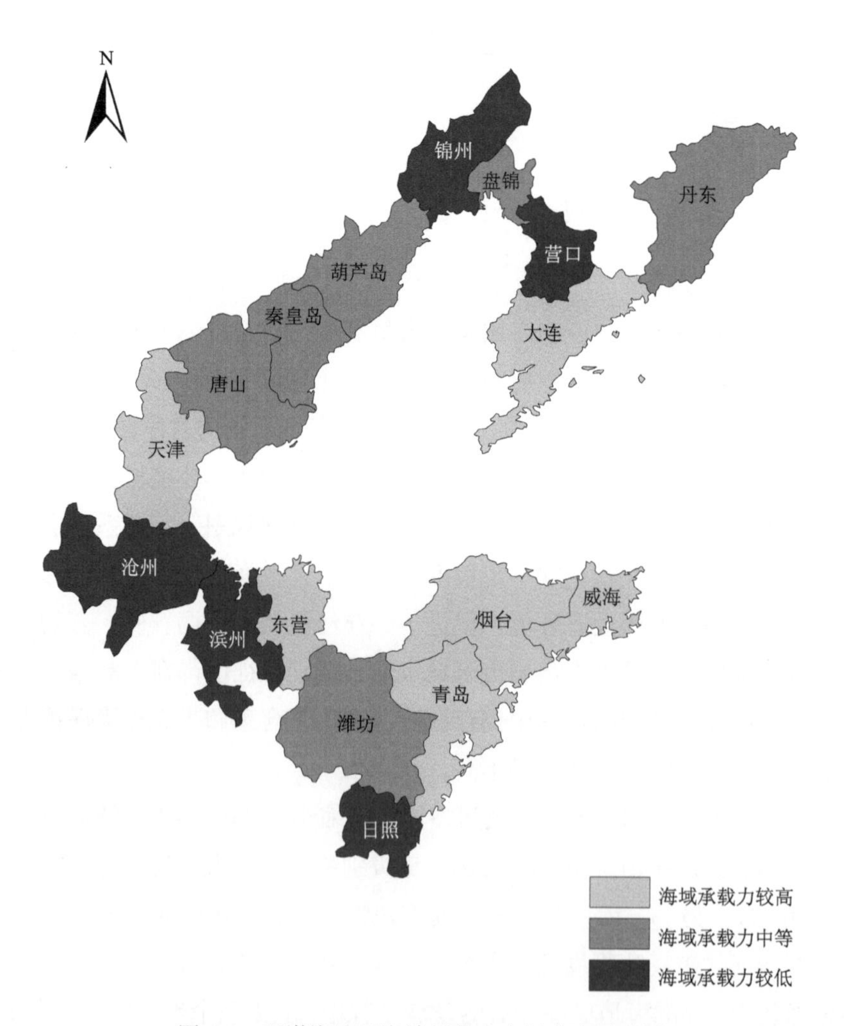

图 3-2 环渤海地区海域承载力空间分布示意图

由图 3-2 可以看出环渤海地区海域承载力存在显著的空间差异特征：空间分布整体分散、部分连片集中，空间分异明显。其中，天津、大连、青岛、烟台、东营、威海海域承载力较高；唐山、秦皇岛、丹东、盘锦、葫芦岛、潍坊海域承载力水平中等；沧州、锦州、营口、日照、滨州海域承载力较低。

（1）天津、大连、青岛、烟台、东营、威海相较于其他城市海域承载力较高，海域承载力水平分别从 3 级、4 级逐渐提高到 2 级。

天津、大连、青岛和烟台四市海洋资源丰富，海洋经济发展水平较高，海洋管理体系建设较完善，海洋第二、第三产业发展迅速，产业结构比较合理，海洋科技创新及生态环境保护投入较多，2011 年海洋生产总值分别为 3536 亿元、1649 亿元、1844 亿元、1480 亿元，分别占地区生产总值的 31.6%、26.8%、27.9%、30.2%。天津港、大连港、青岛港货物吞吐量在全球位居前列，2011 年吞吐量分别达 4.5 亿吨、3.4 亿吨、3.7 亿吨，烟台港货物吞吐量也已超过 2 亿吨。东营滩涂湿地面积达 1200 平方千米，2011 年控制含油面积 64.9 平方千米，探明盐矿储量达 5800 亿吨，同时东营位于黄河三角洲地区，生物资源、旅游资源丰富。威海海岸线总长 986 千米，占山东省海岸线总长的 1/3、全国的 1/18，海水养殖开发空间资源广阔，浅海和滩涂海况、基质、水质优良，具有丰富的生物资源，人均海水产品产量约 900 千克。六市近年来不断加强海洋管理立法和规划工作，规范海洋开发秩序，加强海洋资源环境保护，污水排放达标率、废物综合利用率较高，工业废水排放达标率、生活污水处理率保持在 90% 以上，减轻了海域承载力的部分压力。

天津位于环渤海地区中心地带，天津港已成为我国北方最大的综合性贸易口岸。天津设立了全国唯一的国家级海洋高新技术开发区，促进了海洋高新技术发展、海洋产业结构升级，形成了海洋交通运输业、油气开采业、石油化工业和海洋化工业等优势产业，建立了海洋资源、环境、经济、科技、执法等综合管理体制和运行机制。

大连海岸线长 1906 千米，港口、生物、盐业和旅游等资源丰富、优势明显，大连港是东北最重要的出海口。大连加快传统海洋产业改造，大力发展新兴海洋产业，初步形成了以海洋渔业、港口运输业、滨海旅游业、海洋船舶制造业、海洋化工业为主的海洋产业体系，海洋经济结构渐趋合理。

青岛海岸线总长 816.98 千米，海洋资源十分丰富，青岛港是太平洋西海岸重要的国际贸易口岸和海上运输枢纽。“十五”以来，青岛市发展海洋科技，加强海洋科技投入，争取各类科研资金达 6.8 亿元，努力打造中国蓝色硅谷，培育了初具特色的现代海洋产业体系，海洋船舶工业、海洋工程装备业、海洋生物医药业、海洋新材料等产业发展迅速。

烟台海岸线长 909.3 千米，海域面积 2.6 万平方千米，2016 年海水养殖面积 245 万公顷，烟台主要海洋产业包括渔业、海洋生物业、海洋交通运输业、海洋装备制造业和滨海旅游业等。烟台正加快实施《烟台蓝色经济区发展规划（试行）》，积极建设高技术海洋经济新区，建设国家级省级创新平台，促进海洋科技成果转化。

东营海岸线长 413 千米，充分利用海洋资源，海洋产业已形成了较为完备的体系。东营拥有黄河三角洲国家级自然保护区湿地生态系统，生态环境较好。

威海地处山东半岛最东端，海域开阔，水质肥沃，海洋区位、资源优势突出，主要的海洋产业是渔业、滨海旅游业、船舶业等，初步形成了产业比较齐全、结构比较合理、技术装备水平较高的海洋产业体系。渔业产值约占山东省渔业总产值的 1/3、占全国渔业总产值的 1/20，连续多年居全国地级市首位。

（2）河北省的唐山、秦皇岛，辽宁省的丹东、盘锦、葫芦岛，以及山东省的潍坊，海域承载力在环渤海 17 个沿海城市中处于中等水平。

这些城市在海洋资源丰度、海洋经济发展程度、海洋生态环境保护及科技投入等方面大多处于中等水平，说明这些城市的海洋资源还有待进一步开发、海洋经济发展势头不足、生态环境保护力度不够，因此海域承载力的提高有较大潜力，今后要使海洋经济发展、保护生态环境与海洋科技实力提高协调发展。

唐山和秦皇岛是河北省重要的沿海城市，唐山海岸线长 215.62 千米，唐山港 2016 年货物吞吐量达到 5.1 亿吨，进入全国港口十强。唐山主要海洋产业包括盐业、渔业、海洋油气业等，2004 年唐山出台了中国首个地市级海洋经济发展战略规划，积极转变海洋经济发展模式，调整产业结构，促进海洋高新技术产业发展。唐山海洋经济发展很大程度上得益于曹妃甸大规模投资刺激，但是目前出现的债务规模过大、工程烂尾等问题限制了唐山经济的长远发展。秦皇岛有丰富的港口资源、旅游资源，秦皇岛港是世界第一大能源输出港。海上养殖已经成为秦皇岛的重要产业，2011 年实现浅海滩涂养殖总面积 48 000 公顷，海洋生产总值超过 400 亿元。秦皇岛海洋工业技术水平较低，海洋专业人才缺乏，整体实力不强，海域承载力水平一般。

辽宁省的丹东是中国海岸线的北端起点城市，是环黄海经济圈、环渤海经济圈重要交汇点，海岸线长 125 千米，区域内有鸭绿江口滨海湿地国家级自然保护区。丹东成立了海域管理处，加强海域使用管理，重点发展精品渔业养殖、渔业加工、滨海旅游业、海洋生物制药业、港口物流业等产业，海洋经济占 GDP 比重超过 40%。盘锦地表水域广阔，土壤肥沃，拥有世界最大的滨海沼泽湿地，鱼米产量丰富，南部沿海鱼、虾、蟹资源蕴藏量达 4 万～5 万吨，占辽东湾蕴藏总量的 70%。盘锦不断增强海洋意识，全面提高管理水平，认真贯彻落实相关法规条例，扎实推进以辽河整治为重点的环境治理，辽河海域生态环境明显改善。葫芦岛海岸线长约 260 千米，居辽宁省第二位，良好的资源优势为渔业发展提供了有利条件，该地有可供开发的中、深水港口资源，船舶制造业水平较高。2015 年葫芦岛海洋经济总产值超过 610 亿元，水产品总产量 42.8 万吨。近些年来葫芦岛资源环境保护加强，港口资源得到开发，海域承载力得到提升。

潍坊在山东沿海地市中属于中等经济发达地区，海域承载力水平也属中等水平。2015 年海洋生产总值为 1300 亿元，潍坊处于蓝黄经济区交汇位置，拥有两大战略叠加优势，地理区位优越，毗邻莱州湾海域，海洋生物资源丰富。潍坊正全面推进各类园区向蓝色高端园区转型、向高新技术园区升级，其滨海经济新区成为全国科技兴海示范区、国家生态工业示范园区，已形成以盐化工业、精细化工业、海洋装备制造业为主的海洋特色产业体系，海洋化工产能居全国前列。

（3）沧州、锦州、营口、日照、滨州海洋经济水平较低，海洋资源环境保护不足，污染破坏严重，在环渤海地区中海域承载力水平较低。

沧州市主要海洋产业包括盐业、渔业、运输业和油气业等，年产盐量达 200 万吨。沧州渤海新区以黄骅综合港（简称黄骅港）建设为重点，海洋化工业、石油化工业并重，全力打造海洋化工基地和国家级石油化工基地。在开发建设的同时化工厂、造纸厂等大量排放污水，海水水质因受污染严重不能达标，破坏了生物生境，严重影响海水养殖产业发展。

锦州是连接华北和东北两大区域的交通枢纽、辽西重要的工业城市，海洋经济总产值约 250 亿元。锦州湾是我国严重污染的海湾之一，海水富营养化、重金属及油类污染、湿地生境丧失等问题严重，对海洋生态环境造成了严重的影响。

营口海岸线长 122 千米，是东北第二大港口城市。2016 年营口港货物吞吐量达 3.52 亿吨。海洋交通运输业、滨海旅游业、海洋渔业和涉海建筑业是营口海洋经济四大支柱产业，2015 年全市海洋经济总产值 580 亿元，占 GDP 比重达 39%。影响营口海域承载力的问题主要在于滥采海洋资源和破坏与污染海洋生态环境的情况较多，海域使用管理不完善，矛盾纠纷较多。

日照、滨州在山东沿海属相对不发达地区，地理区位相对不佳。日照的海岸线长 99.6 千米，主要海洋产业是渔业，日照港是山东省另一个亿吨大港，2016 年港口货物吞吐量突破 3.5 亿吨。滨州海岸线长 239 千米，主要海洋产业是渔业、海洋化工业等，沿海滩涂、浅水海域发展水产养殖和制盐业潜力巨大，宜盐面积 960 平方千米，是山东省重要的海盐生产基地。两地海洋第一产业比重较大，海洋经济结构需要进一步调整升级。

2. 海域承载力空间峰值效应显著

环渤海地区海域承载力单个城市的峰值效应显著，天津、大连、烟台和青岛形成环渤海中部、北部、南部三个峰值点，海域承载力明显高于周边地区，总体规律是海洋经济越发达地区海域承载力越高。四市都是区域性海洋经济发达地区，天津位于我国华北、西北和东北三大区域的结合部，处于环渤海地区的中枢部位，2006 年国务院常务会议将天津完整定位为“环渤海地区经济中心，国际港口城市，北方经济中心，生态城市”。大连位于渤海北部的辽东半岛，是东北地区最大的港口城市、东北地区重要的对外门户和航运枢纽、东北亚国际航运中心、国际物流中心。2011 年全国两会期间，大连被国家定位为振兴东北老工业基地的龙头及国家级战略辽宁沿海经济带开发开放的核心城市。烟台和青岛位于渤海南部的山东半岛蓝色经济区，半岛城市群以青岛为对外开放的龙头城市，以青岛、济南为区域双中心城市，以烟台为区域副中心城市，以烟台与青岛分别为区域东、南子区域的核心城市。这些地区区位优势明显，资源相对丰富，政府政策支持更多，而且更加重视海域使用管理、生态环境保护、科技投入等，对高技术人才也更加有吸引力。

五、小结

研究结果表明，2000～2011 年，环渤海地区海域承载力虽有波动，但总体呈上升趋势，各地海域承载力不断提高，但级别特征值都在 1.8～4，整体水平不高；地区之间空间分异明显，空间峰值效应显著。天津、大连、青岛、烟台、东营、威海海域承载力水平较高，唐山、秦皇岛、丹东、盘锦、葫芦岛、潍坊海域承载力水平中等，沧州、锦州、营口、日照、滨州海域承载力水平较低。

正确处理好资源、环境、生态、经济及科技子系统之间的关系，促使各子系统协调共生、相互促进，才能实现海域承载力的可持续发展。经济发展水平对海域承载力有着重要影响，环渤海地区海域承载力随着社会经济的发展而呈动态变化，并伴随逐步升高的趋势。适度的经济规模和经济结构有利于资源可持续集约利用。在追求经济效益最大化的同时，应转变经济发展方式，加快产业结构优化和布局调整，保证经济、资源、环境的协调发展，最终达到综合效益最大化，实现环渤海经济区的快速崛起。

第二节　海洋资源环境阻尼效应测度分析

一、阻尼效应的含义

资源和环境是人类社会赖以生存和发展的重要物质基础。随着环渤海地区海洋资源的不断开发利用，海洋资源和生态环境受到较大的破坏，近海渔业资源大多处于过度开发状态，开始出现低龄化、小型化现象；不合理海洋资源开发行为，使得海岸线出现海水侵蚀、滨海湿地退化、海水倒灌等现象；沿岸出现生态环境污染严重、生态系统弱化、赤潮、海水富营养化等现象。这些都严重制约了本地区海洋经济的发展，因此产生阻尼效应。所谓阻尼，是指资源、环境问题的不断出现，使得资源和环境对经济的发展有着一个“限制性”，从而导致经济增长速度与不存在约束的情况下的经济增长速度相比有所下降，这个有所下降的经济增长速度称为经济的“增长阻尼”。

二、资源环境承载力评价方法

（一）层次分析法

计算方法及过程参见本书第三章第一节。

（二）投影寻踪模型

投影寻踪（projection pursuit，PP）方法的基本思想是将高维数据投影到低维子空间上，然后通过对投影指标函数的优化，求出能反映原高维数据结构或特征的投影向量，在低维空间上对数据结构进行分析，以达到研究高维数据的目的。模型的建立步骤如下。

1. 评价指标正规化

为了消除各评价指标之间的量纲差异，需要对原始指标进行正规化处理，设具有 m 个指标的 n 个样本集为 $(X_{ij}^{*})_{n\times m}$。

效益型指标：

$$X_{ij}=\frac{X_{ij}^{*}-X_{j\min}}{X_{j\max}-X_{j\min}} \tag{3-27}$$

成本型指标：

$$X_{ij}=\frac{X_{j\max}-X_{ij}^{*}}{X_{j\max}-X_{j\min}} \tag{3-28}$$

式中，$X_{j\max}$、$X_{j\min}$ 分别为第 j 个指标的最大值和最小值，X_{ij} 为正规化后的值。

2. 构建投影指标函数

设 $\alpha=(\alpha_1,\alpha_2,\cdots,\alpha_m)$ 为 m 维单位向量，也即为各指标的投影方向的一维投影值，则第 i 个样本在一维线性空间的投影特征值 $Z(i)$ 的表达式为

$$Z(i)=\sum_{j=1}^{m}\alpha_j x_i \tag{3-29}$$

在综合投影特征值时，要求投影特征值 $Z(i)$ 的散布特征为局部投影点尽可能密集，最好凝聚成若干个点团，而在整体上投影点团之间尽可能散开，基于此投影指标函数可以表达为

$$Q(\alpha)=S_Z D_Z \tag{3-30}$$

式中，S_Z 为投影特征值 $Z(i)$ 的标准差；D_Z 为投影特征值 $Z(i)$ 的局部密度。

$$S_Z=\sqrt{\frac{\sum_{i=1}^{n}(Z(i)-\bar{Z})^2}{n-1}} \tag{3-31}$$

$$D_Z=\sum_{i=1}^{n}\sum_{k=1}^{n}(R-r_{ik})\cdot I(R-r_{ik}) \tag{3-32}$$

式中，$\bar{Z}$ 为序列 $\{Z(i)(i=1,2,\cdots,n)\}$ 的均值；R 为局部密度的窗口半径，与数据特性有关，研究表明其取值范围为 $r_{\max}+\frac{m}{2}\leqslant R\leqslant 2m$，通常可取 $R=m$；$r_{ik}=\left|Z(i)-Z(k)\right|(k=1,2,\cdots,n)$；式中，符号函数 $I(R-r_{ik})$ 为单位阶跃函数，当 $R\geqslant r_{ik}$ 时函数取值为 1，否则取值为 0。

3. 优化投影指标函数

不同的投影方向反映不同的数据结构特征，最佳投影方向就是最大可能暴露高维数据某类特征结构的投影方向。因此，可以通过求解投影指标函数最大化问题来估计最佳投影方向，即

目标函数：

$$\max Q(\alpha)=S_Z D_Z \tag{3-33}$$

约束条件：

$$\sum_{j=1}^{m}\alpha^2(ij)=1 \tag{3-34}$$

4. 综合评价

将得到的最佳投影向量 α^* 代入式（3-29）中，得到反映各评价指标综合信息的投影特征值即评价指数 Z_{PP}^*，并根据投影值的大小对样本进行综合评价分析。

（三）综合评价指数

投影寻踪模型直接根据评价指标样本集的离散特征确定最佳投影方向，以此得到的是纯客观性评价指数，无法完全反映复杂评价对象的真实情况；而利用层次分析法确定的评价指数具有主观随意性，结果因人而异，与实际情况存在一定的出入。因此，将这两种方法得到的评价结果进行合理组合，将能有效地解决上述问题，提高评价结果的精度与可靠性。

由于两种模型最终计算结果不具有直接可比性，因此要先将二者评价结果进行标准化处理后再进行组合。

标准化公式：

$$Z = \frac{Z^*}{Z^*_{\max}} \quad (3\text{-}35)$$

综合评价指数：

$$Z_i = \partial Z_{\mathrm{PP}} + (1-\partial) Z_{\mathrm{AHP}} \quad (3\text{-}36)$$

式中，Z^* 为两种方法计算结果原始值，$\partial \in [0,1]$，为权重，Z_{AHP} 和 Z_{PP} 分别为标准化后的层次分析法模型和投影寻踪模型得到的评价指数。Z_i 为组合后（综合）评价指数。

（四）Romer 模型

Romer（2001）模型是基于新古典经济增长学理论，运用柯布-道格拉斯函数，同时加入资源和土地两种要素来研究资源约束对经济增长的长期影响的模型。Romer 模型为

$$Y(t) = K(t)^{\alpha} R(t)^{\beta} T(t)^{\gamma} \left[A(t)L(t)\right]^{1-\alpha-\beta-\gamma} \quad (\alpha > 0,\ \beta > 0,\ \gamma > 0,\ \alpha+\beta+\gamma < 1) \quad (3\text{-}37)$$

式中，Y 表示产出；K 表示资本；L 表示劳动力；A 表示知识或劳动的有效性；R 表示生产中可利用的自然资源；T 表示土地数量；α 表示资本生产的弹性；β 表示自然资源生产的弹性；γ 表示土地的生产弹性。本书在借鉴大卫·罗默变形后的生产函数的基础上，针对海洋资源环境建立模型。构建模型如下

$$Y(t) = K(t)^{\alpha} R(t)^{\beta} E(t)^{\gamma} \left[A(t)L(t)\right]^{1-\alpha-\beta-\gamma} \quad (\alpha > 0,\ \beta > 0,\ \gamma > 0,\ \alpha+\beta+\gamma < 1) \quad (3\text{-}38)$$

式中，Y、K、A、L 的含义与式（3-37）的含义相同，R 表示海洋资源承载力；E 表示海洋环境承载力；β、γ 分别表示海洋资源和环境承载力的变化弹性。式（3-38）两边取对数可以得到

$$\ln Y = \alpha \ln K + \beta \ln R + \gamma \ln E + (1-\alpha-\beta-\gamma)(\ln A + \ln L) \quad (3\text{-}39)$$

然后对式（3-39）两端关于时间 t 求对数，t 的导数即各要素的变化率，可分别设为 $g_Y(t)$、$g_K(t)$、$g_R(t)$、$g_E(t)$、$g_A(t)$、$g_L(t)$，则式（3-39）可变为

$$g_Y(t) = \alpha g_K(t) + \beta g_R(t) + \gamma g_E(t) + (1-\alpha-\beta-\gamma)[g_A(t) + g_L(t)] \quad (3\text{-}40)$$

在该模型中，假设经济处于平衡的增长期，则对于经济的平衡增长路径而言，资本的增量是保持不变的，即 K 是固定的，增长率 $g_K(t)$ 是固定的，在平衡增长路径下，产出与资本是以一个不变的速率增长的，即 Y/K 是固定不变的，所以 Y 也固定，增长率 $g_Y(t)$ 也是固定的，或者与 $g_K(t)$ 保持同样的增长率。其中，令 $g_R(t)=a$，$g_E(t)=b$，$g_A(t)=g$，$g_L(t)=n$，则可以得出平衡增长路径上的增长率：

$$g_Y^{\text{ph}}=\frac{a\beta+b\gamma+(1-\alpha-\beta-\gamma)(g+n)}{1-\alpha} \tag{3-41}$$

式（3-41）意味着在平衡增长路径上，单位劳动的平均产出增长率为

$$g_{Y/L}^{\text{ph}}=g_Y^{\text{ph}}-g_L^{\text{ph}}=g_Y^{\text{ph}}-n=\frac{a\beta+b\gamma+(1-\alpha-\beta-\gamma)g-(\beta+\gamma)n}{1-\alpha} \tag{3-42}$$

式中，$g_{Y/L}^{\text{ph}}$ 表示在平衡增长路径上单位劳动的平均产出增长率是一个不确定的值，可以是正值，也可以是负值。

为了简化，假定海洋经济增长中总的增长阻尼等于资源和环境对经济增长的阻尼作用之和，则这种假定包括两种情况。

一是从长期来看，假定单位劳动拥有的环境总容纳能力始终保持不变，总的资源量、资源承载力不变，则可得到资源对海洋经济增长的阻尼值，即海洋资源不受限制和受到限制情形下的单位劳动力产出的增长率之差：

$$\text{Drag}_R=\frac{(1-\alpha-\beta-\gamma)g}{1-\alpha}-\frac{(1-\alpha-\beta-\gamma)g-\beta n}{1-\alpha}=\frac{\beta n}{1-\alpha} \tag{3-43}$$

二是从长期来看，假设单位劳动拥有的资源总量始终保持不变，环境总的容纳能力、环境承载力长期保持稳定，得到环境对经济的增长阻尼，即海洋环境不受限制和受到限制情形下的单位劳动力产出的增长率之差：

$$\text{Drag}_E=\frac{(1-\alpha-\beta-\gamma)g}{1-\alpha}-\frac{(1-\alpha-\beta-\gamma)g-\gamma n}{1-\alpha}=\frac{\gamma n}{1-\alpha} \tag{3-44}$$

三、资源环境承载力指标选取与评价

（一）指标的选取

资源承载力是指环境有一定的承载限度，当人类活动在一定范围内时，环

境可以通过自我完善和调节来满足人类的需求，但当超过这一限度时，环境的整个系统就会崩溃，而我们就把这个最大额度称为资源承载力。环境承载力与资源承载力类似，是指在一定时期、一定环境状态下，一定区域环境对人类社会、经济活动的支持能力限度。资源、环境承载力决定了一个地区的经济发展速度和规模。

海洋资源环境承载力评价指标体系同海洋可持续发展指标体系既有联系，又有所不同。从使用角度来看，指标体系的构成不易太复杂，指标的选取应具有可获得性和可操作性。

根据上述原则，结合环渤海地区实际情况及当前经济社会发展特点，从海洋资源、环境两方面构建出海洋资源环境承载力评价指标体系（表 3-6）。

表 3-6 海洋资源环境承载力评价指标体系及权重

目标层	准则层	指标层	层次分析法权重	投影寻踪模型权重
环渤海资源环境承载力评价	资源承载力评价指标	海水养殖面积（效益型）/千公顷	0.0481	0.0627
		海洋捕捞量（效益型）/万吨	0.0441	0.0368
		沿海规模以上港口生产用码头泊位数（效益型）/个	0.0237	0.9037
		土地面积（效益型）/平方千米	0.1284	0.0345
		能源生产总产量（效益型）/万吨标准煤	0.0632	0.4097
		人均水资源量（效益型）/（米^3/人）	0.0332	0.3335
		人均海水产品产量（效益型）/（千克/人）	0.0941	0.1064
		人均海域面积（效益型）/（千米^2/人）	0.0302	0.0780
		人均海岸线长度（效益型）/（米/人）	0.0352	0.0063
	环境承载力评价指标	工业废水排放量（成本型）/万吨	0.1180	0.2036
		工业固体废弃物产生量（成本型）/万吨	0.0648	0.0401
		人均绿地面积（效益型）/（米^2/人）	0.0235	0.0002
		三废综合利用产品产值（效益型）/万元	0.0146	0.0954
		工业废水排放达标率（效益型）/%	0.0740	0.9214
		工业固体废弃物综合利用率（效益型）/%	0.1230	0.0059
		沿海地区污染治理竣工项目（效益型）/个	0.0523	0.0586
		城镇生活污水处理率（效益型）/%	0.0298	0.3372

（二）资源环境承载力评价

利用式（3-35）对 Z^*_{AHP} 和 Z^*_{PP} 进行标准化处理，将标准化后的值代入式

（3-36）中，当$\partial=1$时，评价指数为Z_{PP}，当$\partial=0$时，评价指数为Z_{AHP}。为使评价结果与实际相符合，取$\partial=0.5$，得到综合评价指数Z_i（表3-7和表3-8）。

表 3-7　环渤海 17 个城市 2000～2011 年海洋资源承载力评价指数

城市	2000 年	2001 年	2002 年	2003 年	2004 年	2005 年	2006 年	2007 年	2008 年	2009 年	2010 年	2011 年
天津	0.100	0.131	0.154	0.163	0.374	0.437	0.472	0.456	0.507	0.541	0.676	0.685
唐山	0.308	0.320	0.326	0.377	0.408	0.455	0.409	0.433	0.402	0.481	0.425	0.495
秦皇岛	0.109	0.106	0.105	0.111	0.123	0.128	0.167	0.163	0.161	0.190	0.201	0.202
沧州	0.086	0.094	0.119	0.130	0.147	0.176	0.183	0.199	0.209	0.227	0.245	0.262
大连	0.591	0.578	0.596	0.784	0.868	0.910	0.905	0.916	0.921	0.950	0.962	0.977
丹东	0.246	0.247	0.272	0.273	0.284	0.329	0.371	0.344	0.375	0.406	0.410	0.398
锦州	0.088	0.091	0.096	0.099	0.098	0.105	0.121	0.126	0.136	0.139	0.144	0.167
营口	0.123	0.126	0.134	0.141	0.141	0.138	0.166	0.192	0.199	0.206	0.231	0.245
盘锦	0.151	0.154	0.159	0.164	0.161	0.158	0.183	0.207	0.213	0.213	0.236	0.251
葫芦岛	0.195	0.212	0.230	0.260	0.272	0.282	0.260	0.190	0.191	0.204	0.192	0.202
青岛	0.206	0.197	0.209	0.230	0.282	0.311	0.357	0.397	0.496	0.608	0.608	0.635
东营	0.510	0.535	0.491	0.529	0.556	0.516	0.521	0.511	0.500	0.558	0.599	0.618
烟台	0.335	0.340	0.378	0.573	0.617	0.683	0.660	0.626	0.679	0.631	0.767	0.750
潍坊	0.176	0.170	0.180	0.172	0.225	0.246	0.286	0.238	0.297	0.295	0.296	0.300

表 3-8　环渤海 17 个城市 2000～2011 年海洋环境承载力评价指数

城市	2000 年	2001 年	2002 年	2003 年	2004 年	2005 年	2006 年	2007 年	2008 年	2009 年	2010 年	2011 年
天津	0.397	0.389	0.425	0.420	0.666	0.726	0.790	0.870	0.773	0.831	0.852	0.867
唐山	0.364	0.268	0.323	0.357	0.477	0.615	0.659	0.711	0.895	0.728	0.825	0.807
秦皇岛	0.198	0.191	0.265	0.410	0.611	0.643	0.700	0.709	0.716	0.702	0.702	0.724
沧州	0.321	0.403	0.428	0.440	0.567	0.603	0.637	0.703	0.697	0.746	0.795	0.753
大连	0.481	0.497	0.542	0.468	0.535	0.573	0.601	0.673	0.721	0.769	0.771	0.768
丹东	0.339	0.365	0.521	0.528	0.583	0.637	0.528	0.472	0.463	0.455	0.561	0.461
锦州	0.153	0.187	0.199	0.252	0.232	0.357	0.360	0.406	0.476	0.468	0.475	0.586
营口	0.279	0.289	0.403	0.409	0.720	0.768	0.813	0.813	0.723	0.863	0.925	0.804
盘锦	0.515	0.641	0.629	0.710	0.893	0.894	0.645	0.640	0.640	0.672	0.749	0.752
葫芦岛	0.628	0.512	0.507	0.448	0.417	0.512	0.418	0.437	0.422	0.408	0.412	0.462
青岛	0.408	0.368	0.427	0.522	0.522	0.579	0.616	0.664	0.709	0.674	0.730	0.699
东营	0.389	0.419	0.424	0.546	0.670	0.509	0.422	0.435	0.453	0.476	0.425	0.456

续表

城市	2000年	2001年	2002年	2003年	2004年	2005年	2006年	2007年	2008年	2009年	2010年	2011年
烟台	0.316	0.316	0.339	0.438	0.415	0.513	0.534	0.526	0.572	0.652	0.671	0.728
潍坊	0.385	0.389	0.391	0.404	0.480	0.440	0.493	0.524	0.544	0.608	0.600	0.634
威海	0.439	0.449	0.504	0.502	0.485	0.521	0.652	0.629	0.629	0.679	0.659	0.666
日照	0.397	0.448	0.505	0.518	0.471	0.504	0.652	0.700	0.723	0.704	0.748	0.792
滨州	0.271	0.258	0.342	0.463	0.448	0.528	0.669	0.476	0.671	0.771	0.770	0.764

四、阻尼值计量分析

根据表3-7和表3-8中的计算结果，进行阻尼值的运算，本书采用EViews 6.0软件进行计量分析，分为以下几个步骤。

（一）ADF平稳性检验

对17个城市的指标阻尼值进行平稳性检验，为消除数据中存在的异方差，对数值分别取对数，再对数值进行ADF检验（表3-9）。结果显示，所有变量均在5%的显著水平上，即拒绝了原假设，指标数值是平稳的。

表3-9　序列的平稳性检验结果

变量	ADF统计量	5%临界值	P	检验结论
ln（$Drag_R$）	−4.092	−3.175	0.012	平稳
ln（$Drag_E$）	−3.654	−3.145	0.022	平稳

注：ln（$Drag_R$）为资源阻尼值对数，ln（$Drag_E$）为环境阻尼值对数

（二）协整性检验

为判断变量序列之间是否具有长期的稳定关系，以达到使用经典回归模型方法建立回归模型的目的。在这里采用的是JJ检验法。结果显示，无论是按迹（trace）检验还是按最大特征值（max-eigen）检验，都可以得到在5%的显著水平上接受至多一个协整关系的假设，也就是说，各变量序列之间存在着长期均衡关系，因此可以在变量序列之间建立回归模型。

（三）消除自相关

在这里采用的是科克伦-奥科特（Cochrane-Orcutt）迭代法，通过迭代很好

地消除了变量间的自相关关系。

根据表3-10利用SPSS17.0软件分层聚类分析法将17个城市的阻尼结果进行聚类分析，分为三类，即低约束型（0<Drag<1.5%）、高约束型（1.5%<Drag<3%）和强约束型（Drag>3%）。

表3-10　环渤海17个城市资源环境阻尼效应测度及分类结果

城市	α	β	γ	n	城市	$Drag_R$/%	类别	城市	$Drag_E$/%	类别
天津	0.4408	0.1434	0.1970	0.0417	丹东	0.062	低约束	青岛	0.093	低约束
唐山	0.3932	0.3589	0.2398	0.0152	青岛	0.134	低约束	滨州	0.249	低约束
秦皇岛	0.3509	0.5973	0.2263	0.0132	日照	0.223	低约束	丹东	0.296	低约束
沧州	0.5654	0.1706	0.2632	0.0199	东营	0.256	低约束	锦州	0.362	低约束
大连	0.5774	0.0645	0.2284	0.0492	锦州	0.271	低约束	秦皇岛	0.461	低约束
丹东	0.7169	0.0145	0.0689	0.0122	滨州	0.313	低约束	日照	0.601	低约束
锦州	0.2796	0.2779	0.3720	0.0070	大连	0.751	低约束	唐山	0.602	低约束
营口	0.5228	0.3091	0.1414	0.0478	威海	0.752	低约束	威海	0.699	低约束
盘锦	0.6223	0.2036	0.2248	0.0481	沧州	0.780	低约束	葫芦岛	0.935	低约束
葫芦岛	0.4501	0.3531	0.2054	0.0250	唐山	0.901	低约束	烟台	1.163	低约束
青岛	0.4116	0.0884	0.0612	0.0089	烟台	0.907	低约束	沧州	1.203	低约束
东营	0.6408	0.0192	0.2517	0.0479	天津	1.069	低约束	营口	1.417	低约束
烟台	0.4538	0.0784	0.1005	0.0632	秦皇岛	1.218	低约束	大连	1.498	低约束
潍坊	0.3332	0.1879	0.3304	0.0775	葫芦岛	1.607	高约束	天津	2.215	高约束
威海	0.3360	0.2377	0.2209	0.0210	潍坊	2.183	高约束	盘锦	2.862	高约束
日照	0.1099	0.1954	0.5277	0.0101	盘锦	2.592	高约束	东营	3.357	强约束
滨州	0.3122	0.2312	0.1845	0.0093	营口	3.098	强约束	潍坊	3.838	强约束

注：α为资本的弹性系数；β为资源承载力的弹性系数；γ为环境承载力的弹性系数；n为劳动力增长率；$Drag_R$为资源阻尼值；$Drag_E$为环境阻尼值。由于与研究无关，劳动力的弹性系数和常数项未列入本表中

五、海洋资源、环境阻尼效应空间分异分析

从表3-10中可以看出，天津、河北及山东（除潍坊）沿海城市整体资源阻尼值偏低，均属于资源低约束型城市，辽宁省整体水平偏高，资源阻尼值较大区域大都集中在辽东湾附近海域；河北省及辽宁省（除盘锦）沿海城市整体环境阻尼值较低，属于环境低约束型，而环境阻尼值较大区域大都集中在天津海域附近及莱州湾西侧附近海域。山东省海洋与渔业厅《2016年山

东省海洋环境状况公报》显示，2016 年环渤海海洋生态问题依然严峻，近海海域环境问题主要集中在环渤海东营近岸海域和莱州湾等地，环渤海中心区域海域生态环境承载问题严重。

阻尼值是资源或环境承载力弹性、劳动力增长率及资本弹性三个因素共同作用的结果。这三个因素与阻尼值之间均是正相关关系。由图 3-3 可以看出，根据资源-环境阻尼组合关系，可将 17 个城市分为七类。其中，丹东、青岛、日照、锦州、滨州、大连、威海、沧州、唐山、烟台、秦皇岛属于资源-环境阻尼组合低-低型；天津属于低-高型；葫芦岛属于高-低型；东营属于低-强型；潍坊属于高-强型；盘锦属于高-高型；营口属于强-低型。

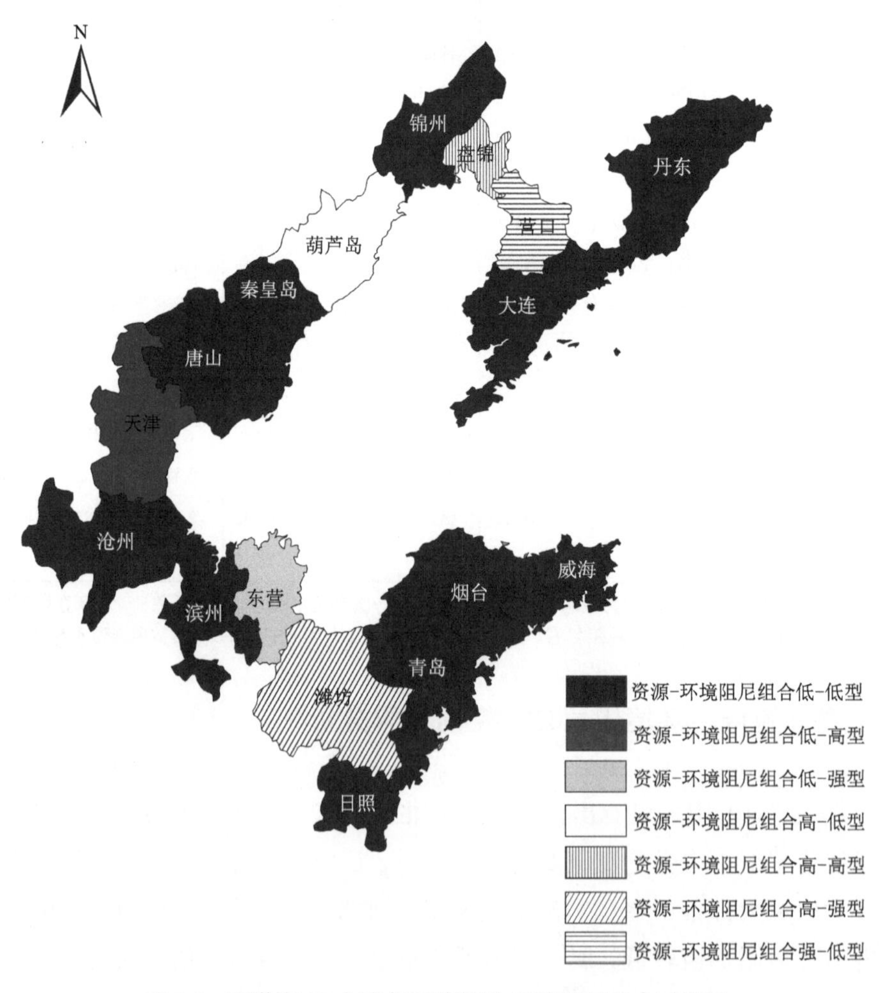

图 3-3　环渤海 17 个城市海洋资源-环境阻尼组合示意图

（一）海洋资源-环境阻尼组合低-低型

丹东、青岛、日照、锦州、滨州、大连、威海、沧州、唐山、烟台、秦皇岛属于资源-环境阻尼组合低-低型，从表 3-10 可以看到丹东、青岛、日照、锦州、滨州、沧州几个市的资源承载力并不高，但其阻尼值却很小，很重要的一个原因就是这些地区的劳动力增长率很低，大都在 1%左右。尤其是锦州市，其劳动力增长率特别低，为 0.70%，这样，在低劳动力增长率的作用下，其阻尼值并不高。劳动力的低增长，避免了由区域间人口的不平衡性而导致区域阻尼值状况的不同。虽然大连和烟台的资本弹性和劳动力增长速度很高，都超过 4%，但是由于两地海洋经济发展迅速，海洋经济的发展已开始由单一向多元化转变，在发展中逐步摆脱了对传统海洋产业的依赖，开始依靠科技向新型海洋经济迈进，减轻了对资源和环境的依赖，提高了资源和环境承载力，降低了两地的资源、环境阻尼效应。

（二）海洋资源-环境阻尼组合低-高型

天津属于资源-环境阻尼组合低-高型城市，天津是北方地区重要的工业和港口城市。2000 年天津的海洋经济总产值为 139 亿元，到 2011 年为 3536 亿元，平均每年有近 31%的增长速度，是环渤海 17 个城市中海洋经济增长最快的城市。快速发展的海洋经济，使得天津沿海的环境承载力问题开始日益突出，天津的工业发展比较早，在工业发展的过程中已经开始探索新的发展路线，开始逐步减少对资源的投入和依赖，但是由于技术和基础设备的限制，仍是无法彻底摆脱“三高”产业。同时，随着天津沿海经济的迅速发展，沿海的工业废水、生活污水和固体废弃物等陆源污染物大量倾入海中，使近岸海域受到污染。天津近岸海域环境问题主要集中在汉沽—北塘—塘沽附近海域、大港少部分海域及大沽锚地。据统计，2011 年天津工业固体废弃物排放量约为 1762 万吨，这一指标远远高于环渤海其他 16 个城市。同时，高资本弹性与高劳动力增长率，也使得其环境阻尼值居高不下。

（三）海洋资源-环境阻尼组合低-强型

东营属于资源-环境阻尼组合低-强型城市，从表 3-9 中可以看出东营是资源承载力低约束型城市，但是其环境承载力却属于强约束型，在对比资源和环境承载力弹性系数时发现，东营的环境承载力弹性系数是资源承载力弹性系数的 13 倍，这才使得东营的资源阻尼比较低。

在表 3-8 中可以看到 2011 年东营的海洋环境承载力评价指数是环渤海 17 个城市中最低的。据统计，2011 年东营市工业废水排放量为 10 559 万吨，工业废水排放量较大，对海洋环境承载力产生了直接的影响。同时，东营是中国第二大油田——胜利油田所在地，油气开采是东营经济的支柱产业，海洋油气已在整个行业中占有很大比例，而我国海洋油气勘探开发技术并不成熟，在勘探过程中，石油通过勘探平台、采油平台、运油船舶和海底输油管道进入海洋，造成污染。据统计，到 2011 年东营已因溢油事故影响，其对虾产量减产 60% 以上，近岸海洋环境受到很大的影响。

（四）海洋资源-环境阻尼组合高-低型

葫芦岛属于资源-环境阻尼组合高-低型，一方面，相对于环境阻尼值，葫芦岛的海洋资源阻尼值较大，从表 3-10 中可以看到葫芦岛的资源承载力弹性系数是环境承载力弹性系数的 1.7 倍。近几年葫芦岛海洋经济发展迅速，海洋经济总值从 2000 年的 43 亿元增长到 2011 年的 341 亿元，而葫芦岛能源生产总量却不高，如此快速的发展，使得对海洋资源的开发利用一直处于超负荷状态，海洋资源承载力无法适应高速发展的海洋经济。另一方面，葫芦岛市为落实海洋功能规划，制定了《葫芦岛市海洋功能区划》和《葫芦岛市海域使用规划》，加强对海域开发的管理，很好地保护了海域环境，这才使得葫芦岛的环境阻尼值并不高。

（五）海洋资源-环境阻尼组合高-高型

盘锦属于资源-环境阻尼组合高-高型，从表 3-10 中可以看到，盘锦的资本弹性系数很高，为 0.6223。盘锦的资源和环境承载力弹性系数很高，与资本弹性系数最高的丹东相比，其资源承载力弹性系数是丹东的 14 倍；其环境承载力弹性系数是丹东的 3 倍。如此大的差距，使得盘锦的资源和环境阻尼与丹东相差甚大。与丹东相比，盘锦是一个“因油而建，缘油而兴”的城市，盘锦对油田的依赖程度很大，但是随着海洋经济的发展，油气的开采程度不断加深，油气等资源产量锐减，使得盘锦不得不面对振兴和转型的现状，同时，在海洋经济发展的同时，盘锦对海洋环境的保护力度并不够，海边拦河大坝的修建及沿海工程的建设造成红海滩湿地的退化，给盘锦海洋生态资源、环境敲响了警钟。

（六）海洋资源-环境阻尼组合高-强型城市

潍坊属于资源-环境阻尼组合高-强型，从表 3-7 和表 3-8 中可以看到潍坊的资源和环境承载力评价指数均相对不高。首先，这与潍坊过快增长的劳动力有关，从表 3-10 可以看到潍坊的劳动力增长率为 7.75%，是环渤海 17 个城市劳动力增长最快的，这使得潍坊的各种人均资源占有量均较少，如潍坊市人均水资源占有量仅为全国的 1/6，水资源供需矛盾越来越成为其经济发展的瓶颈。开发商开始以海水代替城市工业冷却用水和生活冲洗用水，许多海水淡化工程开始不断涌现，但由于缺乏对水资源、环境及动力条件的考察，对水资源和海域环境造成了不同程度的破坏。其次，潍坊北部沿海地区的生态环境较为脆弱，工农业废水和生活污水的排放，导致滩涂低质和近岸水域污染。2011 年潍坊每万元 GDP 工业废水排放量达 7.2 万吨。同时当地政府对污染治理项目投资较少，2011 年污染治理项目投资总额仅占 GDP 的 0.79%。这使得潍坊的资源、环境承载力增长缓慢，无法满足海洋经济发展的需要。

（七）海洋资源-环境阻尼组合强-低型

营口属于资源-环境阻尼组合强-低型，营口的资源承载力弹性系数是环境承载力弹性系数的 2 倍，这才使得环境阻尼值并不大。

从表 3-7 中可以看到，营口的资源承载力评价指数很低，这与营口近几年快速发展的海洋经济有关。2000 年营口海洋经济总产值为 39 亿元，至 2011 年为 479 亿元，这期间平均每年保持近 24%的增长速度，是辽东湾地区海洋经济发展最快的城市，过快发展的海洋经济使得对资源的需求不断增加。在海洋产业内部，营口除了海洋运输业以外，基本还是靠传统的“三高”产业来带动经济增长，使得对资源的开发利用仍然处在粗放型发展阶段，如在养殖产量的提高上，主要还是依靠围海来增加养殖面积。随着营口市海洋资源开发活动的日趋频繁，沿海乡镇经济也得到了迅速发展，城镇工业的异军突起，使得近海海域资源不断被开发利用，资源重复开发、浪费现象严重，海洋资源承载力面临严峻考验。

六、小结

本书通过回归分析，得出与海洋经济产值呈紧密正相关关系的两个量，即海洋资源承载力与海洋环境承载力，从而使得通过以海洋资源、环境承载力为指标计算出的阻尼值对海洋经济发展状况的分析更贴切及具有代表性。然后进行阻尼值的计量分析。通过构建海洋资源承载力和海洋环境承载力评价模型与Romer模型，利用2000～2011年的数据测度了环渤海海洋资源与环境的阻尼效应，并对其进行空间分异分析。研究结果表明：环渤海沿海17市海洋资源和环境对海洋经济发展存在着阻尼效应，并按阻尼值高低将其分为低约束型、高约束型和强约束型三种，然后将资源-环境阻尼组合效应分为七种。

天津、河北及山东（除潍坊）沿海城市整体资源阻尼值偏低，均属于资源低约束型城市，辽宁省整体水平偏高，资源阻尼值较大区域大都集中在辽东湾附近海域；河北省及辽宁省（除盘锦）沿海城市整体环境阻尼值较低，属于环境低约束型城市，而环境阻尼值较大区域大都集中在天津海域附近及莱州湾西侧附近海域。

丹东、青岛、日照、锦州、滨州、大连、威海、沧州、唐山、烟台、秦皇岛属于资源-环境阻尼组合低-低型城市；天津属于资源-环境阻尼组合低-高型城市；东营属于资源-环境阻尼组合低-强型城市；葫芦岛属于资源-环境阻尼组合高-低型城市；盘锦属于资源-环境阻尼组合高-高型城市；潍坊属于资源-环境阻尼组合高-强型城市；营口属于资源-环境阻尼组合强-低型城市。

第三节　海洋经济可持续发展研究

在海洋经济发展过程中，海洋资源过度、无序开发利用的矛盾突出，大量污染物和废弃物排放入海，使海洋的环境容纳能力、物质代谢能力、资源循环能力等显著降低。为此，国务院印发的《全国海洋经济发展“十二五”规划》中明确提出“科学开发利用海洋资源，积极发展循环经济，大力推进海洋产业节能减排，加强陆源污染防治，有效保护海洋生态环境，切实增强防灾减灾能力，推进海洋经济绿色发展”的重要目标，并再次提出“海洋可持续发展能力进一步增强”的总体目标。在这种背景下，开展海洋经济可持续发展研究具有重要意义。

海洋经济系统属耗散结构，它不可能通过一直不停地耗能来支撑经济社会的发展，它必须从外界获取物质和能量，不断输出产品和废物，才能保持稳定有序的状态，犹如一个复杂的有机体，不断进行新陈代谢，实现海洋生态系统的优化、循环和再生。从经济社会发展、生态环境支持、资源代谢循环三个方面构建海洋经济可持续发展测度指标评价体系，建立互动量化模型，测算其“发展度”“协调度”“代谢循环度”，对环渤海地区海洋经济可持续发展水平进行综合测度，系统而直观地呈现出该地区海洋经济可持续发展的现状，针对不同地区的海洋经济可持续发展状况的差异，对其进行时空差异分析，揭示其内在变化规律，对于该地区海洋经济的可持续发展具有一定的现实意义。

一、海洋经济可持续发展模型

（一）协调发展模型

社会经济发展与生态环境保护之间是一种既对立又统一的关系。在社会经济发展水平较低的阶段，一般生态环境效益的评价值比较低，而社会经济效益的评价值却比较高，这样就会产生以牺牲生态环境效益来换取社会经济效益的行为。然而随着社会经济发展水平的提高，生态环境的社会评价值也随着提高。为了评估海洋经济的发展度和协调度，根据生态环境系统和经济社会系统的相互关系建立直角坐标图（图 3-4），箭头①和箭头②分别反映了海洋经济发展度和协调度可能的走向和走势。

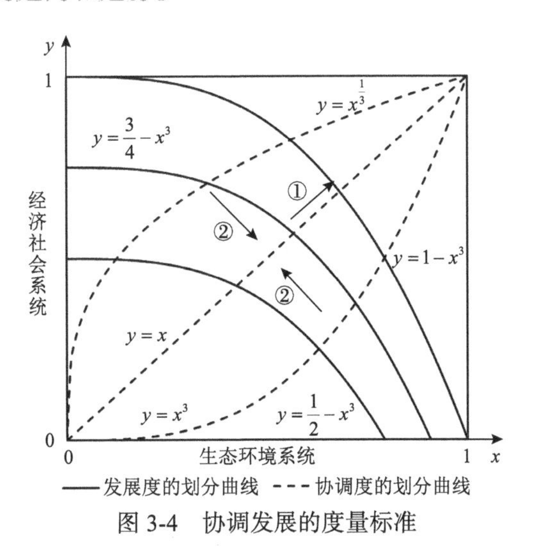

图 3-4　协调发展的度量标准

图 3-4 的协调发展模型用于海洋经济可持续发展测度的发展度和协调度测度，曲线 $y=\frac{1}{2}-x^3$、$y=\frac{3}{4}-x^3$、$y=1-x^3$ 将正方形面积从左下到右上分成了

四等份，作为发展度的度量标准；曲线 $y=x$、$y=x^{\frac{1}{3}}$、$y=x^3$ 将正方形面积从左上到右下分成了四等份，作为协调度的度量标准。采用该曲线的划分方式，体现出海洋经济可持续发展要以生态环境的良性循环为基础，离开了生态环境系统创造的物质流和能量流，经济社会系统就不能正常运行，海洋经济的可持续发展更无从谈起。

（二）代谢循环模型

根据热力学定律，海洋经济的发展虽然会消耗掉一定量的资源，但是也会通过代谢循环系统再生一定量的资源。本书依据代谢循环理论，把海洋经济系统作为一个有机体，建立代谢循环模型。在模型中，资源循环更多强调的是在一定科技水平和经济发展的条件下，通过对废弃物处理与资源化，在资源量上实现再生，侧重于表现资源量的自然社会演替过程。资源代谢强调的是使用资源过程中质的演替过程，通过减少资源消耗和废物产生，使资源在质上实现变化，更侧重于质的演替。该模型强调的是资源的量可以通过循环不断补充，资源的质可以通过代谢不断改变，只有能动的耦合系统的代谢能力和循环能力，才能实现海洋经济的良性循环和永续发展。

（三）D-S 证据理论

计算方法及过程参见第三章第一节。

（四）核密度估计

核密度估计（kernel density estimation）法是在概率论中用来估计未知的密度函数，属于非参数检验方法之一。该方法通过对状态空间连续化和无穷化得到用来描绘时间演变趋势的核密度图形，以进行时间差异分析。对于数据 $x_1,x_2,\cdots,x_n$，核密度估计的形式为

$$\hat{f}_h(x)=\frac{1}{nh}\sum_{i=1}^{n}K(\frac{x-x_i}{h}) \tag{3-45}$$

式中，核函数（kernal function）$K(\cdot)$ 是一个加权函数，包括高斯核、Epanechnikov 核、三角核、四次核等类型，选择依据是分组数据的密集程度。本书采用高斯核函数：

$$\frac{1}{\sqrt{2\pi}}e^{-\frac{1}{2}t^2} \tag{3-46}$$

Silverman（1986）指出，通常在大样本的情况下，非参数估计对核的选择并不敏感，窗宽 h 的选取对估计量的影响较大。如果 h 太小，那么密度估计偏向于把概率密度分配得太局限于观测数据附近，致使估计密度函数产生很多错误的峰值，如果 h 太大，那么密度估计就把概率密度分散得太开，导致拟合曲线过于光滑而忽略样本的某些波动特征。本书采用软件 EViews6.0，窗宽的选择根据 Silverman 提出的方法，具有较大的通用性，即 $h=0.9SN^{-0.8}$（S 是随机变量观测值的标准差，N 为样本数），x 的取法是将各年的陆海协调度评分分成 100 份，依次取值为 $x_j = x_{\min} + (x_{\max} - x_{\min})j/99$，其中 $j=0,1,\cdots,99$。

二、海洋经济可持续发展评价

（一）指标的选取

本章以狄乾斌等（2009）在海洋经济可持续发展评价中建立的指标体系为参考，将以往海陆统筹和海域承载力研究中的评价指标作为补充，并考虑制定可持续发展指标体系时遵循的数量与质量相结合、绝对量与相对量相结合、静态指标与动态指标相结合、正面指标与负面指标相结合等原则，遴选出 27 个相关性较强的指标构成海洋经济可持续发展测度指标体系，运用层次分析法和熵值法计算主客观权重，通过 D-S 证据理论合成权重（表 3-11）。

表 3-11　海洋经济可持续发展测度指标体系及指标权重

功能层	结构层	量化指标	层次分析法权重	熵值法权重	D-S 证据理论合成权重
海洋经济可持续发展测度	经济社会系统	F1：海洋经济区位熵/%	0.3342	0.0264	0.1012
		F2：人均海洋生产总值/元	0.1138	0.0889	0.1160
		F3：海岸线经济密度/（亿元/千米）	0.1090	0.1714	0.2143
		F4：科学研究、技术服务和地质勘查业从业人员/万人	0.0648	0.1458	0.1084
		F5：港口货物吞吐量/万吨	0.0544	0.1455	0.0908
		F6：城市化率/%	0.0810	0.0313	0.0291
		F7：渔业总产值/亿元	0.0876	0.0965	0.0970
		F8：滨海旅游外汇收入/万美元	0.0634	0.2075	0.1509
		F9：海洋产业全员劳动生产率/%	0.0916	0.0868	0.0912

续表

功能层	结构层	量化指标	层次分析法权重	熵值法权重	D-S 证据理论合成权重
海洋经济可持续发展测度	生态环境系统	F10※：海水养殖面积/公顷	0.0356	0.0436	0.0369
		F11※：百万元海洋生产总值耗能/万吨标准煤	0.1588	0.0174	0.0657
		F12※：水产品产量/万吨	0.0362	0.0742	0.0639
		F13※：百万元海洋生产总值取水量/吨	0.1914	0.0165	0.0751
		F14：人均涉海湿地保护区面积/平方米	0.0244	0.7541	0.4377
		F15※：每千米海岸线入海工业废水排放量/吨	0.3182	0.0256	0.1938
		F16※：码头长度/米	0.0406	0.0521	0.0503
		F17※：工业废水排放入海量/万吨	0.1948	0.0165	0.0765
	代谢系统	F18：海洋产业多元化程度/%	0.1552	0.1141	0.1259
		F19：建成区绿化覆盖率/%	0.0822	0.5279	0.3085
		F20※：外贸依存度/%	0.2930	0.0465	0.0969
		F21：海区资源相对开发率/%	0.3178	0.1113	0.2515
		F22：科技教育投入力度/%	0.1516	0.2002	0.2158
	循环系统	F23：城镇生活污水处理率/%	0.1178	0.1171	0.0998
		F24：沿海地区污染治理项目相对竣工率/%	0.1086	0.4628	0.3637
		F25：污染治理投资力度/%	0.1432	0.3431	0.3555
		F26※：工业废水排放入海率/%	0.3370	0.0536	0.1307
		F27：工业废水达标率/%	0.2934	0.0233	0.0495

注：代码标注为※的指标为正向指标，其他均为负向指标

1. 经济社会发展是海洋经济可持续发展的根本目的

经济社会系统包括经济增长和社会发展两类指标。海洋经济区位熵说明海洋经济发展在区域发展中的地位；人均海洋生产总值与海岸线经济密度反映人口与海岸线长度平均的海洋经济发展水平；滨海旅游外汇收入与渔业总产值体现了海洋产业的发展水平；海洋产业全员劳动生产率则说明海洋产业发展的质量。城市化率是反映沿海地区人口集聚程度与社会发展水平的指标；科学研究、技术服务和地质勘查业从业人员是反映海洋科研的整体水平的指标，港口货物吞吐量是反映港口生产经营活动成果的重要数量指标，其作用是满足社会经济发展的需求。

2. 生态环境系统是海洋经济可持续发展的基础

环境指标主要采用每千米海岸线入海工业废水排放量与工业废水排放入海量，反映出废水排放的现状和排放入海的程度，反映海洋经济可持续发展的压力。由于人类对海洋资源的开发与利用必定会对海洋生态环境造成不同程度的损害与污染，所以选取海水养殖面积、水产品产量、码头长度作为海洋生态环境影响因素的指标，反映海洋资源开发与利用的现状，能够在一定程度上反映海洋生态系统遭受破坏的程度。百万元海洋生产总值取水量和百万元海洋生产总值耗能体现海洋经济发展对能源的依赖程度，是制约可持续发展的指标。

3. 代谢系统和循环系统是海洋经济系统的活力之源

海洋产业多元化程度表示海洋产业结构发展的均衡程度，反映海洋经济是否健康且是否富有活力；外贸依存度表示海洋经济发展对外资的依赖性，依存度越高，海洋经济越脆弱；海区资源相对开发率衡量的是资源开发状况，海区资源的利用状况在根本上会影响陆域资源的消耗；建成区绿化覆盖率可说明城市的绿化水平，能促进系统代谢功能；科技教育投入能够加快新兴产业和集约型产业的发展，起到减少资源消耗和废物产生的作用。循环系统指标可分为两组：一组是表示对废弃物的处理及资源化水平的指标，如城镇生活污水处理率、工业废水排放入海率（工业废水排放入海量占工业废水排放量的比重）、工业废水达标率；另一组是反映对已产生污染的治理状况的指标，如沿海地区污染治理项目相对竣工率、污染治理投资力度，这些指标反映出人类为海洋经济可持续发展做出的努力。

（二）海洋经济可持续发展水平的评价结果

依据各指标数据，结合权重值，利用公式分别计算出经济社会系统、生态环境系统、代谢系统和循环系统的综合指数。将经济社会系统综合指数得分和生态环境系统综合指数得分代入所建的协调发展模型中求出量化指数。y 轴表示经济社会系统综合指数得分，x 轴表示生态环境系统综合指数得分，把两个系统得分代入公式 $y=D-x^3$ 、 $y=x^a$ 、$H=a(a<1)$ 和 $H=1/a(a>1)$ 分别计算得到环渤海地区 17 个城市海洋经济的发展度 D 和协调度 H。将代谢系统综合指数得分和循环系统综合指数得分代入所建的代谢循环模型，m 表示代谢系统综合指数得分，r 表示循环系统综合指数得分，把两个系统得分代入公式 $\mathrm{MR}=\sqrt{mr}$ 计算得到环渤海地区 17 个城市海洋经济的代谢循环度 MR（表 3-12）。

表 3-12 各城市发展度、协调度和代谢循环度得分

城市	2000年			2006年			2011年			平均得分		
	发展度	协调度	代谢循环度	发展度	协调度	代谢循环度	发展度	协调度	代谢循环度	发展度	协调度	代谢循环度
天津	0.2891	0.4211	0.5992	0.4976	0.6911	0.5659	0.8269	0.4991	0.6395	0.4957	0.6995	0.5885
唐山	0.0923	0.2450	0.3121	0.2323	0.2565	0.3605	0.2662	0.3997	0.4352	0.1970	0.2661	0.3738
秦皇岛	0.2482	0.2335	0.3740	0.4039	0.3842	0.4182	0.4065	0.4056	0.4266	0.3372	0.3342	0.3939
沧州	0.1042	0.1658	0.2138	0.2476	0.2079	0.3172	0.2516	0.2569	0.3616	0.2089	0.1953	0.3206
大连	0.8426	0.0635	0.5463	0.5097	0.2989	0.4130	0.7029	0.4339	0.3770	0.6082	0.2655	0.4040
丹东	0.3432	0.1591	0.2615	0.3944	0.1784	0.3521	0.4754	0.2260	0.3780	0.4001	0.1788	0.3428
锦州	0.1526	0.2296	0.2601	0.3345	0.1763	0.2954	0.3935	0.2184	0.3568	0.2808	0.2060	0.3135
营口	0.1639	0.2691	0.1975	0.1978	0.3130	0.3067	0.2525	0.4337	0.3301	0.2027	0.3188	0.2834
盘锦	0.6905	0.0519	0.2232	0.8161	0.0451	0.2812	0.8907	0.0620	0.3495	0.8016	0.0502	0.2972
葫芦岛	0.1966	0.2371	0.2199	0.2306	0.2552	0.3591	0.2649	0.2859	0.3605	0.2255	0.2534	0.3333
青岛	0.2445	0.3308	0.5074	0.3410	0.5220	0.5005	0.4451	0.6777	0.4989	0.3367	0.5166	0.4856
东营	0.5493	0.0839	0.2729	0.6870	0.0916	0.3914	0.7489	0.1749	0.4740	0.6647	0.1015	0.3755
烟台	0.2073	0.3175	0.4901	0.2706	0.4631	0.5559	0.3777	0.6701	0.5718	0.2668	0.4554	0.5526
潍坊	0.1851	0.1894	0.4308	0.2370	0.2598	0.5081	0.3220	0.3922	0.5835	0.2455	0.2628	0.5062
威海	0.2328	0.3106	0.3134	0.3587	0.4788	0.4143	0.5175	0.9638	0.5099	0.3408	0.4603	0.4162
日照	0.2890	0.2971	0.3488	0.2563	0.2964	0.3931	0.3401	0.4333	0.3931	0.2780	0.3152	0.3956
滨州	0.3600	0.1301	0.2860	0.3391	0.1312	0.2974	0.3697	0.1655	0.4363	0.3518	0.1383	0.3436

注：限于篇幅，仅列出三个年份和12年平均得分的数值

三、海洋经济可持续发展分析

在发展度、协调度、代谢循环度计算基础上，可以得到环渤海地区17个城市的海洋经济可持续发展度SD（表3-13）。

表 3-13 2000～2011年环渤海地区各城市海洋经济可持续发展度

城市	2000年	2001年	2002年	2003年	2004年	2005年	2006年	2007年	2008年	2009年	2010年	2011年	平均值
天津	0.4217	0.3954	0.4697	0.4940	0.5791	0.6097	0.5761	0.6521	0.7248	0.7195	0.7014	0.6724	0.5847
唐山	0.2040	0.2290	0.2275	0.2231	0.2403	0.2612	0.2780	0.2898	0.2965	0.3113	0.3314	0.3569	0.2708
秦皇岛	0.2816	0.2813	0.2989	0.3155	0.3183	0.3289	0.4023	0.4011	0.3993	0.4035	0.3970	0.4122	0.3533
沧州	0.1556	0.1786	0.1960	0.2111	0.2272	0.2288	0.2566	0.2722	0.2849	0.2751	0.2872	0.2862	0.2383
大连	0.5200	0.4973	0.4006	0.3616	0.3865	0.4019	0.4174	0.4177	0.4411	0.4643	0.4967	0.5244	0.4441
丹东	0.2634	0.2819	0.2989	0.2892	0.3125	0.3088	0.3169	0.3321	0.3372	0.3419	0.3441	0.3714	0.3165

续表

城市	2000年	2001年	2002年	2003年	2004年	2005年	2006年	2007年	2008年	2009年	2010年	2011年	平均值
锦州	0.2080	0.2211	0.2210	0.2368	0.2364	0.2616	0.2753	0.2897	0.3062	0.3129	0.3191	0.3300	0.2682
营口	0.2056	0.2167	0.2173	0.2148	0.2482	0.2515	0.2650	0.2749	0.2854	0.3137	0.3179	0.3301	0.2618
盘锦	0.3587	0.3668	0.3813	0.3926	0.4237	0.4361	0.4243	0.4428	0.4582	0.4625	0.4712	0.4798	0.4248
葫芦岛	0.2157	0.2352	0.2472	0.2446	0.2699	0.2674	0.2765	0.2665	0.2938	0.2916	0.2859	0.2999	0.2662
青岛	0.3493	0.3318	0.3643	0.3550	0.3643	0.4071	0.4431	0.4835	0.5336	0.5580	0.5025	0.5310	0.4353
东营	0.3268	0.3486	0.3605	0.3646	0.3849	0.3764	0.4197	0.4352	0.4464	0.4657	0.4848	0.4942	0.4090
烟台	0.3252	0.3375	0.3188	0.3502	0.3648	0.3876	0.4139	0.4322	0.4783	0.4642	0.5130	0.5237	0.4091
潍坊	0.2601	0.3091	0.3135	0.2980	0.3099	0.3020	0.3252	0.3258	0.3415	0.3615	0.3787	0.4215	0.3289
威海	0.2803	0.2918	0.2921	0.2995	0.3360	0.3382	0.4114	0.4438	0.4482	0.4811	0.5197	0.6491	0.3993
日照	0.3094	0.3102	0.3044	0.3338	0.2962	0.2920	0.3094	0.3303	0.3172	0.3382	0.3683	0.3840	0.3244
滨州	0.2688	0.2812	0.2740	0.2930	0.2718	0.2529	0.2642	0.2761	0.2870	0.3201	0.3062	0.3284	0.2853

注：SD=0.4D+0.3H+0.3MR

（一）时间分异分析

根据环渤海地区海洋经济可持续发展度得分，应用核密度估计描绘出2000～2011年环渤海17个城市海洋经济可持续发展的核密度分布图(图3-5)，图中横轴表示海洋经济可持续发展度得分，纵轴表示核密度。图中给出了2000年、2006年和2011年的核密度情况，这三年的核密度图大致解释了17个城市海洋经济可持续发展测度分布的演进状况，海洋经济可持续发展测度分布演进具有以下几个明显特征。

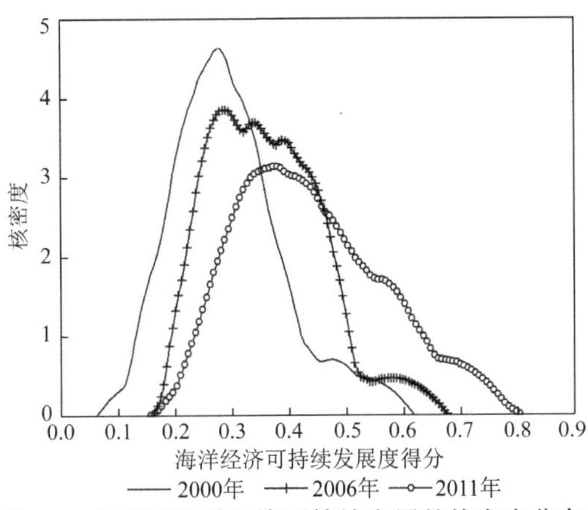

图3-5　环渤海海洋经济可持续发展的核密度分布

首先，从形状上看，海洋经济可持续发展水平呈现出明显的偏态分布，图形也非严格的单峰形状，从2000年开始呈现双峰分布，第一个波峰对应的核密度较大，第二个波峰对应的核密度较小，说明环渤海17个城市海洋经济可持续发展测度分布呈现两极分化的态势，弱可持续发展水平城市所占的比重大于强可持续发展水平城市所占的比重，表明环渤海地区整体的海洋经济可持续发展水平相对比较低。随着时间的推移，到2011年开始呈现单峰分布，这表明环渤海地区海洋经济可持续发展两极分化的状况得到了缓解。2011年各城市的海洋经济可持续发展度得分的分布趋于分散，主要是因为中等可持续发展水平的城市越来越多地流向强可持续发展组，但流动速度和程度的不同使得可持续发展度不均衡地发生变化，呈现出一定程度的“俱乐部收敛”特征，最终形成强可持续发展城市比重扩大，弱可持续发展城市比重逐渐缩小的局面。

其次，从位置上看，2000～2011年，密度分布曲线呈整体右移的趋势，波峰对应的可持续发展度的得分逐渐上升，低可持续发展水平城市所对应的核密度在下降，反映出环渤海17个城市中的绝大多数城市海洋经济可持续发展水平在不断提高。

最后，从峰度上看，海洋经济可持续发展测度分布在2000～2011年出现了从尖峰形向宽峰形发展的变化趋势。2000年海洋经济可持续发展呈现出明显的尖峰特征，随着时间推进峰度逐年平缓，波峰高度明显下降，尖峰至右端的部分逐渐增加，波峰对应的可持续发展水平的区域变大，说明在此期间绝大多数城市的海洋经济可持续发展水平都有所提高，可持续发展水平低的地区增长加快。

（二）空间分异分析

基于上文的评估结果，依据ISODATA聚类的方法将环渤海地区海洋经济可持续发展空间格局划分为四类（图3-6）。

1. 强可持续发展地区

天津市海洋经济可持续发展度的平均得分在环渤海范围中是最高的。该市拥有良好的港口资源和显著的区位优势，海洋经济的发展较少依赖海洋资源的消耗。随着海洋科技力度投入加大，海洋新兴产业占海洋经济的比例逐渐增大。未来天津应该继续加大科研投入力度，进一步优化海洋产业结构，促进海洋经济又好又快发展。

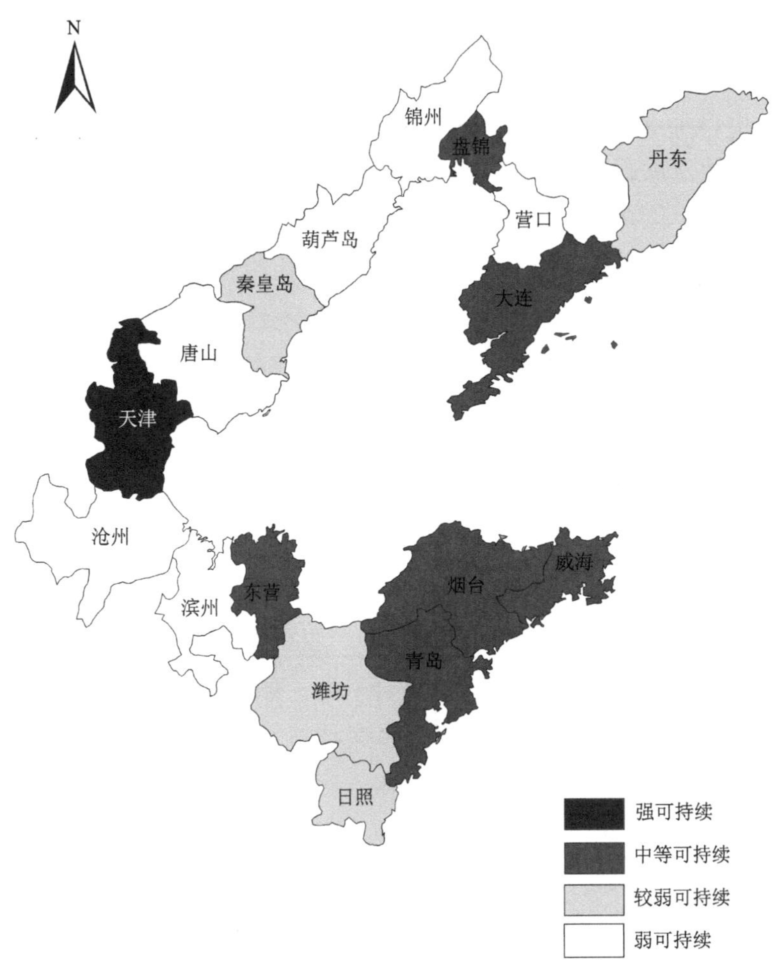

图 3-6　环渤海地区海洋经济可持续发展空间格局示意图

2. 中等可持续发展地区

中等可持续发展地区包括大连、盘锦、青岛、东营、烟台、威海六个城市。大连市和盘锦市的发展度得分均较高，协调度得分较低，可能的原因是两市对海洋经济建设方面的重视程度不如生态环境。未来该区域的工作重心应着力向海洋经济与生态环境的协同发展转移，应利用良好的生态环境和优越的地理区位优势去带动海洋经济的发展，努力实现向绿色海洋经济推进的有利局面。

青岛、威海、烟台作为山东半岛海洋经济区的三个中心城市，各项综合指数得分均不低。该区域凭借良好的海洋生态环境、一流的海洋科学研究和全面的海洋产业基础，其可持续发展水平在环渤海范围内位居前列。今后该地区需充分发挥自身的海洋生态环境优势，在海洋生态系统承载力范围之内，强化海洋资源的综合开发，大力发展循环经济；同时利用海洋科技优势发展未来海洋产业，抢占未来海洋经济制高点，促进科学技术向现实生产力转化，将海洋经济可持续发展程度提升到一个新的层次。东营市在环境污染与治理方面都表现得较好，能源利用效率在环渤海地区位居前列，但海洋经济的发展主要依赖海洋渔业与近海油气业，这在一定程度上拉低了该地区的可持续发展水平。今后该市应该在确保生态环境良好的基础上，改造提升传统海洋产业，积极发展海洋服务业与海洋新兴产业，构建具有高效生态特质的现代海洋产业体系。

3. 较弱可持续发展地区

较弱可持续发展地区包括秦皇岛、丹东、潍坊、日照四个城市。秦皇岛市占据得天独厚的交通区位优势，拥有丰富的港口资源和滨海旅游资源，但是其海洋专业人才匮乏,传统资源消耗型的海洋产业在海洋经济中所占的比重较大，新兴海洋产业均处于起步发展阶段，综合来看，秦皇岛属于较弱可持续发展地区。该市应大力实施科技兴海，充分发挥科技的先导作用和带动作用，积极引进海洋生物医药、海洋工程、海洋环保等方面的海洋科技人才，增强秦皇岛市的海洋科技实力。丹东市在海洋环境治理方面重视程度不够，今后丹东市应该严格管制工业废水排放入海，保护鸭绿江滨海湿地的生态系统功能。潍坊市和日照市的代谢循环度得分较高，但海洋经济规模偏小，港口与物流发展滞后。未来两市的海洋经济发展应立足于大型港口发达城市的辅助地位，发展区域特色海洋经济，与其他沿海城市形成海洋产品互补性发展。

4. 弱可持续发展地区

弱可持续发展地区包括唐山、沧州、锦州、营口、葫芦岛、滨州六个城市。唐山市、沧州市、滨州市同处于环渤海西南部海洋经济区，海洋经济的可持续发展度得分较低，该区域海洋产业种类少、规模小，传统海洋产业比重偏高，长期以来粗放型的经济增长方式使得海洋产业结构性矛盾更加突出，海洋资源开发层次低，海洋开发与环境保护矛盾日益突出，对海洋经济的可持续发展带来严重影响。未来该区域首先应加快城市群的建设步伐，建成结构合理、分工明确、有机联系的沿海城市群，这对于海洋资源的优化配置将起到重要作用；

其次加快该地区的交通运输网络建设，抓紧唐山港、黄骅港建设，大力发展以现代港口物流业为主导的临港产业，形成海陆一体的运输体系。

营口市拥有鲅鱼圈和仙人岛两大优良港址资源，港址资源优势带动着营口临港经济的发展，但港口护堤与滨海各工业园区的建设破坏了海岸带的自然生态环境，严峻的环境形势与落后的海洋经济发展水平使得该区海洋生态环境状况和人们生活水平亟待改善。未来营口市应该抓住机遇快速发展营口港，以满足东北腹地经济快速增长和对外货运量增加的需求，充分发挥港口优势带动临港海洋产业集群的发展，提高海洋产业链的丰度。锦州市在各项综合评价中得分均不突出，海洋产业结构不合理，海洋交通运输业与海洋捕捞业占的比重较大，这些都成为当地可持续发展恶化的隐患。今后锦州市应该充分利用其海水资源的优势进一步发展海洋盐业，优化海洋产业结构。葫芦岛市的海洋经济发展基础薄弱，在海洋经济发展度上得分较低，该市的优势海洋资源为港口和旅游。未来葫芦岛市应利用葫芦岛港的优势进一步发展交通运输业，促进海洋旅游产业链条的延伸发展。

四、对策建议

（一）加强环渤海综合协调管理与全面海洋区划

环渤海地区行业部门分散，涉海部门20多个，缺少统一的海洋资源开发利用与保护的管理机构，在使用相关海域时，各自为政，利益相关者之间存在着严重的矛盾，相邻地区之间缺乏横向协调，区域之间在管理方面缺乏相互支持，甚至相互争夺空间。各地区管理部门无法统筹协调、形成合力是最大的障碍。打破行政区划的限制，加强沿海地区的合作，统一规划，贯彻实施海岸带综合管理与全面的海洋区划已成为当务之急。

这不仅要求促进沿海地区政府间优化机构组合，调整行政管理体制，强化部门间合作，建立海岸带管理综合协调机构，还要求创新管理方法，加强沿海行业间的合作，并有效协调沿海生态保护与周边产业布局、海岸带管理法律法规、沿海地区社会经济发展之间的关系，建立以生态系统为基础的综合管理体系，建立和健全简洁高效、环渤海区域统一发展的综合管理机制。还要协调好不同的利益相关者之间的利益关系，使国家和地方相结合，共同参与环渤海海洋资源环境管理，引导和支持群众参与海岸带管理，拓宽公众参与途径，分层次提高公众参与能力，真正促进环渤海地区海域承载力的提高。

另外，环渤海地区海域开发无序无度，地区之间资源开发雷同，矛盾冲突现象严重，影响环渤海海洋经济的健康发展。因此，急需确立并实施统一的海岸带利用规划及主体功能区规划，明确各岸段的开发方向及需要保护的区域，规范开发秩序，调整开发的规模和节奏，保护海洋资源及生态环境，维护海洋生物多样性，协调好辽东半岛、辽河三角洲、渤海西部、渤海西南部等海洋经济区之间的开发规划。

（二）提高海洋资源开发利用和保护水平

海洋资源开发要以海岸带为中心，充分利用沿海岸线、近海滩涂和海岛资源，发挥辐射作用带动相邻海域和陆域发展，逐步形成各具特色的临海经济带和海洋经济区。为适应市场经济的发展，必须在保证海洋资源可持续利用的同时，强化海产品深加工，提高海产品开发的科技含量，使海洋开发由资源型转变为资源开发与产品深加工相结合型，综合开发利用海洋资源，提高开发的综合利用效率和海洋经济增加值。在对港口、油气、滨海旅游等优势产业进行重点开发的同时，还要加强深海地质勘查，利用新技术不断发现新的可开发资源，增强后备资源的保障能力。

在充分开发利用海洋资源的同时，要坚持集约化开发利用，高度重视海洋资源保护。海洋资源开发要与资源保护同步规划、同步实施、同步发展，并以海域承载力为基础，依靠技术进步，促进海洋资源优化开发，使海洋资源保护工作与海洋开发及沿海地区经济协调发展。要按照海洋自身的容纳能力、承载能力决定用海活动，将海洋资源开发限制在合理的限度之内。完善海域使用法律制度，强化海域使用审批和论证制度，并予以监督，保证海域的科学合理开发和可持续利用，从而解决海域使用无序和无度的问题，形成海洋资源开发利用和保护协调发展的良好态势。

（三）加强海洋生态环境保护和治理

随着环渤海地区海洋经济的快速发展，沿海污染物排放量不断增加，海洋环境和海洋生态遭到严重破坏，应采取措施加强海洋污染防治，加强海洋生态建设。重点控制陆源污染物入海，实现污水达标排放，对排污总量进行控制，逐步减少入海污染物总量。制定实施排污许可制度，使陆源污染物排放入海管理实现制度化、目标化和定量化，增强海洋生态环境承载力，为理性保护海洋环境及提高环渤海地区海域承载力奠定基础。

要加强沿海工业污染的治理，严格控制高污染企业尤其是重化工企业在沿海地区扩张，对沿海地区新建项目进行严格的环境影响评价，实行沿海工业企业环境监督管理。规范和强化环渤海地区港口和船舶污染的防治，在环渤海地区建立港口废水、废油和废渣回收处理系统，健全船舶及海上石油平台油类污染物处理规程，制订海上溢油、有毒化学品泄漏等环境污染事故应急方案和应急反应体系，及时正确处理油类污染。各地要高度重视农业及渔业对海洋的污染，积极发展生态农业，减少农业污染。严格控制海域养殖规模及密度，实行清洁养殖模式，有效处理养殖产生的污染物，控制及减少海域养殖业造成的环境污染。严厉查处和治理乱围垦、乱填海及严重污染海洋环境的滨海工业和旅游项目。完善城市污水处理系统，改进中水处理利用方式，培育和发展污水处理市场，全面提高环渤海地区污水处理能力及市场经营方式。

环渤海地区过度开采地下水引起地面沉降和海水入侵，淡水入海量减少导致渤海主要生境异常，影响海洋生态系统的正常演替。目前应调整淡水入海量，尽可能改善环渤海地区海洋生态用水状况，以维护渤海海洋生态系统的功能。应合理调配环渤海地区水资源和调节淡水入海量，加强环渤海地区节水型社会建设，建立健全以水资源总量控制及定额管理为核心的水资源管理体系、经济结构体系及节水工程技术体系。大力推进海水淡化工程，在环渤海地区推广扩大海水淡化利用，实现海水综合利用。

第四章

陆海统筹测度研究

“陆海统筹”由我国学者在2004年率先提出，虽然提出时间较晚，但该理念已经得到整个社会的高度认可，相关理论体系逐步形成，内容日渐丰富和多元。党的十七届五中全会与《国民社会和经济发展第十二个五年规划纲要》都做出了“坚持陆海统筹，制定和实施海洋发展战略，提高海洋开发、控制、综合管理能力”的战略部署。党的十八大也将“提高海洋资源开发能力，发展海洋经济，保护海洋生态环境，坚决维护国家海洋权益，建设海洋强国”作为优化国土开发空间格局、推进生态文明建设的重要举措。为此，深入贯彻落实党中央、国务院的有关指示精神，立足国家发展的战略全局，针对目前海洋开发能力不足、海洋开发进程滞后、海陆经济发展矛盾突出等问题，积极开展陆海统筹发展问题研究，具有紧迫性和重要的理论及现实意义。

第一节 省域海陆一体化研究

单纯的海洋开发对于国民经济的贡献是有限的。海洋系统和陆域系统并不是彼此孤立的，两者共同起源构成地球生物的基本生存环境，并且海洋经济产业需要布局在沿海海域并以陆域经济为依托，因此海洋经济系统与陆域经济系统既具有时间上的对等性，又具有空间上的共存性，二者相互依存、密切联系。我国是一个海陆兼备的国家，海陆一体化战略已成为国家发展的大政方针，是现在以至未来开发利用海洋的大趋势。

在现实经济的发展过程中，环渤海地区的海洋经济与陆域经济间面临着重重矛盾，已经成为制约海洋经济发展和资源利用效益提升的主要因素。本章借鉴能力结构关系模型，根据海洋经济与陆域经济的不同发展特点，采用资源利用能力、产业发展能力、科技支持能力和环境治理能力等指标建立海陆一体化能力结构指标体系。利用动态层次分析法计算得出环渤海三省一市的各项结构能力指数与综合能力指数，进一步得出海洋经济与陆域经济的耦合指数，对环渤海地区发展的实际情况进行海陆一体化进程分析，这对于实现海陆经济协调可持续发展具有一定的现实意义。

一、省域概况

由天津市、河北省、辽宁省和山东省组成的环渤海地区经济总产值占全国经济总产值的约 21.5%。进入 21 世纪以来，全国海洋经济年均增长率为 25.7%，而环渤海地区的海洋经济年均增长率为 57.03%。2000～2010 年的 11 年间，三省一市的海陆经济总产值之比由 3∶46 上升到 5∶29，海洋经济呈现出了巨大的发展潜力和优势。环渤海地区海岸线曲折，拥有全国近 1/3 的滩涂资源；海洋渔业、制盐业等传统产业的年产量均位居全国前列；港址资源突出，区内有全国近一半的亿吨级以上的大港，天津、大连、青岛等旅游城市驰名中外。近年来，随着天津市滨海新区被纳入国家总体战略发展布局，天津市成为带动环渤海地区发展的强大引擎，滨海新区正努力建设成为高水平的现代制造业和研发转化基地、北方国际航运中心和国际物流中心、宜居的生态城区。河北省传统渔业占海洋经济总量的 80%以上，第二、第三产业比重偏低，海洋高新技术产业刚刚起步；钢铁制造业实力雄厚，陆域经济的就业率始终居于环渤海地区首位。辽宁省海洋经济以海洋渔业、交通运输业、旅游业、船舶修造业等六大支柱产业为主，海洋新兴产业得到初步发展，辽宁省作为东北老工业基地的核心区域，重工业发展历史悠久。山东省的海洋渔业、矿业资源丰富，并且拥有环渤海地区最大的海盐产区，生物医药等新兴产业发展十分迅速；陆域经济总产值居三省一市的首位，主导产业以化工、机械制造业等为主。然而，在环渤海地区的海陆一体化进程中仍旧存在着许多不容忽视的问题。2010 年全国三次产业结构的比例为 10.1∶46.8∶43.1，而环渤海地区的比例为 7.9∶46.8∶32.6，第二产业比重过大，仍处于以工业生产拉动经济增长的模式阶段。海陆产业功能区布局不协调，管理主体权限不明确或者分工重复，产业结构低度化、同构化现象严重。近海水域污染严重，海岸带环境遭到破坏。区内开放程度相对较低，市场化程度缓慢。因此，科学地评判环渤海地区海陆一体化发展进程，对于加强区域间的合作、促进共同发展具有一定的指导意义。

二、海陆一体化发展模型——能力结构关系模型

所谓能力结构，是指一个国家或地区在增长要素不断累积的过程中所形成的配置、学习、技术、开放等结构性能力。这种能力结构是包括劳动者、企业

家、投资者、决策者在内的无数个体能力的构成，但不是每个个体贡献的简单加总，个体之间的互相联系、互相促进，会形成 1+1>2 的规模效益。学习能力包括获取知识、传授知识与交流知识的能力，学习的比较优势决定区域的竞争能力，区域要素的吸收能力与经济开放能力很大程度上依赖于区域的学习能力；技术能力不仅包括对先进技术的引进能力，更重要的是在熟练使用技术的过程中，能够吸取技术的精髓，并在此基础上转化创新技术的能力；开放能力主要表现在区域的市场化程度上，开放能力主要指通过市场机制有效地吸收国内外资本和技术，转变产业结构的能力，能力结构指标具有强烈的质的规定性和增长要素积累的含义，通过一系列的能力结构指标可以判断出一个国家或地区经济的发展阶段。综合以上分析和研究学者提出了测度能力结构程度的模型——能力结构关系模型，该模型目前主要用于研究区域经济合作。

海洋经济系统与陆域经济系统不是相互独立的，两者之间存在着紧密的联系。海陆经济虽然在开发对象、产业结构、演进规律等方面存在差异，但是海陆产业之间存在着强烈的依赖关系；海洋科技人才的培养需要通过在陆域建立学校来进行，对知识的引进也主要通过政府政策和学校学习来实现；海洋本身是开放的，沿海地区的海洋经济与陆域经济处于同一个市场环境之下，并且陆域经济也需要通过海上交通运输来进行进出口贸易，引进外资。因此原模型中的学习能力、技术能力及开放能力对于海陆一体化评价模型来说并不适用，根据海洋经济与陆域经济的特点，本章从资源利用、产业发展、科技支持和环境治理四个方面来构建新的能力结构关系模型，达到对海洋经济和陆域经济一体化进程评价的目的。

根据相互依赖理论，合作双方能力结构的强弱决定了双方的合作意愿和相互依赖的程度，影响着合作范围、合作效应和合作程度。合作双方的能力结构是否匹配是由两者的综合能力结构指数和能力结构耦合度是否接近来决定的，根据能力结构的定义，可以通过一套较为完整的指标体系对能力结构进行评价，得到合作双方的各项能力结构指数，从而计算出综合能力结构指数和能力结构耦合度。在能力结构关系模型中，海陆经济的能力结构指数用 I 来表示。海陆各项结构能力 CSI 和海陆能力结构之间的耦合性用式（4-1）～式（4-3）表示。

$$I_{A_i} = W_i A_i\text{，}\ i = 1,2,3,4 \tag{4-1}$$

$$I_{B_i} = W_i B_i \tag{4-2}$$

$$C_{AB}=\sum\left|\frac{I_{A_i}}{I_{B_i}}-1\right|\Big/\sqrt[i]{\prod\left|\frac{I_{A_i}}{I_{B_i}}-1\right|} \tag{4-3}$$

式中，I_{A_i}、I_{B_i} 分别为 A 经济系统和 B 经济系统的各项能力结构指数（本书中能力结构关系指标分资源、产业、科技与环境 4 个能力，因此，i=4）；W_i 为构成各项能力的指标对应的权重；A_i、B_i 分别为海洋经济系统与陆域经济系统的指标值，i 为变量个数。海陆经济之间结构差异相对较小，分母部分进行连乘时会得到一个很小的数值；如果用黄宁（2008）的耦合度公式，式（4-3）分母连续相乘得到的数值较大，最后得到的耦合度 C_{AB} 数值非常小，从而不利于进行地区间的比较。因此，根据海陆经济的实际情况将分母部分进行 i 次方处理。处理之后的结果更能反映海陆系统的耦合情况且不会影响耦合的趋势。

C_{AB} 越大，说明 A 系统和 B 系统的能力结构耦合性越高，两个系统越可能开展合作；反之，则说明能力结构较差的一方影响了两个系统的经济合作。从欧洲国家的区域一体化和其他国家的地区合作进程来看，差异较大的两个区域进行合作往往并不顺利，这是由于它们之间难以形成生产要素的跨地区流动、生产力合理布局、贸易便利化和交易成本最小的区域经济格局，对区域一体化形成了障碍。当区域能力差距过大，超过某个临界点时，区域之间合作的可能性下降为零，历史和经验告诉我们，缩小地区之间的差距将有利于合作范围的扩大和合作效率的提高。因此，两个系统的总能力结构指数越接近、能力结构耦合度越高，则两个系统进行经济合作的可能性越大。

图 4-1 可以表示合作区域的能力差距对合作的影响。图中横轴和纵轴分别表示 A 地区的能力和 B 地区的能力，弧线 ef 代表能否进行合作的边界线，OE 是 A、B 地区的平均能力线，M 点是 ef 与 OE 的交点。NM、FM 称为帕累托改进线，表示的是在现有制度下能否通过帕累托改进消除能力差距的线，反映未来可能的边界。OP 和 OQ 分别是 A 区和 B 区的区域能力差距临界线，即当能力现状的分布点处在 QOP 以外时，则表明两区域的能力差距太大。NM、FM、OP 和 OQ 这四条线将整个空间分为三类：自由合作区 $OAMB$，在此区域内，A、B 两个地区的能力接近，合作的愿望和合作的可能性最大；困难合作区，包括区域 ONB、OAF 和 BCM、ADM，在此区域内，A、B 两个地区的能力差距过大，合作的愿望降低，合作可能性下降；零合作区，它包括 $fNBC$ 和 $AFeD$，在这种区域内，A、B 两个地区的现实能力差距超过了临界线，未来又不可能通过帕累

托改进来消除差距，因此区域合作无法进行。

系统能力结构与经济合作利益分配关系图（图 4-2）可以解释合作的两个系统在合作中的获益情况。图中的射线 OA 和 OB 的斜率 K_{OA} 与 K_{OB} 可用 A、B 两系统的能力结构指数函数来表示：$K_{OA}=1-I_A$、$K_{OB}=1/(1-I_B)$，其中，I_A、I_B 分别为 A 系统和 B 系统的综合能力结构指数；OA 线与 OB 线的长度 L_{OA}、L_{OB} 用能力结构指数表示的函数式为式（4-4）；图中 S_{AOB} 代表了 A、B 两系统经济合作的总收益，S_{AOC} 与 S_{BOC} 则分别代表了 A 系统的合作获益与 B 系统的合作获益大小。故

$$L_{OA}=L_{OB}=I_A\times I_B\times C_{AB} \tag{4-4}$$

$$S_{AOB}=\frac{1}{2}\times I_A\times I_B\times C_{AB}\times\left[\operatorname{arctg}(\frac{1}{1-I_B})-\operatorname{arctg}\left(1-I_A\right)\right] \tag{4-5}$$

$$S_{AOC}=\frac{1}{2}\times I_A\times I_B\times C_{AB}\times\left[\frac{\pi}{4}-\operatorname{arctg}\left(1-I_A\right)\right] \tag{4-6}$$

$$S_{BOC}=\frac{1}{2}\times I_A\times I_B\times C_{AB}\times\left[\operatorname{arctg}\left(\frac{1}{1-I_B}\right)-\frac{\pi}{4}\right] \tag{4-7}$$

显然，式（4-5）、式（4-6）、式（4-7）中的 S_{AOB}、S_{AOC}、S_{BOC} 都是关于 I_A 与 I_B 的单调增函数，即区域经济获益随着各系统能力结构的提升而增多。两系统本身的能力结构大小决定着经济合作中获益的多少，合作双方的能力结构越强，在合作中所获得的总收益也越大。合作是否持续稳定开展取决于合作双方的获益和分配比例。获益不变时，分配比例较大的一方合作意愿更强；分配比例不变时，合作双方获益越大，开展合作的稳定性越高。

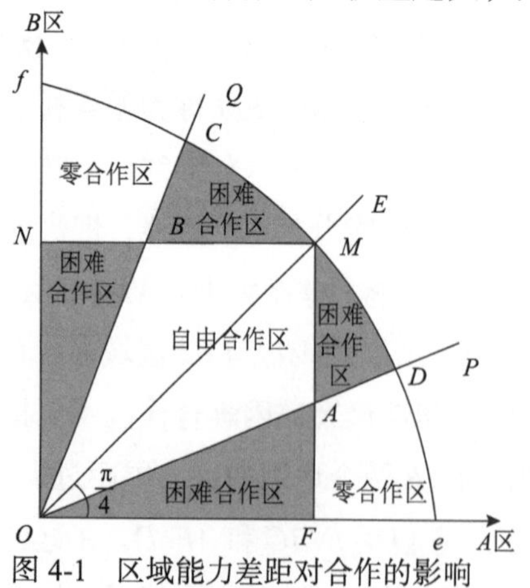

图 4-1 区域能力差距对合作的影响

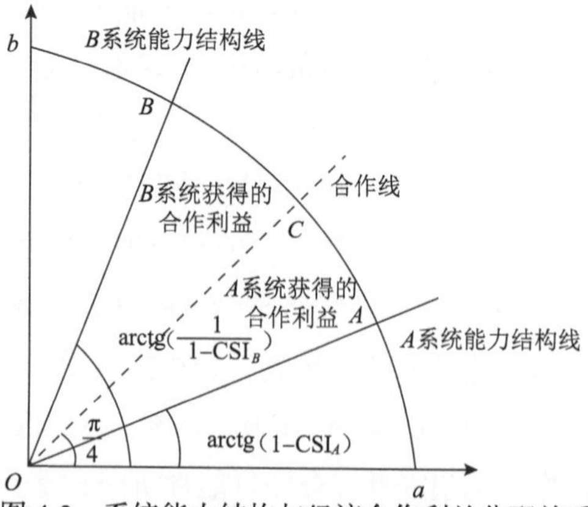

图 4-2 系统能力结构与经济合作利益分配关系

三、实证研究

（一）基于能力结构关系模型的海陆经济指标选择

1. 海陆经济能力结构指标构建原则

通过对海陆经济发展及海陆一体化内涵的分析与研究，可以从海陆经济的综合能力结构及两者之间的耦合性角度来评价海陆一体化发展程度。为了能更好地进行环渤海各省市之间的海陆一体化进程比较，在构建指标过程中应找准各省市海陆经济之间的关系与共同连接点，选择能够敏感体现两者关联性的因素，从而对海陆一体化做出较为准确的分析与评价。因此，海陆一体化评价指标体系的构建应遵循以下几个原则。

1）科学性与整体性原则

科学性与整体性原则是建立指标体系的首要原则。海陆一体化指标体系应建立在充分认识和系统研究的基础上，既要能客观地反映海洋经济与陆域经济的各项能力结构，又要反映出海陆一体化的进程。从定义、统计口径、计算方法到体系的建立和数据的收集，各方面都必须有严格的科学依据，遵循科学的研究方法。同时，要求整个海陆一体化指标体系没有重大遗漏，指标之间没有重复，具有完整性。

2）可比性原则

可比性原则是海陆一体化指标体系建立、分析的重要原则。在设置指标体系时既要通过指标从时间上反映出海陆经济的发展变化，又要对比不同地区之间的海陆一体化进程，即整个指标体系既要满足时间上的纵向可比性，又要满足空间上的横向可比性。

3）可操作性原则

海陆一体化评价体系中选取的指标不仅应具有代表性，同时海陆经济指标数据应便于采集，信息可靠，且易于进行横纵向的对比和评价；既要考虑选取的海陆指标的全面性，又要考虑其可操作性，注重挑选对海陆一体化评价结果影响权重较大的关键性指标，尽量避免指标的重叠，增强指标的科学性，并综合考虑数据收集、处理方法等方面的困难，增强指标体系的可操作性。

4）可持续发展原则

海陆一体化发展也是海洋经济与陆域经济一体化可持续发展，包括海陆资源的可持续发展、海陆产业的可持续发展、海陆科技的可持续发展和海陆环境的可持续发展，四个方面共同构成了海陆一体化的可持续发展。其中，海陆资源的可持续发展是可持续发展的物质基础；海陆环境的可持续发展为海陆资源和经济可持续发展提供了保证；海陆科技的可持续发展为区域可持续发展提供动力；海陆产业的可持续发展是实现经济一体化发展的必要条件。

2. 海陆经济能力结构指标体系构建

海洋经济与陆域经济之间存在着密切的联系，通过资源利用及生产活动进行能量的互相流动，海洋资源的开发利用需要陆域相关产业从事生产再加工，进而延伸出更多的产业链。在海陆经济的发展进程中，需要科学技术的不断创新来推动生产力的发展，因此科技支持是海洋经济与陆域经济发展中不可或缺的部分，而海陆经济发展中科学技术的密切联系也加速了区域海陆一体化的进程。海陆经济发展的同时带来许多生态环境问题，尤其是海岸带的生态污染已成为海洋环境治理的首要问题，海陆一体化联动发展有利于海岸带生态环境治理，生态问题已成为一体化进程中不可忽略的一部分。因此，海陆经济能力结构指标体系的建立需从资源利用、产业发展、科技支持和环境治理四个方面进行，主要结构如图 4-3 所示。

图 4-3　海陆经济能力结构指标体系构建图

根据能力结构的定义，能力结构关系模型能通过各项能力指标的计算得到各项能力结构值和综合能力结构值，将其应用到海陆一体化评价问题中可以得到海陆经济各自的资源利用能力值、产业发展能力值、科技支持能力值和环境治理能力值。通过比较各省市之间的四项能力结构值可以得出海洋经济与陆域经济各自的发展实力。利用能力耦合度公式计算出海陆经济的合作程度、海洋经济与陆域经济各自的获益情况，最终得出各省市的海陆一体化发展情况。海陆一体化能力结构关系指标体系见表 4-1。

表 4-1　海陆一体化能力结构关系指标体系

总体层	系统层	领域层	要素层
海陆一体化能力结构关系指标体系	海洋系统	资源利用能力	海岸线经济密度/（亿元/千米^2）
			海洋捕捞产量/吨
			海水养殖面积/公顷
			原油产量/万吨
			地区盐田总面积/公顷
		产业发展能力	海洋产业总产值/亿元
			产业结构系数
			港口货物吞吐量/万吨
			滨海旅游外汇收入/万美元
			从业人员占地区就业人员比重/%
		科技支持能力	科研机构个数/个
			技术人员总数/人
			科技经费占海洋 GDP 比例/%
			海洋科技论文数/篇
			科技专利授权数/件
		环境治理能力	工业废水排放达标率/%
			固体废弃物综合利用量/万吨
			自然保护区数量/个
			海洋污染项目治理数/个
	陆域系统	资源利用能力	区域经济密度/（亿元/千米^2）
			人均耕地面积/公顷
			人均水资源量/立方米
			人口城市化水平/%
			人口壮年化程度/%
		产业发展能力	陆域产业总产值/亿元
			产业结构系数
			地区外贸依存度/%
			固定资产投资总额/亿元
			地区人口就业率/%
		科技支持能力	专业技术人员数/人
			高等学校教师数/人
			R&D 经费占 GDP 比例/%
			技术市场成交额占 GDP 比例/%
			三种专利授权量/件
		环境治理能力	城镇生活污水处理率/%
			工业固体废弃物综合利用率/%
			自然保护区数量/个
			森林覆盖率/%

1）资源利用能力指标

自然资源是经济增长的基础，区域资源禀赋情况决定着经济增长的空间，因此资源禀赋在海陆经济合作中起着重要的作用。沿海地区的海岸线长度决定着其控制的海域面积与空间资源；海洋中也蕴藏着丰富的自然资源，在远洋可以捕捞丰富的海洋鱼类、贝类等海洋生物，在近海滩涂可以进行海水养殖；在海洋深层埋藏着原油资源，而海水则可以制盐。这些都是沿海地区利用海洋资源的主要途径，因此海洋资源利用能力指标包括海岸线经济密度、海洋捕捞产量、海水养殖面积、原油产量、地区盐田总面积。

陆域经济发展中不仅包括耕地、水等自然资源的开发利用，还包括城市、人口等社会资源的利用。陆域资源利用能力指标包括：区域经济密度、人均耕地面积、人均水资源量、人口城市化水平、人口壮年化程度等。

2）产业发展能力指标

产业是经济发展的核心内容。一个国家或地区的资源禀赋只有转化为生产要素，并进一步从生产要素转化为价值增值才能促进经济的增长，而产业正是两次转化所需要的路径，产业的形成需要资源的支持和劳动力的参与，人口的就业程度能反映出产业的发展程度。海洋依据其独特的地理优势形成了产业的集聚点——港口，同时基于海岸带的独特地理环境形成沿海地区的旅游业，两者是海洋经济生产总值的主要来源。因此，海洋产业发展能力指标包括海洋产业总产值、产业结构系数、港口货物吞吐量、滨海旅游外汇收入、从业人员占地区就业人员比重等。

陆域经济的产业包括地区本土产业和外来投资产业。在当前市场开放的环境下，外商投资和对外进出口贸易的发展扩大了地区产业的发展规模，同时拉大了地区间的经济差异。陆域产业发展能力指标包括陆域产业总产值、产业结构系数、地区外贸依存度、固定资产投资总额、地区人口就业率等。

3）科技支持能力指标

科学技术是经济发展的动力，科技的创新推动着经济的快速发展。在海洋经济与陆域经济统筹发展过程中，科学技术始终贯穿其中，海陆经济始终存在着科技的交流，没有科学技术的不断支持，便没有今天海洋经济与陆域经济的发展。沿海地区通过建立海洋科研机构、投入科研经费等措施加强海洋科技的发展，海洋科技论文、专利等成果也比较突出。海洋科技支持能力指标包括科研机构个数、技术人员总数、科技经费占海洋 GDP 比例、海洋科技论文数、科技专利授权数等。

陆域经济的科技能力主要来源于学校、专利等。陆域科技支持能力指标包括专业技术人员数、高等学校教师数、R&D经费占GDP比例、技术市场成交额占GDP比例、三种专利授权量。

4）环境治理能力指标

随着海洋经济与陆域经济开发需求的不断扩大，海岸带生态环境日渐脆弱，迫切需要可持续发展的理论与对策。海洋经济与陆域经济联动一体化发展，为海岸带环境治理提供了新的思路和契机；而环境联合治理与保护问题也是海陆一体化发展的最大优势所在。海洋环境治理主要从废水、固体废弃物、自然保护区和海洋污染项目治理等方面进行，因此海洋经济的环境治理能力指标包括工业废水排放达标率、固体废弃物综合利用量、自然保护区数量、海洋污染项目治理数。

陆域环境治理主要涉及城镇污水、工业固体废弃物利用及绿化等方面。因此，陆域经济的环境治理能力指标包括城镇生活污水处理率、工业固体废弃物综合利用率、自然保护区数量、森林覆盖率。

（二）海陆一体化评价

1. 海陆一体化评价过程

运用能力结构关系模型对环渤海的天津市、河北省、辽宁省和山东省的海陆一体化进行分析。数据选取范围为2000～2010年的海陆经济指标数据。

1）标准化处理

为了进行天津市、河北省、辽宁省和山东省之间的横向比较，将三省一市2000～2010年的每一个指标数据进行集中标准化处理，处理方法为最小值/最大值。

2）计算权重

根据层次分析法原理，利用*yaahp*软件，建立层状决策模型，选用1～9的标度类型，进行层次分析，最终得到权重，如表4-2所示。

表4-2 海洋能力结构权重表

海洋能力结构	资源利用能力	产业发展能力	科技支持能力	环境治理能力	W_i
资源利用能力	1.0000	1.0000	1.0000	1.0000	0.2500
产业发展能力	1.0000	1.0000	1.0000	1.0000	0.2500
科技支持能力	1.0000	1.0000	1.0000	1.0000	0.2500
环境治理能力	1.0000	1.0000	1.0000	1.0000	0.2500

CR=0，判断矩阵具有完全一致性，资源利用、产业发展、科技支持和环境治理四项能力的权重都为 0.2500，说明对于整个海洋能力结构体系来说，四项能力的重要程度是一致的，这也与能力结构关系模型耦合度的计算方法相一致，见表 4-3。

表 4-3 海洋经济各项能力指标权重表

资源利用能力 CR=0.0081	W_i	产业发展能力 CR=0.0074	W_i
海岸线经济密度	0.3197	海洋产业总产值	0.4021
海洋捕捞产量	0.0680	产业结构系数	0.2446
海水养殖面积	0.3197	港口货物吞吐量	0.1372
原油产量	0.1836	海滨旅游外汇收入	0.1372
地区盐田总面积	0.1091	从业人员占地区就业人员比重	0.0788
科技支持能力 CR=0.0034	W_i	环境治理能力 CR=0.0039	W_i
科研机构个数	0.1066	工业废水排放达标率	0.4965
技术人员总数	0.3266	固体废弃物综合利用量	0.2668
科技经费占海洋 GDP 比例	0.3266	自然保护区数量	0.0827
海洋科技论文数	0.1794	海洋污染项目治理数	0.1540
科技专利授权数	0.0607		

各项能力的 CR 均小于 0.1，判断矩阵具有令人满意的一致性，符合实际情况，见表 4-4。

表 4-4 各省市海洋经济指标权重表

指标	天津市	河北省	辽宁省	山东省
海岸线经济密度	0.5694	0.2237	0.0739	0.1330
海洋捕捞产量	0.0573	0.1595	0.2837	0.4994
海水养殖面积	0.0810	0.1547	0.2879	0.4765
原油产量	0.4965	0.1540	0.0827	0.2668
地区盐田总面积	0.0685	0.2144	0.1205	0.5966
海洋产业总产值	0.1227	0.0721	0.2181	0.5872
产业结构系数	0.6423	0.0768	0.1404	0.1404
港口货物吞吐量	0.0620	0.1074	0.1861	0.6445
海滨旅游外汇收入	0.2421	0.0650	0.2421	0.4507
从业人员占地区就业人员比重	0.2215	0.0760	0.6264	0.0760
科研机构个数	0.1540	0.0827	0.2668	0.4965
技术人员总数	0.2787	0.0623	0.1318	0.5272

续表

指标	天津市	河北省	辽宁省	山东省
科技经费占海洋 GDP 比例	0.6122	0.0589	0.1096	0.2193
海洋科技论文数	0.2193	0.1096	0.0589	0.6122
科技专利授权数	0.2195	0.1214	0.1214	0.5376
工业废水排放达标率	0.5417	0.1315	0.0638	0.2630
固体废弃物综合利用量	0.0549	0.2800	0.1575	0.5076
自然保护区数量	0.0599	0.1082	0.5356	0.2963
海洋污染项目治理数	0.0909	0.1818	0.1818	0.5455

以上为海洋各项能力权重及各指标在各省市中的权重，同理得到陆域经济的各项权重指标，见表4-5～表4-7。

表 4-5　陆域能力结构权重表

陆域能力结构	资源利用能力	产业发展能力	科技支持能力	环境治理能力	W_i
资源利用能力	1.0000	1.0000	1.0000	1.0000	0.2500
产业发展能力	1.0000	1.0000	1.0000	1.0000	0.2500
科技支持能力	1.0000	1.0000	1.0000	1.0000	0.2500
环境治理能力	1.0000	1.0000	1.0000	1.0000	0.2500

表 4-6　陆域经济各项能力指标权重表

资源利用能力 CR=0.0025	W_i	产业发展能力 CR=0.0022	W_i
区域经济密度	0.4187	陆域产业总产值	0.5133
人均耕地面积	0.0458	产业结构系数	0.0538
人均水资源量	0.0814	地区外贸依存度	0.0906
人口城市化水平	0.2270	固定资产投资总额	0.1711
人口壮年化程度	0.2270	地区人口就业率	0.1711
科技支持能力 CR=0.0022	W_i	环境治理能力 CR=0.0039	W_i
专业技术人员数	0.1305	城镇生活污水处理率	0.2668
高等学校教师数	0.4949	工业固体废弃物综合利用率	0.4965
R&D 经费占 GDP 比例	0.0710	自然保护区数量	0.1540
技术市场成交额占 GDP 比例	0.0710	森林覆盖率	0.0827
三种专利授权量	0.2326		

表 4-7 各省市陆域经济指标权重表

指标	天津市	河北省	辽宁省	山东省
区域经济密度	0.5723	0.1094	0.1094	0.2090
人均耕地面积	0.0573	0.4994	0.2837	0.1595
人均水资源量	0.0519	0.1558	0.5023	0.2900
人口城市化水平	0.6122	0.0589	0.2193	0.1096
人口壮年化程度	0.4550	0.1411	0.2627	0.1411
陆域产业总产值	0.0638	0.2630	0.1315	0.5417
产业结构系数	0.6189	0.0640	0.2063	0.1108
地区外贸依存度	0.5806	0.0618	0.2302	0.1274
固定资产投资总数	0.0638	0.1315	0.2630	0.5417
地区人口就业率	0.0827	0.2668	0.1540	0.4965
专业技术人员数	0.0638	0.2630	0.1315	0.5417
高等学校教师数	0.0685	0.1205	0.2144	0.5966
R&D 经费占 GDP 比例	0.4444	0.1111	0.2222	0.2222
技术市场成交额占 GDP 比例	0.5982	0.0602	0.2242	0.1174
三种专利授权量	0.0601	0.1011	0.2741	0.5646
城镇生活污水处理率	0.5438	0.1067	0.0573	0.2922
工业固体废弃物综合利用率	0.5182	0.0990	0.0990	0.2838
自然保护区数量	0.0573	0.1067	0.5438	0.2922
森林覆盖率	0.0685	0.2144	0.5966	0.1205

2. 海陆一体化评价结果

利用上述得出的标准化数据和指标权重，每项能力的最终结果由该项能力所对应的各项指标标准化数据与所对应的权重相乘，然后各乘积相加得到。综合能力值则由资源利用能力、产业发展能力、科技支持能力和环境治理能力四项能力值取平均值得到。通过上述方法计算出 2000～2010 年天津市、河北省、辽宁省和山东省的各项能力值与综合能力值，见表 4-8～表 4-12。综合能力值反映了地区整体经济能力。

表 4-8 天津市各项能力与综合能力值

地区	年份	资源利用能力	产业发展能力	科技支持能力	环境治理能力	综合能力
天津市	2000	0.216/0.726	0.119/0.550	0.334/0.384	0.667/0.689	0.334/0.587
	2001	0.248/0.642	0.177/0.510	0.331/0.418	0.523/0.710	0.320/0.570
	2002	0.297/0.681	0.233/0.499	0.330/0.440	0.552/0.657	0.353/0.570
	2003	0.329/0.668	0.276/0.517	0.349/0.454	0.624/0.641	0.394/0.570
	2004	0.414/0.658	0.434/0.468	0.329/0.525	0.529/0.678	0.427/0.582
	2005	0.474/0.696	0.604/0.525	0.332/0.596	0.546/0.708	0.489/0.631
	2006	0.444/0.608	0.686/0.479	0.411/0.721	0.618/0.744	0.540/0.638
	2007	0.457/0.610	0.697/0.442	0.460/0.792	0.651/0.755	0.566/0.650
	2008	0.457/0.660	0.804/0.505	0.413/0.822	0.646/0.757	0.580/0.686
	2009	0.486/0.680	0.837/0.503	0.467/0.813	0.617/0.761	0.602/0.689
	2010	0.611/0.892	0.991/0.738	0.819/0.935	0.633/0.771	0.763/0.834

注：表中“/”左侧为海洋经济能力值，右侧为陆域经济能力值

表 4-9 河北省各项能力与综合能力值

地区	年份	资源利用能力	产业发展能力	科技支持能力	环境治理能力	综合能力
河北省	2000	0.249/0.416	0.023/0.270	0.021/0.084	0.574/0.379	0.217/0.287
	2001	0.261/0.418	0.029/0.275	0.010/0.099	0.467/0.390	0.192/0.295
	2002	0.262/0.410	0.044/0.267	0.020/0.106	0.483/0.378	0.202/0.290
	2003	0.270/0.438	0.040/0.276	0.021/0.114	0.600/0.543	0.233/0.343
	2004	0.284/0.456	0.053/0.292	0.025/0.124	0.519/0.563	0.220/0.359
	2005	0.302/0.470	0.062/0.298	0.010/0.132	0.513/0.632	0.222/0.383
	2006	0.358/0.473	0.148/0.294	0.067/0.145	0.641/0.670	0.304/0.396
	2007	0.331/0.474	0.146/0.301	0.092/0.157	0.700/0.658	0.317/0.398
	2008	0.337/0.494	0.151/0.317	0.063/0.164	0.720/0.715	0.318/0.423
	2009	0.362/0.496	0.117/0.326	0.086/0.171	0.760/0.759	0.331/0.438
	2010	0.374/0.505	0.132/0.331	0.112/0.187	0.774/0.838	0.348/0.465

注：表中“/”左侧为海洋经济能力值，右侧为陆域经济能力值

表 4-10 辽宁省各项能力与综合能力值

地区	年份	资源利用能力	产业发展能力	科技支持能力	环境治理能力	综合能力
辽宁省	2000	0.162/0.513	0.015/0.275	0.014/0.127	0.368/0.416	0.140/0.333
	2001	0.166/0.529	0.019/0.278	0.020/0.140	0.212/0.473	0.104/0.355
	2002	0.181/0.510	0.021/0.278	0.026/0.154	0.386/0.477	0.153/0.355
	2003	0.221/0.530	0.021/0.284	0.032/0.157	0.306/0.596	0.145/0.392
	2004	0.238/0.545	0.029/0.298	0.036/0.168	0.480/0.608	0.196/0.405

续表

地区	年份	资源利用能力	产业发展能力	科技支持能力	环境治理能力	综合能力
辽宁省	2005	0.258/0.568	0.056/0.317	0.050/0.176	0.514/0.671	0.219/0.433
	2006	0.276/0.548	0.101/0.331	0.065/0.186	0.520/0.698	0.240/0.441
	2007	0.187/0.551	0.071/0.351	0.098/0.202	0.518/0.662	0.218/0.441
	2008	0.297/0.563	0.062/0.387	0.106/0.207	0.535/0.723	0.250/0.470
	2009	0.337/0.559	0.083/0.413	0.119/0.214	0.492/0.738	0.258/0.481
	2010	0.377/0.635	0.080/0.466	0.371/0.241	0.516/0.911	0.336/0.563

注：表中“/”左侧为海洋经济能力值，右侧为陆域经济能力值

表 4-11 山东省各项能力与综合能力值

地区	年份	资源利用能力	产业发展能力	科技支持能力	环境治理能力	综合能力
山东省	2000	0.178/0.503	0.021/0.366	0.113/0.132	0.514/0.570	0.207/0.393
	2001	0.177/0.513	0.023/0.356	0.153/0.142	0.508/0.663	0.215/0.418
	2002	0.176/0.510	0.024/0.383	0.183/0.167	0.524/0.702	0.227/0.440
	2003	0.200/0.564	0.031/0.407	0.206/0.179	0.537/0.725	0.244/0.469
	2004	0.214/0.588	0.037/0.446	0.224/0.198	0.518/0.735	0.248/0.492
	2005	0.221/0.585	0.055/0.482	0.238/0.222	0.523/0.785	0.259/0.519
	2006	0.236/0.570	0.103/0.401	0.325/0.245	0.572/0.832	0.309/0.512
	2007	0.231/0.587	0.081/0.517	0.395/0.278	0.575/0.846	0.320/0.557
	2008	0.245/0.601	0.086/0.561	0.391/0.306	0.626/0.852	0.337/0.580
	2009	0.248/0.599	0.088/0.584	0.281/0.334	0.568/0.874	0.296/0.598
	2010	0.271/0.610	0.095/0.633	0.536/0.375	0.569/0.923	0.368/0.635

注：表中“/”左侧为海洋经济能力值，右侧为陆域经济能力值

表 4-12 海洋经济与陆域经济能力结构耦合度表

地区	2000年	2001年	2002年	2003年	2004年	2005年	2006年	2007年	2008年	2009年	2010年
天津市	7.506	4.512	4.548	6.342	4.780	4.319	4.290	4.582	4.552	4.450	4.343
河北省	4.206	4.778	4.480	5.274	5.580	4.803	5.725	5.125	9.064	12.808	5.083
辽宁省	5.186	4.083	4.673	4.127	4.567	4.427	4.287	4.445	4.349	4.238	4.169
山东省	6.003	5.814	5.550	5.065	5.125	5.630	4.289	4.275	4.520	4.772	4.201

根据式（4-3）计算出环渤海经济带三省一市各自的海陆经济能力结构耦合度（表 4-12）。海陆经济的耦合度是由海陆经济各项能力之间的差异决定的，反映了区域内海洋系统与陆域系统之间的能力匹配与均衡程度。

依据图 4-2 及式（4-4）～式（4-7）计算出三省一市海陆经济合作的利益分

配情况，用 S_{AOB} 代表海陆经济总获益，S_{AOC} 代表海洋经济获益，S_{BOC} 代表陆域经济获益，S_{AOC} 与 S_{BOC} 的比值代表海陆获益比。海洋经济与陆域经济的获益比值越接近 1，说明海陆经济在合作中的分配越均匀，合作的可能性越大，反之则越小（表 4-13）。

表 4-13 环渤海地区海洋经济与陆域经济获益值及获益比

年份	地区	海陆经济总获益	海洋经济获益	陆域经济获益	海陆经济获益比	地区	海陆经济总获益	海洋经济获益	陆域经济获益	海陆经济获益比
2000	天津市	0.436	0.146	0.290	0.502	河北省	0.038	0.016	0.022	0.728
2001		0.234	0.077	0.156	0.496		0.038	0.014	0.023	0.617
2002		0.270	0.097	0.173	0.557		0.037	0.015	0.022	0.665
2003		0.442	0.172	0.270	0.635		0.071	0.028	0.043	0.642
2004		0.389	0.157	0.231	0.680		0.075	0.027	0.047	0.572
2005		0.497	0.209	0.288	0.725		0.073	0.025	0.047	0.533
2006		0.585	0.262	0.324	0.809		0.144	0.061	0.083	0.732
2007		0.695	0.317	0.378	0.839		0.139	0.060	0.079	0.766
2008		0.787	0.351	0.436	0.806		0.273	0.114	0.159	0.713
2009		0.821	0.375	0.447	0.840		0.436	0.182	0.254	0.717
2010		0.436	0.146	0.290	0.502		0.038	0.016	0.022	0.728
2000	辽宁省	0.033	0.009	0.024	0.381	山东省	0.086	0.028	0.058	0.479
2001		0.020	0.004	0.016	0.259		0.099	0.031	0.068	0.464
2002		0.038	0.011	0.027	0.390		0.112	0.035	0.076	0.462
2003		0.037	0.009	0.028	0.327		0.126	0.040	0.086	0.464
2004		0.065	0.020	0.045	0.436		0.142	0.044	0.099	0.446
2005		0.082	0.026	0.057	0.455		0.183	0.056	0.127	0.439
2006		0.093	0.031	0.063	0.493		0.174	0.061	0.112	0.545
2007		0.085	0.026	0.059	0.442		0.212	0.072	0.140	0.512
2008		0.112	0.036	0.076	0.476		0.260	0.088	0.171	0.515
2009		0.119	0.039	0.081	0.479		0.243	0.073	0.170	0.428
2010		0.033	0.009	0.024	0.381		0.086	0.028	0.058	0.479

（三）评价结果分析

由表 4-8～表 4-11 可以看出，环渤海地区海洋经济与陆域经济的综合能力都呈上升趋势，但是各地区的海陆经济增长模式并不相同，产业经济发展因地域特色的不同而呈现出不同的增长态势。有的地区资源储量丰富，以资源开发、资源利用为主的产业成为地区的主导产业；有的地区布局着众多高校和科研基地，科学技术在地区产业发展中得到广泛应用。根据产业驱动力的不同将以上两种区域产业分别称为资源带动型产业和科技带动型产业。天津市和山东省是我国的海洋科技中心，表 4-8、表 4-11 反映出大多数年份海洋科技支持能力值大于资源利用能力值，因此其产业为科技带动型产业。两地区的科技支持能力指数稳定增长，带动地区综合能力的持续发展。天津市目前拥有国家部委和天津市属海洋科研机构、涉海高校 27 家，一大批国家和天津市海洋企业，海洋科技人才逾万，海洋科技力量在全国名列前茅。2000～2003 年，天津市的海洋科技支持能力值明显高于产业发展能力值和资源利用能力值，2004 年以后产业发展能力值在科技力量的带动下增幅明显。山东省是中国最大的海洋科学技术研究中心，聚集着国家最精锐的科研队伍，科研成果突出。河北省与辽宁省的海洋资源储量丰富，河北省拥有 8 万多公顷的盐田面积，海洋第一产业比重较大。辽宁省蕴藏着丰富的渔业、盐业资源，年海洋捕捞量可达 140 万吨以上，传统海洋产业占据优势，表 4-9 和表 4-10 的数据反映出河北省和辽宁省的海洋资源利用能力指数大于科技支持能力指数，因此两省的产业为资源带动型产业。由环渤海地区海洋经济综合能力值对比可以看出，天津市的综合能力最强，辽宁省的综合能力最弱，河北省和山东省的综合能力值差距很小。因此，将科学技术引入生产发展中，通过科技创新带动产业发展的模式比传统依靠开发利用自然资源的模式更具有发展的可持续性，科技带动型发展模式是一种更健康、更具活力的发展模式。

天津市的陆域资源利用能力值在 0.6 以上，其城市化率高于环渤海地区的其他省份，作为直辖市，天津拥有天津大学、南开大学等著名高校，吸引大量外来人才，拥有较强的人才资源优势和科研能力。河北省的陆域资源利用能力指数和科技支持能力指数相较于环渤海其他地区较低，但陆域资源利用能力指数高于科技支持能力指数，产业类型也属于资源带动型。辽宁省的陆域资源利用能力值在 0.5～0.7，资源利用能力在综合能力中所占的比重较高，辽宁省是重工业基地，其陆域资源优势主要集中于土地资源和水资源，而人才资源优势比自然资源优势的可持续发展性更高，从数据上也反映出其资源利用能力弱于天津市。山东省的陆域资源利用能力指数在 0.5～0.7，跟辽宁省的数据比较接近；其陆域科技支持能力指数在 0.1～0.4，略高于辽宁省，但其产业发展能力指数远高于辽宁省，说明山东省资源、科技等生产要素转化成价值增值的转化率较高。

海陆经济的环境治理能力值都较高，说明各省市在发展过程中都比较注重对环境的治理和保护。对比海陆经济综合能力值可以看出，2000～2010年环渤海各地区的海洋综合能力值都低于陆域综合能力值，说明海洋经济的发展能力弱于陆域经济的发展能力。陆域经济由于发展起步较早，科技成熟较快，因此普遍强于海洋经济，特别是河北省、辽宁省和山东省，陆域经济基础雄厚，竞争力强，海洋经济发展虽然较快，但是要缩小与陆域经济的发展差距还需要投入大量的科技力量和形成更完备的海陆经济产业链。

由表4-12中各省市耦合度指数可知，天津市和辽宁省的海陆经济耦合度维持在4以上，对比河北省和山东省的耦合度，说明天津市和辽宁省的海洋经济和陆域经济的合作已达到比较稳定的状态。天津市和辽宁省2000～2010年海洋经济与陆域经济进行合作的可能性并没有随着经济产量的增长和综合实力的增强而提高，说明两地区海陆经济的合作程度已经达到稳定状态，以后发生剧烈变化的可能性也不会很大。天津市和辽宁省的耦合度数值虽然相近，但是耦合类型并不相同。由于天津市的海洋经济主要以产业发展和科学技术的应用来带动，因此，海陆经济之间的合作也会以海洋产业向陆域延伸和海洋科学技术引入陆域经济发展为主，属于较高程度的耦合。而辽宁省的海陆经济增长属于资源带动型，因此，海洋经济与陆域经济的合作也是建立在资源的开发利用方面，属于较低程度的耦合。河北省的海洋经济与陆域经济综合能力差距较小，与辽宁省相似，属较低程度的耦合，海陆经济在资源的开发利用等方面存在较高的合作可能性、较小的竞争性，并且耦合度呈波动增长趋势。因此，可以预计两地区海洋经济与陆域经济未来会有更大的合作空间。山东省2000～2005年的耦合度数值相较于其他地区较高，但是稳定性差，数值忽高忽低的变化说明海洋经济与陆域经济之间存在着较高的合作可能性，也存在着较高的竞争性；山东省由于海陆综合能力之间的差距较大，陆域经济综合实力明显超过海洋经济综合实力，如果想提高海陆经济之间合作的可能性，必须努力提高海洋经济的各项结构能力，弥补缺陷与不足，才能增加合作的稳定性和长久性。2010年由于后金融危机的影响，环渤海地区经济增长速度减缓，表4-12中各地区的海陆经济耦合度也反映出这一经济现象。

通过表4-13可以看到，天津市和山东省的海陆经济总获益相对偏高，河北省与辽宁省的海陆经济总获益相对偏低。海洋经济与陆域经济发展动力越强，可持续发展性越高，合作的概率越大，合作中所获得的收益越大。天津市、山东省与河北省、辽宁省海陆经济属于不同层次的合作，以科学技术为动力的天津市与山东省属于较高层次的经济合作，以资源互补为动力的河北省与辽宁省属于较低层次的经济合作。从获益表中也能体现出较高层次的经济合作能给地区带来较大的获益。

通过对海陆经济的各项结构能力的分析可以看出，天津市海洋经济获益与陆域经济获益的差距在逐渐缩小，2010 年海陆获益比已经达到 0.502，海陆合作中海洋经济的优势愈加明显，随着合作的加深，海陆经济平分获益的可能性较大。山东省与天津市的海洋经济增长类型都为科技带动型，但是山东省的海洋经济在产业发展能力方面不及天津市，且陆域经济实力不及天津市，因此，在海陆经济合作中，海洋经济的获益不及天津市；通过海陆经济耦合度分析也可以看出，山东省的海陆经济合作存在机遇，但缺乏稳定性，海陆获益比也反映出了这一波动性。河北省与辽宁省的海陆经济综合能力增长模式都属于资源带动型，但河北省的海洋经济与陆域经济耦合度高于辽宁省，表现出了更大的合作性，表中也反映出了河北省海陆获益高于辽宁省。河北省的海洋经济发展起步较晚，陆域经济总产值对比环渤海其他地区也较低，从数据上表现出了发展初期经济增长迅速的一般规律，河北省海洋经济在获益分配中所占的比例高于山东省和辽宁省，海洋经济在海陆合作中表现出了较大的合作意愿。

四、小结

（1）本书考虑到海陆一体化过程中，海洋经济与陆域经济的各要素是相互作用、相互影响的，海陆经济耦合涉及多方面的能力，因此根据海陆经济特点概括为四种能力的耦合，分别是资源利用能力、产业发展能力、科技支持能力和环境治理能力。

（2）本书根据海陆经济的特点和合作方向及资料数据的实际收集情况，创新了杨先明的能力结构关系模型，构建了一套新的海陆一体化评价指标体系，分别从资源利用、产业发展、科技支持及环境治理四个角度共 38 个指标对环渤海的天津市、河北省、辽宁省和山东省的海陆一体化发展进行评价，较为客观地反映了环渤海地区三省一市的海陆一体化状况。

（3）运用层次分析法计算出环渤海三省一市海陆一体化各项指标的权重，按照能力结构关系模型计算公式得出各省市的资源利用能力、产业发展能力、科技支持能力、环境治理能力和地区总能力，并按照耦合公式计算出三省一市的海陆耦合度，最后计算出各地区海陆经济总获益及海洋经济获益和陆域经济获益。根据计算结果得出天津市和山东省的海陆产业属于科技带动型产业，海陆经济的合作是较高程度的合作，并且海陆经济能在合作中获得较大的利润，但山东省的海陆经济差异较大，合作稳定程度低；河北省和辽宁省的海陆产业属于资源带动型产业，海陆经济合作是较低程度的合作，其海陆获益比天津市和山东省低。

第二节 市域陆海统筹协调研究

鉴于海陆两系统之间既相互促进又相互制约的复杂关系，单独就海洋研究海洋已经无法解决当前海洋经济发展所面临的问题。因此，如何落实陆海统筹战略，实现两系统优势互补和良性互动，将成为海陆经济健康发展的关键。在先前的章节也已经提到，凭借着丰富和多样化的资源、产业和科技优势，以及国家战略的高度重视，环渤海地区的发展取得了长足的进步，但各地经济发展方式粗放、资源无序利用、生态环境脆弱、陆海矛盾突出等问题，已对区域甚至国家发展造成了不利影响，着手促进海陆系统统一规划和协调发展已刻不容缓。

一、方法模型

（一）层次分析法

计算方法及过程参见第三章第一节。

（二）CRITIC 法

CRITIC(Criteria Importance Through Intercriteria Correlation)法是由 Diakoulaki 提出的一种客观赋权方法，该方法通过对比度和指标之间的冲突性来确定指标的客观权重。对比强度是同一指标各个评价方案之间取值差距的大小，以标准差的形式来表现，标准差越大各方案之间取值差距越大；评价指标间的冲突性以指标之间的相关性为基础，具有较强的正相关的指标冲突性较低，负相关性的指标冲突性较高。计算方法如下。

第 j 个指标所包含的信息量和独立性的综合度量为

$$h_j = v_j \sum_{i=1}^{n} (1 - r_{ij}) \ (j = 1,2,\cdots,n) \tag{4-8}$$

式中，$\sum_{i=1}^{n}(1-r_{ij})$ 为冲突性量化指标，r_{ij} 为指标 i 和 j 之间的相关系数；变异系数 v_j 用来反映指标的对比强度。综合信息量越大，指标的重要性越强，相应权重也越大，所以第 j 个指标的客观权重为

$$e_j = h_j / \sum_{i=1}^{n} h_j (j = 1,2,\cdots,n) \tag{4-9}$$

（三）D-S 证据理论

计算方法及过程参见第三章第一节。

（四）耦合协调度模型

本章使用耦合协调度模型来进行陆海系统协调水平的测度。两个系统的耦合程度由两系统之间的离散程度来表示，公式为

$$C = \left\{ m(x) \cdot l(y) / \left[\frac{m(x) + l(y)}{2} \right]^2 \right\}^k \tag{4-10}$$

式中，C 代表耦合度，k 在该公式中代表调节系数，本章取 $k = \frac{1}{2}$。耦合度 C 可以用来衡量系统间相互协调的情况，但反映不出海陆两系统的发展水平或整体功能。因此，为了更好地反映两系统的综合协调程度，进一步构建耦合协调度公式

$$H = \sqrt{C \cdot [\alpha \cdot m(x) + \beta \cdot l(y)]} \tag{4-11}$$

式中，H 是协调度，α 和 β 分别指海洋系统和陆域系统的权重。因为两系统在本书中同等重要，所以取 $\alpha = \beta = 0.5$。耦合协调度 H 越高，海洋系统与陆域系统之间的协调程度越高，陆海统筹情况越好。

（五）核密度估计

核密度估计计算方法及过程参见第三章第三节。

二、综合测度

（一）陆海系统功效评价

1. 指标体系建立

本章以孙才志等（2012b）在海陆一体化评价中建立的指标体系为参考，并将以往海洋可持续发展和社会经济发展研究中的评价指标作为补充，分别从资源利用、环境生态、经济产业和社会发展四个维度着手，根据客观性、系统性、有效实用性和可获得性原则，建立陆海系统功效评价指标体系（表 4-14）。在每个维度的指标选取中，尽可能增加海陆两系统的直接对比，如 *Z*1 与 *Z*21，*Z*5 与 *Z*25，*Z*6 与 *Z*26，*Z*8 与 *Z*29 等。此外，各指标对于每个维度的支持，既要注重全面性，又要在重要环节具有代表性，资源方面涉及空间资源、生物资源、人力资源、矿产资源等；环境方面涉及排放和治理两个部分；经济方面涉及总体增长和各主要产业部门情况；社会方面涉及科教、交通等海陆系统联系较密切的部门。

表 4-14 陆海系统功效评价指标体系及指标权重

功能层	系统层	维度层	指标层	CRITIC 权重	层次分析法权重	D-S 证据理论合成权重
陆海系统功效评价指标体系	海洋系统 *X*1	资源利用 *W*1	*Z*1：人均海域面积/平方千米	0.2198	0.1909	0.2158
			*Z*2：人均海岸线长度/米	0.2333	0.1909	0.2291
			*Z*3：码头长度/米	0.2019	0.1096	0.1138
			*Z*4：海水养殖面积/公顷	0.2009	0.2193	0.2266
			*Z*5：海岸线经济密度/（亿元/千米）	0.1440	0.2893	0.2143
		环境生态 *W*2	*Z*6※：废水排放入海量/万吨	0.1772	0.2522	0.2196
			*Z*7：工业废水排放达标率/%	0.1538	0.1098	0.0830
			*Z*8：人均涉海湿地保护区面积/平方米	0.3227	0.2195	0.3481
			*Z*9：自然保护区数量/个	0.1894	0.1664	0.1549
			*Z*10：污染治理投资总额占 GDP 比重/%	0.1568	0.2522	0.1944

续表

功能层	系统层	维度层	指标层	CRITIC权重	层次分析法权重	D-S 证据理论合成权重
陆海系统功效评价指标体系	海洋系统 *X*1	经济产业 *W*3	*Z*11：人均海洋生产总值/亿元	0.1511	0.2453	0.1604
			*Z*12：海洋生产总值占 GDP 比重/%	0.1884	0.1859	0.1516
			*Z*13：海洋总产值与 GDP 关联度	0.3876	0.3236	0.5428
			*Z*14：渔业总产值/万元	0.1565	0.1226	0.0830
			*Z*15：旅游外汇收入/万美元	0.1163	0.1226	0.0617
		社会发展 *W*4	*Z*16：海洋专业博士点数/个	0.1679	0.2589	0.2234
			*Z*17：单位科技支出下海洋产值/%	0.1358	0.2254	0.1579
			*Z*18：单位教育支出下海洋产值/%	0.2301	0.1962	0.2329
			*Z*19：港口货物吞吐量/万吨	0.2352	0.1708	0.2073
			*Z*20：星级饭店数/个	0.2309	0.1487	0.1771
	陆域系统 *X*2	资源利用 *W*1	*Z*21：人均耕地面积/千公顷	0.2894	0.1962	0.2950
			*Z*22：就业人口占总人口比重/%	0.1475	0.2254	0.1728
			*Z*23：工业固体废弃物利用率/%	0.2203	0.1487	0.1702
			*Z*24：能源生产总量/万吨标准煤	0.2166	0.1708	0.1922
			*Z*25：经济密度/（亿元/千米^2）	0.1262	0.2589	0.1698
		环境生态 *W*2	*Z*26※：废水排放量/万吨	0.1997	0.2757	0.2745
			*Z*27※：工业固体废弃物产生量/万吨	0.1998	0.2213	0.2204
			*Z*28：生活垃圾无害化处理率/%	0.2097	0.1271	0.1329
			*Z*29：人均绿地面积/平方米	0.1785	0.1546	0.1376
			*Z*30：沿海地区污染治理竣工项目/个	0.2122	0.2213	0.2341
		经济产业 *W*3	*Z*31：GDP 增长率/%	0.4101	0.2858	0.5315
			*Z*32：固定资产投资额/亿元	0.1286	0.2488	0.1451
			*Z*33：社会消费品零售总额/亿元	0.1512	0.2166	0.1485
			*Z*34：出口总值/亿美元	0.1848	0.1244	0.1042
			*Z*35：金融机构年末存款额/亿元	0.1253	0.1244	0.0707
		社会发展 *W*4	*Z*36：科研技术服务和地质勘查从业人员/万人	0.1741	0.2553	0.2282
			*Z*37：普通高等教育在校生数/万人	0.1370	0.2553	0.1795
			*Z*38：文化指数/件（册）	0.1925	0.1276	0.1261
			*Z*39：城镇家庭人均可支配收入/元	0.2860	0.1934	0.2839
			*Z*40：公路货运量/万吨	0.2103	0.1684	0.1818

注：代码标注为“※”的指标为成本型指标，其他均为效益型指标

2. 陆海系统功效评价结果

将数据进行标准化处理以消除量纲影响；根据 D-S 证据理论将层次分析法权重和 CRITIC 权重结合，分别计算各城市海洋系统和陆域系统各维度功效得分。在系统得分计算中，各维度重要性相等，所以用四个维度得分平均值作为系统的最终得分（表 4-15）。

表 4-15　各城市陆海系统功效得分

城市	年份	资源利用	环境生态	经济产业	社会发展	综合得分
天津	2000	0.056/0.256	0.372/0.624	0.298/0.242	0.132/0.449	0.215/0.393
	2011	0.323/0.590	0.414/0.466	0.540/0.720	0.370/0.886	0.412/0.666
唐山	2000	0.032/0.471	0.345/0.587	0.391/0.150	0.047/0.141	0.204/0.337
	2011	0.098/0.552	0.322/0.580	0.418/0.363	0.222/0.486	0.265/0.495
秦皇岛	2000	0.064/0.208	0.378/0.661	0.442/0.126	0.145/0.115	0.257/0.277
	2011	0.118/0.259	0.349/0.503	0.495/0.226	0.242/0.297	0.301/0.321
沧州	2000	0.011/0.446	0.296/0.588	0.369/0.136	0.030/0.087	0.176/0.314
	2011	0.052/0.539	0.347/0.556	0.384/0.278	0.244/0.378	0.257/0.438
大连	2000	0.488/0.214	0.811/0.473	0.380/0.203	0.256/0.243	0.484/0.283
	2011	0.618/0.540	0.569/0.427	0.534/0.559	0.422/0.673	0.536/0.550
丹东	2000	0.130/0.229	0.412/0.572	0.008/0.120	0.074/0.097	0.156/0.254
	2011	0.213/0.226	0.459/0.573	0.055/0.301	0.105/0.264	0.208/0.341
锦州	2000	0.028/0.361	0.292/0.603	0.320/0.128	0.052/0.118	0.173/0.302
	2011	0.068/0.458	0.414/0.588	0.352/0.309	0.084/0.367	0.229/0.430
营口	2000	0.050/0.223	0.222/0.567	0.084/0.145	0.073/0.089	0.107/0.256
	2011	0.100/0.383	0.313/0.549	0.119/0.309	0.156/0.315	0.172/0.389
盘锦	2000	0.076/0.402	0.581/0.633	0.419/0.280	0.126/0.095	0.301/0.353
	2011	0.089/0.608	0.600/0.593	0.478/0.284	0.049/0.351	0.304/0.459
葫芦岛	2000	0.078/0.262	0.330/0.603	0.382/0.100	0.108/0.075	0.225/0.260
	2011	0.085/0.301	0.370/0.614	0.412/0.298	0.070/0.298	0.234/0.378
青岛	2000	0.201/0.343	0.363/0.704	0.124/0.205	0.295/0.245	0.246/0.375
	2011	0.243/0.520	0.410/0.557	0.219/0.472	0.578/0.610	0.362/0.540
东营	2000	0.298/0.561	0.595/0.638	0.448/0.479	0.201/0.116	0.385/0.448
	2011	0.323/0.680	0.594/0.670	0.565/0.237	0.082/0.423	0.391/0.502
烟台	2000	0.276/0.320	0.453/0.683	0.572/0.156	0.226/0.150	0.382/0.327
	2011	0.488/0.461	0.524/0.499	0.668/0.368	0.232/0.509	0.478/0.459
潍坊	2000	0.061/0.341	0.397/0.662	0.127/0.159	0.070/0.118	0.163/0.320
	2011	0.164/0.470	0.346/0.501	0.168/0.348	0.094/0.436	0.193/0.439
威海	2000	0.403/0.302	0.360/0.729	0.324/0.169	0.288/0.142	0.343/0.336
	2011	0.320/0.311	0.423/0.624	0.018/0.171	0.240/0.351	0.250/0.453
日照	2000	0.319/0.323	0.435/0.616	0.021/0.160	0.113/0.074	0.222/0.293
	2011	0.376/0.496	0.324/0.607	0.078/0.275	0.219/0.306	0.249/0.421
滨州	2000	0.093/0.428	0.483/0.634	0.040/0.177	0.142/0.082	0.189/0.330
	2011	0.156/0.564	0.451/0.584	0.067/0.264	0.027/0.337	0.175/0.438

注：表中 “/” 左侧为海洋系统得分，右侧为陆域系统得分；限于篇幅，仅列出首末两个年份数值

（二）协调度测算结果

根据以上提出的耦合协调度模型，将海陆系统功效评价值代入式（4-10）和式（4-11），计算环渤海各市陆海系统协调度（表 4-16）。

表 4-16 各城市陆海系统协调度评价值

城市	2000年	2001年	2002年	2003年	2004年	2005年	2006年	2007年	2008年	2009年	2010年	2011年
天津	0.539	0.533	0.557	0.587	0.613	0.626	0.636	0.653	0.673	0.670	0.704	0.724
唐山	0.512	0.496	0.495	0.499	0.517	0.526	0.528	0.540	0.561	0.558	0.587	0.602
秦皇岛	0.517	0.519	0.519	0.518	0.548	0.535	0.559	0.564	0.568	0.554	0.556	0.558
沧州	0.485	0.496	0.503	0.509	0.513	0.542	0.524	0.533	0.545	0.535	0.565	0.579
大连	0.608	0.633	0.601	0.615	0.628	0.633	0.665	0.676	0.711	0.699	0.720	0.737
丹东	0.446	0.440	0.433	0.457	0.474	0.482	0.485	0.477	0.501	0.485	0.523	0.516
锦州	0.478	0.482	0.474	0.491	0.495	0.507	0.528	0.529	0.542	0.525	0.557	0.561
营口	0.407	0.409	0.422	0.428	0.459	0.457	0.468	0.479	0.484	0.490	0.503	0.508
盘锦	0.571	0.548	0.541	0.573	0.580	0.589	0.584	0.585	0.597	0.581	0.621	0.611
葫芦岛	0.491	0.499	0.496	0.514	0.522	0.500	0.521	0.510	0.515	0.521	0.533	0.545
青岛	0.551	0.543	0.552	0.575	0.587	0.610	0.616	0.631	0.639	0.640	0.657	0.665
东营	0.645	0.601	0.601	0.629	0.642	0.644	0.652	0.644	0.657	0.644	0.667	0.666
烟台	0.595	0.587	0.583	0.626	0.634	0.658	0.662	0.665	0.670	0.664	0.687	0.684
潍坊	0.478	0.481	0.489	0.491	0.504	0.505	0.512	0.510	0.520	0.529	0.528	0.539
威海	0.583	0.567	0.571	0.590	0.602	0.601	0.628	0.634	0.609	0.635	0.643	0.651
日照	0.520	0.507	0.496	0.539	0.529	0.520	0.530	0.543	0.543	0.539	0.558	0.569
滨州	0.500	0.481	0.483	0.511	0.511	0.502	0.506	0.512	0.518	0.513	0.520	0.526

三、陆海系统协调度时空差异分析

（一）时间差异分析

将各城市陆海系统协调度计算结果输入 EViews6.0 软件，计算各年份陆海系统协调度核密度分布。为便于观察分析，本书采用 2000～2002 年平均值、2003～2005 年平均值、2006～2008 年平均值及 2009～2011 年平均值来体现所有年份变化趋势，计算并绘制环渤海地区17个城市陆海系统协调度核密度分布图（图4-4）。

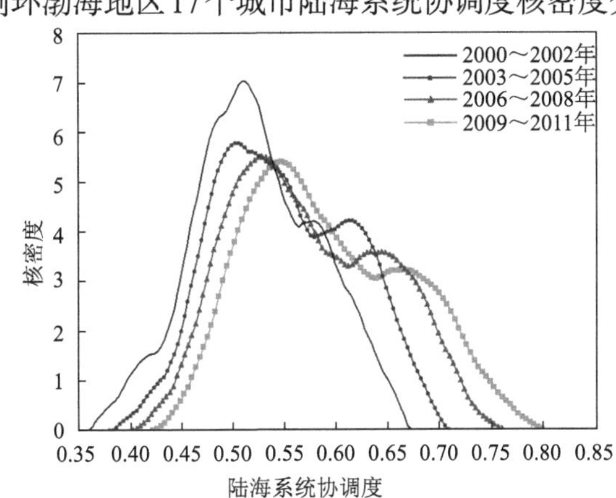

图 4-4　环渤海地区陆海系统协调度核密度分布图

由图 4-4 可以看出环渤海地区陆海系统协调度变化情况：①从总体形状来看，2000～2002 年基本呈单峰状态，右侧小波峰并不明显；2003～2005 年双峰态势显著加强，左侧波峰明显下降，右侧波峰明显抬升；2006～2008 年双峰状态有所减弱，右侧波峰下降明显；2009～2011 年双峰状态更加不明显，左侧波峰基本不变，右侧波峰继续下降。这说明该地区各市陆海协调状况经历了由 2000～2002 年的两极分化程度较高，到 2003～2005 年的两极分化程度缓解，再到 2006～2011 年的两极分化程度逐渐减弱的变化过程。②从总体位置上来看，四组年份的密度曲线呈现出逐渐右移趋势，说明了该区域各市的陆海协调程度总体上逐年提高。③从双峰的峰值变化上来看，2000～2005 年，低协调度峰值下降明显，高协调度峰值迅速凸起，体现出原来陆海协调情况较好的城市的进步速度要快于原来低协调度的城市。而 2006～2011 年，无论是低协调度城市，还是高协调度城市，峰值均呈下降态势，高协调度城市峰值下降更为明显。这说明中等协调水平的城市逐渐增多，地区内各城市陆海协调发展更加均衡。④从各年份来看，右峰尾部向右移动的幅度要大于左峰尾部，虽然两极分化形式得到缓解，但高协调水平的城市陆海系统协调的进步速度仍然快于中低水平城市。

（二）空间差异分析

1. 空间差异分类

根据 2011 年环渤海 17 个城市的陆海协调程度及海陆系统功效评价值，对各城市陆海统筹状况进行分类。从图 4-5 中可以看出 17 个城市陆海协调值均位于 0.5～0.8，为了分析区域间的差异性，本书采用孙爱军对耦合协调度的等级评价标准，将 0.5～0.8 协调度区间划分为陆海统筹勉强协调（$0.5 \leqslant H < 0.6$）、陆海统筹初级协调（$0.6 \leqslant H < 0.7$）和陆海统筹中级协调（$0.7 \leqslant H < 0.8$）三个类别。再根据海洋功效占总功效比重，将统筹度高于 0.6 的城市划分为海洋主导型（海洋功效>陆域功效）和陆域主导型（海洋功效<陆域功效），将统筹度低于 0.6 的城市划分为海洋滞后型（海洋功效<陆域功效）和陆域滞后型（海洋功效>陆域功效），具体分类情况如图 4-6 所示。

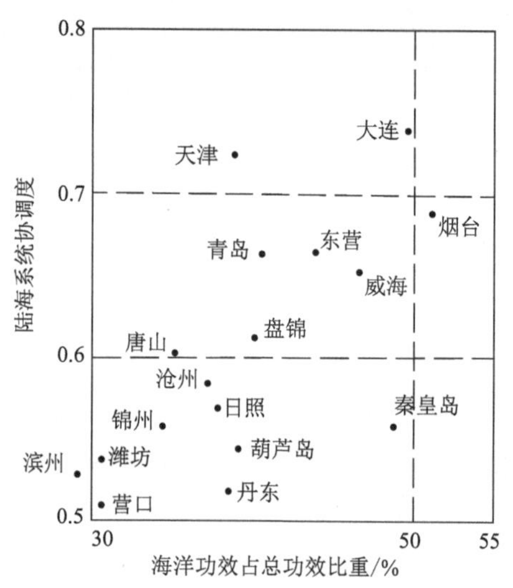

图 4-5　2011 年环渤海 17 个城市陆海协调及陆海系统功效图

2. 空间差异分析

1）陆域主导中级协调型城市分析

如图 4-6 所示，天津市和大连市是研究区内陆海统筹状况属于陆域主导中级协调型城市。天津市作为环渤海地区海洋经济规模最大的城市，由于受到海洋资源匮乏和海洋环境生态问题的影响，再加上背靠首都的地理位置和以高端制造业为基础的陆域经济的强势发展，天津海洋系统在资源、经济和社会领域的功效值远落后于陆域系统，这在一定程度上拉低了该市的陆海协调水平。而在环境生态方面，海洋系统与陆域系统的差距逐渐缩小，从一定程度上反映出当地对海洋环境和生态领域的重视程度的加强；三面环海的大连市凭借着优越的地理区位优势和丰富的海洋资源优势，在海洋经济建设方面成绩突出。因此，该市海洋系统在资源、环境和产业领域的功效值普遍较高，再加上原本较为雄厚的陆域产业集群优势，使得大连市陆海协调质量在所有 17 个城市中排名首位。未来大连市在海洋系统方面仍然需要重视资源利用效率的提高，以及传统产业，特别是海洋工业的转型升级；在陆域系统方面则需要紧抓规模经济效应和科技创新效应，争取利用陆海有效联动的优势，加强对周边区域的辐射力度，带动区域协调发展。

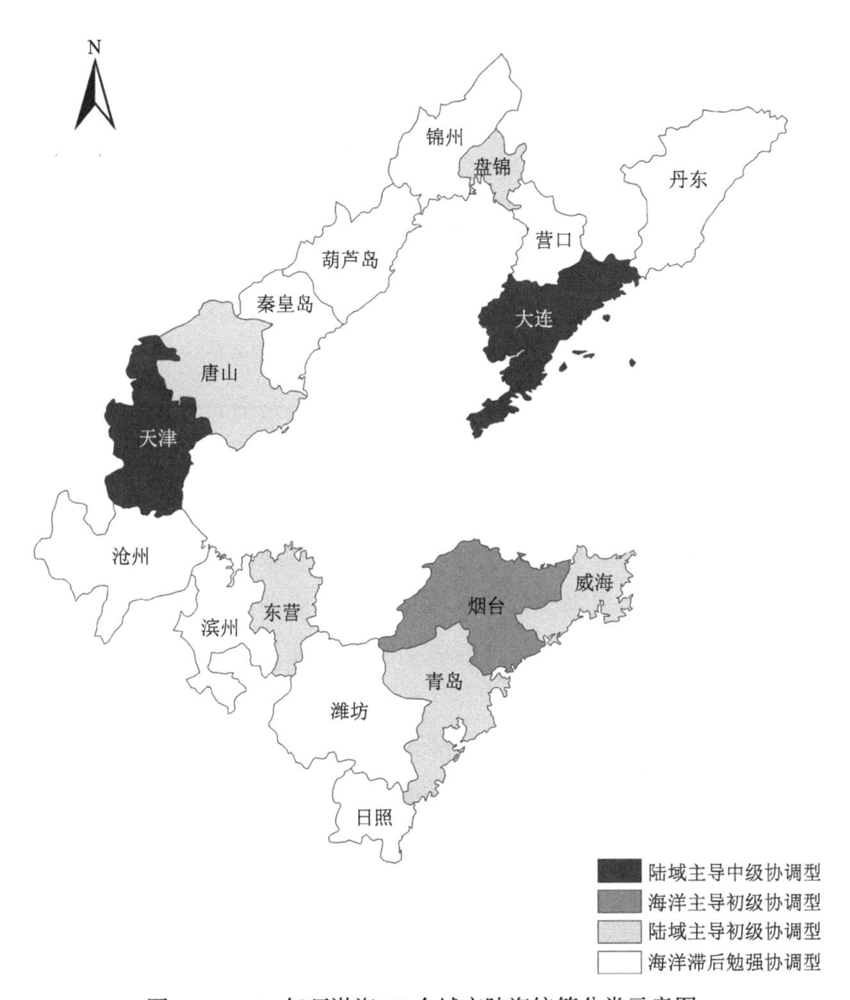

图 4-6 2011 年环渤海 17 个城市陆海统筹分类示意图

2）海洋主导初级协调型城市分析

陆海统筹状况属于海洋主导初级协调型的城市是位于山东半岛的烟台市。该市陆海协调程度较好，接近 0.7 的中级协调水平线，并且在资源利用、环境生态和经济产业领域，海洋系统的功效值均高于陆域系统，这与近年来烟台市海洋经济强势发展不无关系。为促进海陆经济更加协调发展，烟台市未来应优先开展渔业加工、船舶制造等海陆关联性较强的产业，以及海洋生物制药等新兴高科技产业，力求形成海陆产业集聚优势，开创海洋系统和陆域系统双引擎驱动的良好局面，并利用山东半岛蓝色经济区建设的有利契机，进一步实现陆海统筹发展。

3）陆域主导初级协调型城市分析

属于陆域主导初级协调型的城市为山东省的青岛市、东营市、威海市，河北省的唐山市和辽宁省的盘锦市。

青岛市凭借着丰富的海洋资源和全面的海洋产业基础，海洋经济增长表现强劲，陆海统筹情况较好。今后青岛市需充分利用其充足的知识人才基础，保证传统产业健康稳定发展的同时，加快推进未来战略性海洋产业的建设，将海陆协调程度提升到一个新的层次。东营市地处黄河入海口，环境生态系统协调程度较好，依靠全国最大的浅海油田资源和丰沛的沿海浅层卤水资源，该市在海洋化工和海洋盐业方面的基础十分雄厚。而未来东营仍需要拓宽海洋经济覆盖面，加强陆海沟通协调能力，使陆海统筹战略在黄河三角洲高效生态经济区的建设中进一步推进。三面环海的威海市，其海洋功效与陆域功效已基本相当。该市地理位置十分优越，在资源方面海洋系统功效值较高，反映了近年来在海洋经济领域的良好发展势头。但也可以看到，未来威海市为实现海洋产业的发展和陆海经济的融合，仍需要坚持对自身工业和服务业体系进行提高和完善，并且依靠特有的人居环境优势，广泛吸引科技人才，使本身具备的海洋优势得到进一步发挥。

唐山市海洋系统在资源利用方面的功效值偏低，但该市海洋资源并不匮乏，长期以重工业为主导的发展模式是其陆海协调水平偏低的主要原因。今后唐山市工作重心应该着力向海洋方面转移，利用丰富的海洋资源和优越的重工业基础，加快曹妃甸港口工业区的建设，使唐山市陆海统筹质量得到跨越式提升；以油气业和旅游业为海洋主导产业的盘锦市，海洋经济发展规模较小，在资源利用和社会发展方面，陆海系统之间有较大差距，但该市对海洋环境生态的保护十分重视。未来，该市仍可凭借海陆产业关联性较高的有利条件，加快推进涉海工业的布局与发展，力争实现海陆系统在各领域的全面进步。

4）海洋滞后勉强协调型城市分析

属于海洋滞后勉强协调型的城市较多，分别为河北省的秦皇岛和沧州，辽宁省的丹东、锦州、营口和葫芦岛，山东省的潍坊、日照和滨州。

秦皇岛市作为国内知名的滨海旅游城市，海陆系统功效差距并不明显，海洋经济与GDP的关联程度同样较高。但秦皇岛市海洋经济自身发展方式为粗放型，产业结构水平低下，再加上陆域产业功效比较落后，造成了海陆系统发展的低水平失衡态势。今后该市转型重点仍将是立足于海洋传统基础优势，通过产业升级和科技建设带动相关陆域经济的进步，促进海陆系统的协调可持续发展。而对于海洋经济发展长期滞后的沧州市来说，其海洋经济产业少，规模小，功效值普遍较低，在资源利用方面与陆域系统的差距尤其明显。为改变现代海洋产业发展滞后、海洋科技基础薄弱的不利局面，当地应利用后发优势，紧抓黄骅港建设的有利机遇，走技术改造升级的路子，力求海陆经济平衡发展。

丹东市海洋资源丰富，在资源利用方面海陆系统的差距并不明显，但由于海洋经济发展方式为粗放型，产业结构水平偏低，现又正值当地海洋经济调整转型时期，海陆矛盾更显突出。为摆脱陆海协调水平靠后的不利形势，今后丹东市应在前景较好的滨海旅游、海洋生物制药和港口物流等方面加大资金投入，从而避免海陆系统发展进入恶性循环。同为辽西经济区的沿海城市，锦州和葫芦岛两市海洋经济发展基础依然比较薄弱，尤其在资源利用和社会发展领域，海洋系统功效与陆域系统差距明显。未来两市应以辽西和内蒙古地区的广阔腹地资源为基础，加快恢复滨海生态环境，同时以港口工业为基础，重点发展现代渔业、物流业、化工业和旅游业，加强区域内部合作，提高海洋经济运行效率，实现海陆均衡互惠发展。营口市海洋经济发展具有一定特色，其陆海统筹失调和海洋系统功效全面滞后的原因在于过于单一的海洋产业布局和相比之下更加强劲的陆域经济增长。当前该市海水养殖和港口物流业发展已经进入瓶颈期，重视涉海相关工业布局，合理利用有限资源，大力开展海洋制造业和新兴产业将成为扭转被动局面的关键。

潍坊市是山东内陆通往半岛地区的咽喉之地，其海洋生物资源种类多样，但资源利用情况不太理想，而且在社会发展领域海洋系统功效偏低。今后潍坊市应该加快产业升级步伐，形成以海洋化工为核心的高端产业链，加强海陆产业合作，缩小海陆差距。作为典型的“以港兴市”战略下发展起来的港口城市，日照已经逐步形成了以物流业、化工业和水产加工业为主的海洋产业体系。但其海洋经济规模较小，海洋产业布局单一，仍然是当地海洋产业发展亟待解决的问题。临港工业作为海陆经济协调互利发展的交汇点，对日照今后海陆系统联动和磨合具有极高的战略价值。滨州海洋经济发展较为缓慢，且基础薄弱，所以海洋系统功效大幅落后于陆域系统。为摆脱科技水平落后，海洋资源利用率低下，海洋产业不成规模的被动形势，滨州市今后应充分利用鱼盐资源和生态优势，加大科技投入，引进高层次、创新型人才，实现产业改造升级，促进海洋经济平稳快速发展。

四、对策建议

（一）重视陆海资源的差异性与互补性，建立资源统筹开发新格局

（1）虽然环渤海地区海岸线长达 6924.2 千米，占全国海岸线长度的 38.47%，但其沿海地带土地资源供需矛盾仍然十分突出，近年来沿海各地已经把“围海填地”作为缓解土地供给紧张的重要手段，从而为本地的社会经济发展开拓更多空间。与此同时，一些盲目的填海活动不仅对海洋生态环境造成了破坏，还对海域内原有的社会生产活动造成了不利影响。甚至由于临海地带的气候景观优势，一些非涉海项目大量占用了沿海土地，挤占了涉海活动项目的发展空间。因此，各地方行政部门应在提高现有沿海土地利用效率的基础上，科学规划土地利用，科学确定围填海的规模和时序，将生态环境保护作为沿海土地与近海海域开发的前提，积极探索陆海空间资源统筹利用的新途径。

海岛作为陆地与海洋的缓冲带，对于陆海经济的融合至关重要。环渤海地区范围内辽东半岛和山东半岛附近区域的海岛资源较丰富，各地方行政部门需在海岛基础设施建设与经济开发问题上，坚持以生态环境保护优先为原则，加强国际合作，借鉴先进开发管理经验，保证海岛建设具有可持续性。

（2）环渤海地区海洋生物资源丰富，辽宁、山东两省均为海洋水产品生产大户，海洋渔业在各沿海城市的海洋经济发展中占据着主导地位。但近年来环渤海沿岸环境污染问题加重，海水水质持续恶化，近海渔业资源几近枯竭，各地管理部门应当在保护海洋生态环境的基础上，通过定量定产、规范作业技术和完善定期休渔投苗制度的方式严格控制近海生物资源捕捞强度。同时，要积极拓展远洋捕捞海域，提升远洋捕捞技术，更新捕捞船舶装备，并在海外建设相关服务基地，以点带面，力争形成符合国际渔业发展潮流的现代远洋捕捞网络。

在海水养殖方面，各地应积极促成养殖业由近海滩涂和传统普通网箱养殖向深水大网箱养殖模式转变，不仅在深水养殖技术上加大投入力度，还要在养

殖基地的建设和养殖品种的引进和优化上争取更大的进步。此外，以海洋生物为基础的海洋生物医药产业的发展对人类社会的进步有着广泛和深远的影响，需要各级部门给予高度重视及政策上的更多支持。

（3）海洋水资源、矿产资源与海洋能源的开发利用关系到国家的长远发展。淡水资源是人类生活必需的要素，我国人均水资源拥有量排在世界前一百名之外，水资源极为匮乏，环渤海地区尤其如此。该地区东部水资源需求量过大，而西部不仅需求量大，且保有量小。增强节水意识，推广节水技术，提高水资源利用率是当下缓解水资源危机的重要路径。然而从长期来看，积极扩大海水利用规模和范围，尽可能使用海水替代部分淡水功能，并且推进海水淡化关键技术装备的研发和应用，走技术与产业结合的路子，将整个产业链做大做强。

在海洋矿产资源开发方面，环渤海地区只有山东省产业规模较大，其他地区的发展尚未成形。由于海洋矿产的勘探和利用需要较高的技术支持，所以当前环渤海地区矿产资源开发仍以陆地矿产资源为主，但需要下大力气提升陆域矿产资源的利用率，从冶炼、加工等多方面促进综合利用技术的进步和推广。同时，海洋矿产资源，特别是深海资源的勘探和利用技术，不仅是未来海洋经济发展的制高点，还关系到我国在国际海域事务上是否能居于主导地位，因此理应给予更多的重视。

在能源利用方面，除对陆域能源生产结果进行调整优化外，本地区应积极推进海洋油气资源的勘探与评价，使陆域能源技术与海洋能源实现对接，发挥相互提升促进的效应。渤海属于中国内海，因此将渤海区域建设成为国家能源战略储备库，减少相关海域的油气生产，并逐渐将主要产能区设置在深海远海区域符合国家长远利益。而提升风能、潮汐能、洋流能等非化石和可再生能源开发技术是实现人类社会可持续发展的重要环节，在条件许可的基础上，应加快试点建设，加大科研资金投入力度，推进产业化发展。

（二）促进陆海产业互动协作，扩大海洋经济辐射范围

（1）随着海洋经济开发活动的深入，各项海洋产业的发展渐成规模，此时如果忽略海洋经济和陆域经济的联系，势必会对沿海区域的协调发展造成冲击。对于环渤海地区来说，总体上陆域经济在国民经济中占有绝对优势地位，有些长期依托陆域产业发展的城市，在海洋产业建设中未能充分利用陆域产业带来的优势基础，不仅造成了资源浪费，也相应地挤压了海洋经济的发展空间。因此，各地方应积极促

进陆海产业链整合，坚持推进陆海产业分工与协作；优化海陆产业结构，建设陆海产业特色体系；以海带陆，以陆促海，力争实现错位发展与互补发展。

（2）由于海洋经济的相关带动作用，沿海地区经济社会发展显现出强劲的动力，但经过本书的测算可以了解到，环渤海地区沿海区县的发展并未促进整个区域经济水平的提高，因而通过海洋产业布局调整，以及沿海综合开发区和临港工业区的建设，增近海港与腹地间相互依存、相互促进的关系，使沿海区域与内陆经济产生更加紧密的关联性，进一步扩大海洋经济的辐射力度和范围是当前推进区域均衡协调发展的关键。

（3）国家的财政金融政策是促进社会发展的重要手段。陆海统筹战略的落实，需要国家在财政方面发挥导向、协调及控制稳定的作用。因此，本地区应积极建立促进陆海经济统筹发展的财政机制，充分发挥政府调控职能，集中力量保障海洋经济的稳定发展与海陆经济的分工协作，以避免区域内资源浪费、恶性竞争及重复建设等问题。金融政策和相关金融服务行业的支持也是陆海经济协调发展的关键。这种由政府指引，服务业跟进，民间资本再入驻的金融模式已经使很多行业收益，因而可以在有潜力的陆海产业发展上给予相关支持，还能充分结合市场的资源配置地位，在陆海经济统筹互动方面起到衔接和纽带的作用，促进陆海经济和谐快速发展。

（三）增强科技创新能力，壮大科学研究队伍，推进数字海洋建设

（1）科技创新是海陆经济发展的首要推动力，鉴于海洋环境本身的特殊性和复杂性，海洋科技创新是海洋经济发展的必经之路，是陆海统筹建设的有效保障。陆域科学技术通过本身的成熟性和可操作性，可以成为海洋科技发展的坚实支撑，而海洋科学技术的发展又可以带动陆域科技进步。目前环渤海地区科技发展状况较好，特别在我国东部沿海经济转型调整的大背景下，科技研发工作受到广泛的重视。然而，海洋科技研发力量的分布却仅集中在少数经济实力突出的城市，如青岛、天津、大连等。因此，今后相关部门工作的重心应该是着力解决人力、财力、设施的不均衡配置问题，以陆域科技发展为基础，综合运用各类技术和人才，构建海洋科技创新体系，为提升我国海洋科技水平探索路径。

（2）当前我国陆海统筹相关理论和实证研究还处于探索阶段，再加上陆海统筹工作涉及的范围广、层次深，这一战略的落实需要复杂的科研支持及长时间的科研积累。当前环渤海地区涉海科研队伍水平较高，规模不断发展壮大，

但对于陆海统筹相关研究的重视程度还需加强。今后科研工作需要从区域整体发展角度出发，重点关注陆海资源配置、产业布局、海岸带保护等问题，力求丰富陆海统筹发展相关理论基础，制定实施陆海统筹的基本原则，以实际对策建议为着眼点，为陆海经济发展提供决策依据。

（3）在海洋科技开发和科学研究活动中，准确有效的观测和统计数据是保证各项活动顺利进行，并取得优秀成果的最基本条件，否则只凭人为的主观判断分析，缺乏相关的数据支撑，所得到的结果结论将失去科学性，也无法在实践中发挥积极的指导作用。但当前我国海洋统计数据，特别是市县级数据并未非常完整，缺少一个统一的海洋数字平台，这对于很多涉海科技研发和科学研究来说如芒在背。在这个信息技术发展日新月异的时代，互联网、移动通信、云计算及多种智能终端设备的普遍应用，已经为涉海数字化信息平台的建立创造了有利条件，像美国、俄罗斯、英国、法国、德国、日本、加拿大等主要海洋国家都在积极推进各自的"数字海洋"信息系统建设。这也要求我们应当积极转变传统观念，借鉴国外先进经验，努力规范自身的海洋信息统计标准，筹建专门的海洋信息共享平台。为此，各部门应共同协调，抓紧建设数字海洋建设试点，以统计标准制定、基础数据统计、信息发布平台构建三个部分为核心，利用 3S 技术［全球定位系统（GPS）、地理信息系统（GIS）和遥感系统（RS）］、数据库和计算机、互联网络等技术手段，实现相关海洋信息的采集、存储、检索、分析、交换和集成等过程，为海域使用管理、海洋环境保护、海洋资源管理及海洋执法监察等工作提供有效的数据参考，为海洋科技研发及科学调查研究活动提供数据支持。

（四）加强陆海统筹管理，建立区域协调机制，编制科学统一规划

（1）从陆海统筹管理的内容上看，包含了资源整合、环境保护、经济协调、科技支持、基础设施建设、灾害防治及海洋文化建设等多方面内容。针对目前环渤海地区海岸和近海生态环境恶化、海陆产业布局不合理、海洋经济辐射范围小、陆海一体化基础设施建设滞后、海洋灾害时有发生等问题，各级部门应加大力度对海洋环境进行综合整治，极力避免走先污染后治理的老路子。同时积极推进陆海产业结构和产业布局调整，使之适应我国经济发展转变的新形势和陆海统筹新格局。进一步加强陆海基础设施建设，力争实现港口、公路、铁路、机场等多层次立体化现代交通运输网络，并努力扩大基础设施辐射范围，让内陆地区更好地融入海洋经济建设的大潮之中。此外，严格制定和完善产业

安全监察制度，坚决避免人为错误造成的海洋灾害事故，并加强自然灾害预防预报工作，努力使群众和社会损失降到最小。从国外的管理经验来看，让公众广泛地参与到陆海统筹实践当中，强化海洋科教培训，增强群众的监督意识和海权意识，同样是实现陆海统筹的合理路径。从纵向管理内容上看，各级管理机构应默契配合、分工协作，国家负责区域规划、宏观政策等战略导向的制定，省级部门主要关注陆海土地利用格局、海区利用、主导产业布局规划、政策资源配置及海陆基础设施规划对接等统筹安排，市县级部门主要负责政策实行、实地勘察调研、环境保护，以及政策效果反馈与建议等内容。

（2）由于陆海系统涉及的内容极为复杂，设立一个区域性海陆产业及生态环境资源综合权威管理机构有比较大的难度，但为解决环渤海地区经济发展各自为政、陆海经济不协调、海洋产业同构、地方保护与恶性竞争等严重问题，建立一个由国家牵头、各地方相关部门参与的区域性议事协调机构是可行的。此机构将从区域整体利益出发，制定综合性的区域陆海统筹指导意见，加强各级政府和各类部门之间的交流互动，促进区域内分工合作，协调各单位利益关系，对整个区域陆海统筹战略的实施具有极强的现实意义。

（3）陆海相关规划的衔接是实施陆海统筹最为现实可行的操作手段，也是陆海统筹协调发展的基础。统筹规划的内容需要覆盖陆海统筹管理的所有领域，对相关陆海系统协调中出现的所有问题提出相应的解决方案。未来陆海相关规划可以由区域协调机构编写，从区域整体利益出发科学规划陆海统筹发展中的重要环节和各地方的工作职责。而在协调机制不够成熟的情况下，也可由各省级行政部门负责编写，然后在区域协调机制下进行指导和完善。此外，市县级相关部门需要根据区域规划或省级规划来制定自身的陆海统筹发展规划。在规划编制过程中，要广泛吸纳相关部门参与，既注重实际情况，又符合可持续原则，推动沿海地区产业、科技、资源与环境的和谐发展，推动环渤海地区陆海系统的共同进步。

第三节　县域经济空间溢出效应研究

自对外开放以来，我国沿海地区凭借巨大的区位优势，利用丰富的海洋资源，在国民经济和社会发展方面取得了令人瞩目的成绩。但随着沿海与内陆经济差距的扩大，有学者认为我国之前所设想的东部地区率先发展，而后带动内陆地区实现区域协调发展的结果并未实现。究竟沿海地区的发展是否带动了内陆地区的进步，通过什么样的方式可以使沿海与内陆的经济联系更为紧密，从而实现优势互补和良性互动，已成为我们迫切需要解决的问题，这也成为区域经济能否协调发展的关键。

经济的空间溢出效应是指一个地区的经济发展对与其邻近地区经济发展所产生的影响，这种溢出效应可能是正向的，也可能是负向的，它既可能通过投入产出链带动邻近地区相关产业的发展，扩大其市场规模，并促使一些丧失竞争优势的产业和企业向相邻区域转移，又可能凭借在产品市场和要素市场上日益增强的竞争力，从相邻区域吸引大量的资本、技术、人才等生产要素，从而使得邻近区域处于内生的空心化过程，进而抑制邻近区域的经济增长。因此，本节的重点在于验证环渤海地区沿海区域的经济发展是否对整个区域产生带动作用，以及探讨如何进行经济调整可以使整个区域发展更加快速均衡。

一、溢出效应测度方法

（一）探索性空间数据分析

探索性空间数据分析（exploratory spatial data analysis，ESDA）模型是一系列空间数据分析技术和方法的集合，是空间计量经济学和空间统计学的基础研究领域，用来描述数据的空间分布规律并用可视化的方法表达，识别空间数据的异常值，检测某些现象的空间集聚效应，探讨数据的空间结构，以及揭示现象之间的空间相互作用机制。空间自相关分析是 ESDA 技术的核心内容之一。全局 Moran's I 指数是常用的空间自相关指数，用来判断要素的属性分布是否有统计上显著的集聚或分散现象；局部 Moran's I 指数可以用来描述同类型或不同类型要素的空间聚集程度；结合 Moran 散点图和局部 Moran's I 指数做出的 LISA 集聚地图可以直观地显示不同要素的集聚类型和显著性水平。

全局 Moran's I 算法为

$$\text{Moran's } I=\frac{\sum_{i=1}^{n}\sum_{j\neq i}^{n}W_{ij}z_iz_j}{\sigma^2\sum_{i=1}^{n}\sum_{j\neq i}^{n}W_{ij}} \tag{4-12}$$

式中，n 是观察值的数目；x_i 是在位置 i 的观察值；z_i 是 x_i 的标准化变换，$z_i=\frac{x_i-\bar{x}}{\sigma}$，$\bar{x}=\frac{1}{n}\sum_{i=1}^{n}x_i$，$\sigma^2=\frac{1}{n}\sum_{i=1}^{n}(x_i-\bar{x})^2$。按照假定的空间数据分布可以计算 Moran's I 的期望值和期望方差。

对于随机分布假设：

$$E(I)=-\frac{1}{n-1} \tag{4-13}$$

$$Var(I)=\frac{n[(n^2-3n+3)\ s_1-ns_2+3s_0^2]-k[(n^2-n)\ s_1-2ns_2+6s_0^2]}{s_0^2(n-1)(n-2)(n-3)} \tag{4-14}$$

式中，$s_0=\sum_{i=1}^{n}\sum_{j=1}^{n}W_{ij}$，$s_1=\frac{1}{2}\sum_{i=1}^{n}\sum_{j=1}^{n}(W_{ij}+W_{ji})^2$，$s_2=\sum_{i=1}^{n}(\sum_{j=1}^{n}W_{ij}+\sum_{j=1}^{n}W_{ji})^2$，$k=[\sum_{i=1}^{n}(x_i-\bar{x})^4]/[\sum_{i=1}^{n}(x_i-\bar{x})^2]^2$。

原假设是没有空间自相关，根据下面标准化统计量，参考正态分布表可以进行假设检验：

$$Z=\frac{I-E(I)}{\sqrt{Var(I)}} \tag{4-15}$$

通过行标准化的权重矩阵计算的全局Moran's I指数值介于−1～1，[−1，0)、0和(0，1]分别为空间负相关、空间不相关和空间正相关。

而位置 i 的局部 Moran's I 指数算法为

$$I_i(d)=z_i\sum_{j\neq i}^{n}W'_{ij}z_j \tag{4-16}$$

该指数如果是正值则表示同样类型属性值的要素相邻近，如果是负值则表示不同类型属性值的要素相邻近，该指数值的绝对值越大邻近程度越大。用 Z 统计量可以检验局部 Moran's I 指数的显著性。

前文中 W_{ij} 为空间权重矩阵，本书采用距离函数关系来得到空间权重矩阵。这种空间权重矩阵通过两区域的空间距离长度来测量两地的相互影响强度，消除了传统空间邻接矩阵中把所有相邻地区的影响作用都假设相同，而不相邻地区的空间相关性被忽略不计的缺陷。空间权重矩阵中的元素有如下定义：

$$W_{ij}=\begin{cases}0\,(i=j)\\ \dfrac{1}{d_{ij}}(i\neq j)\end{cases}\tag{4-17}$$

式中，d_{ij} 是区域 i 和区域 j 地理中心点之间的距离。空间权重矩阵 W 在使用前需要将上面的空间权重矩阵进行标准化处理，使每一行的元素和为 1。

（二）空间杜宾模型

当两区域经济发展的空间相关性得到验证，我们就可以利用空间面板模型来测度经济发展的空间溢出效应。本书选用空间杜宾（Durbin）模型来测算环渤海县域经济的空间溢出效应，并将其与不包含自变量滞后项和既不包含自变量滞后项又不包含因变量滞后项的回归结果一同进行对比分析。空间杜宾模型，不包含自变量滞后项模型，以及既不包含自变量滞后项又不包含因变量滞后项模型分别为

$$Y_{it}=\rho W_{ij}Y_{jt}+X_{it}\beta+W_{ij}X_{jt}\theta+\varepsilon_{it},\varepsilon\sim N\left(0,\sigma^2 I\right)\tag{4-18}$$

$$Y_{it}=\rho W_{ij}Y_{jt}+X_{it}\beta+\varepsilon_{it},\varepsilon\sim N\left(0,\sigma^2 I\right)\tag{4-19}$$

$$Y_{it}=X_{it}\beta+\varepsilon_{it},\varepsilon\sim N\left(0,\sigma^2 I\right)\tag{4-20}$$

式中，W 为空间权重矩阵，Y 为人均 GDP，X 为人均 GDP 的影响因素，WY 为人均 GDP 空间滞后项，WX 为人均 GDP 的影响因素空间滞后项，ρ为因变量滞后系数，β为自变量系数，θ为自变量滞后系数，ε是与地区和时期均无关的随机扰动项。

空间权重矩阵的引入使得空间计量模型具有非线性结构，因此，回归系数不再反映自变量对因变量的影响。Lesage 和 Pace 以偏导矩阵的方式给出了空间计量模型的参数释义，提出了总效应、直接效应、间接效应等概念。总效应表示 X 对所有区域造成的平均影响，直接效应表示 X 对本区域 Y 造成的平均影响，间接效应表示 X 对其他区域 Y 造成的平均影响。将公式用以下形

式表示

$$\left(I_n-\rho W\right)Y=X\beta+WX\theta+\varepsilon \tag{4-21}$$

将式（4-21）等号两边同乘以$\left(I_n-\rho W\right)^{-1}$，并展开记为

$$Y=\sum_{r=1}^{k}S_r\left(W\right)x_r+V\left(W\right)\varepsilon \tag{4-22}$$

式中，$S_r(W)=V(W)(I_n\beta_r+W\theta_r)$，$V(W)=(I_n-\rho W)^{-1}$，展开式，得

$$\begin{pmatrix}Y_1\\Y_2\\\vdots\\Y_n\end{pmatrix}=\sum_{r=1}^{k}\begin{pmatrix}S_r\left(W\right)_{11} & S_r\left(W\right)_{12} & \cdots & S_r\left(W\right)_{1n}\\S_r\left(W\right)_{21} & S_r\left(W\right)_{22} & \cdots & S_r\left(W\right)_{2n}\\\vdots & \vdots & \cdots & \vdots\\S_r\left(W\right)_{n1} & S_r\left(W\right)_{n2} & \cdots & S_r\left(W\right)_{nn}\end{pmatrix}\begin{matrix}x_{1r}\\x_{2r}\\\vdots\\x_{nr}\end{matrix}+V(W)\varepsilon \tag{4-23}$$

通过式 4-23，对自变量X进行求偏导，可以得到自变量X对因变量Y造成的影响，因此得到总效应、直接效应和间接效应，分别为

$$\bar{M}(r)_{总效应}=n^{-1}l_n^{-1}S_r(W)l_n \tag{4-24}$$

$$\bar{M}(r)_{直接效应}=n^{-1}\mathrm{tr}S_r(W) \tag{4-25}$$

$$\bar{M}(r)_{间接效应}=\bar{M}(r)_{总效应}-\bar{M}(r)_{直接效应} \tag{4-26}$$

式中，$\bar{M}(r)_{总效应}$、$\bar{M}(r)_{直接效应}$、$\bar{M}(r)_{间接效应}$分别为总效应、直接效应和间接效应，$l_n=\left(1\cdots1\right)_{1\times n}^{\mathrm{T}}$。

二、空间自相关检验

使用各县域单元的人均 GDP 数据，根据上文所述空间自相关方法计算全局自相关 Moran's I 指数值。由表 4-17 可以看出，各年份全局 Moran's I 指数值均在 0.01 以上，其中 2001～2009 年在 0.01 水平上显著，2010 年在 0.05 水平上显著，2011 年和 2012 年在接近 0.1 水平上显著。这表明环渤海地区各县域单元经济水平在各年份都出现较强的正相关性，空间分布并未呈随机状态，经济发展情况好的区域和经济发展情况差的区域在空间上分别出现了集聚的现象。因此，本书认为环渤海县域经济可能存在空间相关效应，利用空间计量模型对整个区

域进行溢出效应测算与分析具有合理性。

表 4-17　环渤海县域经济全局自相关 Moran’s *I* 指数

年份	Moran’s *I*	*Z(I)*	年份	Moran’s *I*	*Z(I)*
2001	0.0347	3.7245	2007	0.0339	3.6478
2002	0.0351	3.7540	2008	0.0259	2.9546
2003	0.0333	3.6022	2009	0.0244	2.8253
2004	0.0322	3.5051	2010	0.0128	1.8077
2005	0.0300	3.3094	2011	0.0105	1.6039
2006	0.0306	3.3665	2012	0.0106	1.6117

全局 Moran’s *I* 指数为总体自相关统计量，并不能表明具体地区的空间集聚特征强度，为判断环渤海各区县经济水平是否存在局部集聚现象，则需用 Moran 散点图和局部 Moran’s *I* 指数。根据局部 Moran’s *I* 指数方法所得计算结果绘制 2001 年和 2012 年环渤海县域经济 LISA 集聚分布图（图 4-7）。

由图 4-7 可以看到，高高集聚区域主要分布在渤海湾西北部，辽东湾东北部和辽东半岛西侧，山东半岛北部和南部沿海，以及黄河三角洲一带；低低集聚区域主要分布在辽宁省与河北省交界一带及山东省和河北省交界一带；高低集聚区域和低高集聚区域一般分布在高高集聚区域和低低集聚区域之间。

三、变量选取与平稳性检验

（一）变量选取

1. 因变量 *Y*

本章使用人均 GDP（万元）这一指标来衡量环渤海各研究单元经济发展水平。由于环渤海各区县经济发展水平具有差异性，相应的消费物价水平变动同样因地而异，并且难以得到全部区县的相关物价变动数据，再加上本书并非以时间测度分析为目的，所以为避免使用统一的物价变动指数带来的误差，本章所用人均 GDP 数据将采用当年价格。为减弱数据的异方差影响，输入数据前，人均 GDP 数据取自然对数。

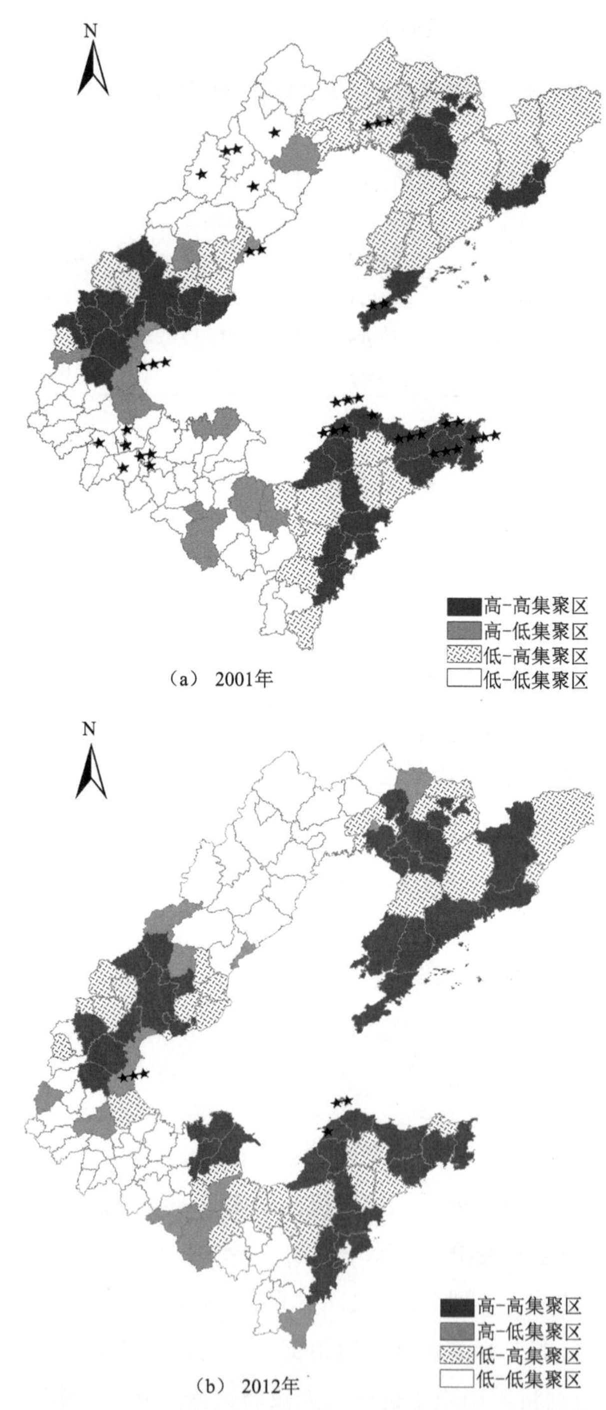

图 4-7 环渤海地区县域经济 LISA 集聚分布示意图

★★★0.01 水平上显著；★★0.05 水平上显著；★0.1 水平上显著

2. 地理区位影响因素

为测算环渤海区域经济溢出效应是否与各区域距离海岸的距离具有关联性，以验证沿海地区的发展是否对其他地区具有带动效应，本章引入离岸距离（DFC）这一指标，该指标由空间距离和时间影响两部分组成。对于空间距离 D，沿海单元到岸的空间距离为 0，内陆单元到岸的空间距离为该单元距最近沿海单元的距离，通过两地几何中心点的经纬度坐标来计算。而随着各地交通通达性和便利性的不断提高，单纯使用地理空间距离已经不能切实表达各地经济活动的地理影响，因此本章在地理空间距离的基础之上加入交通发达程度的时间性影响。这种时间性影响因素 T 通过各单元公路网密度来表示，沿海单元到岸时间影响因素为 0，内陆单元到岸时间影响因素为该单元几何中心和最近沿海单元几何中心连线所经过的所有单元公路密度的加权平均。离岸距离指标的具体计算公式如下

$$d_a = D_{ab} / T_{ab},\ d_b = 0 \tag{4-27}$$

式中，D_{ab} 为非沿海单元 a 到与之最近沿海单元 b 的直线距离，T_{ab} 为非沿海单元 a 与最近沿海单元 b 之间连线所经过的所有单元公路密度的平均值。

3. 经济活动影响因素

影响经济活动的因素较多，根据数据的可获得性选择 7 个具有代表性的经济影响指标，即出口总额（EXP）(亿美元)、外商直接投资（FDI）(万美元)、年末单位从业人员数（NUE）（万人）、第一产业增加值占 GDP 比重（SPI）（%）、第三产业增加值占 GDP 比重（STI）（%）、固定资产投资率（RFAI）（1）、社会消费品零售总额（RSSC）（亿元）进行计算，涉及外贸、就业、产业、消费和投资领域。

（二）变量的平稳性检验

由于面板数据由时间序列数据和横截面数据混合而成，它同样存在用非平稳时间序列建立回归模型极有可能产生的“伪回归”问题，因此在进行分析之前，需要采用单位根检验方法对变量的平稳性进行检验。EViews6.0 软件给出的单位根检验方法主要包括 LLC 检验、Breitung 检验、IPS 检验、ADF-Fisher 检验和 PP-Fisher 检验等。由于各方法均有一定局限性，为保证结论可靠，采用全部以上五种方法进行检验，结果见表 4-18。

表 4-18 环渤海县域经济溢出效应影响变量的面板单位根检验

变量	LLC 检验		Breitung 检验		IPS 检验		ADF-Fisher 检验		PP-Fisher 检验	
	统计量	*P*	统计量	*P*	统计量	*P*	统计量	*P*	统计量	*P*
DFC	−16.858 0	0.000	6.661 09	1.000	1.350 04	0.912	3.045 83	0.999	3.348 41	1.000
EXP	−19.843 5	0.000	5.227 56	1.000	−4.174 78	0.000	−3.458 42	0.000	0.491 71	0.689
FDI	−10.624 9	0.000	7.606 38	1.000	−0.499 36	0.309	0.175 64	0.570	0.693 26	0.756
NUE	−11.597 7	0.000	10.65 00	1.000	2.648 12	0.996	3.455 55	1.000	4.745 23	1.000
SPI	−17.355 2	0.000	8.325 38	1.000	−4.517 36	0.000	−2.241 22	0.013	−0.549 40	0.292
STI	−11.896 6	0.000	2.767 60	0.997	−0.959 30	0.169	−0.226 78	0.410	1.868 56	0.969
RFAI	−18.510 9	0.000	0.647 53	0.741	−6.364 06	0.000	−6.116 78	0.000	−1.053 18	0.146
RSSC	5.635 43	1.000	27.149 7	1.000	20.943 6	1.000	22.508 3	1.000	27.175 1	1.000
一阶差分										
变量	LLC 检验		Breitung 检验		IPS 检验		ADF-Fisher 检验		PP-Fisher 检验	
	统计量	*P*	统计量	*P*	统计量	*P*	统计量	*P*	统计量	*P*
DFC	−24.143 7	0.000	−5.533 11	0.000	−7.938 44	0.000	−8.841 98	0.000	−11.845 1	0.000
EXP	−32.185 9	0.000	−10.426 5	0.000	−13.062 0	0.000	−15.330 7	0.000	−20.462 8	0.000
FDI	−29.124 5	0.000	−1.965 58	0.025	−11.849 0	0.000	−12.838 6	0.000	−17.752 0	0.000
NUE	−25.261 9	0.000	−0.802 47	0.211	−9.241 63	0.000	−11.612 2	0.000	−17.064 9	0.000
SPI	−43.588 5	0.000	−11.670 0	0.000	−14.292 3	0.000	−15.416 0	0.000	−18.528 3	0.000
STI	−39.951 3	0.000	−14.734 3	0.000	−12.764 7	0.000	−14.308 1	0.000	−20.379 3	0.000
RFAI	−22.944 3	0.000	−10.407 5	0.000	−8.371 59	0.000	−11.136 7	0.000	−14.874 7	0.000
RSSC	−29.392 7	0.000	−3.459 82	0.000	−11.258 1	0.000	−14.064 7	0.000	−21.575 9	0.000

由表 4-18 可知，大部分针对各变量水平值的检验结果不能完全拒绝“存在单位根”的原假设，所以变量非平稳。而当对各变量取一阶差分值进行检验后，除 Breitung 检测法中的 FDI 和 NUE 变量不能通过以外，其他所有结果均显著拒绝“存在单位根”的原假设。因此，环渤海县域经济溢出效应的所有影响变量均为一阶单整序列，可以对该面板数据进行回归计量分析。

四、空间杜宾模型回归结果

前文已对 2001～2012 年环渤海县域经济水平进行了空间自相关检验，结果显示整个区域存在正的空间相关性，局部相似水平区县也表现出空间集聚现象，特别是高高集聚区域在沿海地带的广泛分布。那么，沿海地区的发展是否带动了整个区域的进步？即沿海到内陆是否存在空间溢出效应？此外，何种因素可以对经济的溢出效应产生影响，这种影响是正向的还是负向的？以下通过空间溢出效应测算来具体说明这些问题。

表 4-19 给出了包括空间杜宾模型在内的三种计量模型的回归结果。由各模

型 R^2 值结果可以看出，包含因变量滞后项和自变量滞后项的空间杜宾模型拟合度要高于不包含自变量滞后项模型和既不包含自变量滞后项又不包含因变量滞后项模型，所以使用空间杜宾模型能够更准确地描述各变量的变动规律，使结论更具可靠性。而不包含自变量滞后项模型和空间杜宾模型的因变量滞后系数 ρ 均为正，并且都比较显著，说明空间外部性效应对经济发展具有重要的影响，在进行经济研究过程中理应将空间因素考虑在内。同时空间杜宾模型 ρ 值 0.2420 明显小于不包含自变量滞后项模型的 ρ 值 0.8230，说明如果忽视自变量空间滞后的影响，会导致因变量空间滞后影响的过高估计。

而表 4-19 中各项回归系数显著性较高，且 R^2 值和 LR 值较好，证明了回归结果比较理想。对于既不包含自变量滞后项又不包含因变量滞后项的回归模型，回归结果由于没有空间因素的影响，所以回归系数可以直接反映自变量和因变量之间的关系。但空间杜宾模型和不包含自变量空间滞后项模型均包含空间滞后因素，所以各项回归系数并不能完全反映自变量对因变量的影响，需要通过总效应、直接效应和间接效应来反映，如表 4-20 所示。

表 4-19 模型回归结果

变量	空间杜宾模型		不包含自变量滞后项模型		既不包含自变量滞后项又不包含因变量滞后项模型	
	回归系数 β	t 统计量	回归系数 β	t 统计量	回归系数 β	t 统计量
DFC	−0.002 7***	−14.991 4	−0.003 4***	−21.006 7	−0.003 9***	−17.781 7
EXP	0.003 1***	5.070 2	0.002 8***	4.434 2	0.002 1**	2.434 8
FDI	1.0×10^{-6}***	2.857 4	1.0×10^{-6}***	3.931 0	9.47×10^{-7}**	2.550 7
NUE	0.006 2***	5.278 8	0.005 8***	4.815 6	−0.005 2***	−3.260 0
SPI	−0.022 8***	−22.737 7	−0.022 9***	−22.179 7	−0.028 1***	−20.423 3
STI	−0.014 7***	−11.121 4	−0.014 2***	−10.201 7	−0.016 5***	−8.856 8
RFAI	−0.466 6***	−10.555 9	−0.385 0***	−8.870 1	0.349 0***	6.388 0
RSSC	−0.000 3**	−2.223 1	−0.000 2	−1.551 9	0.001 1***	7.200 4
WDFC	0.006 5**	2.172 0				
WEXP	−0.022 2	−1.652 7				
WFDI	-1.8×10^{-5}***	−3.497 2				
WNUE	−0.345 4***	−6.612 6				
WSPI	−0.014 4	−0.496 9				
WSTI	−0.124 2***	−5.056 4				
WRFAI	0.053 4	0.100 4				
WRSSC	0.021 9**	7.949 2				
ρ	0.242 0**	2.529 8	0.823 0***	38.341 4		
R^2	0.761 2		0.732 7		0.520 5	
LR	−784.865 06		−883.167 76		−1 323.882	

***表示在 0.01 水平上显著，**表示在 0.05 水平上显著

表 4-20 解释变量的总效应、直接效应和间接效应

空间杜宾模型			不包含自变量滞后项模型		
总效应	系数	t 统计量	总效应	系数	t 统计量
DFC	0.0051	1.2541	DFC	−0.0198***	−7.2923
EXP	−0.0254	−1.3245	EXP	0.0160***	3.9728
FDI	-2.3×10^{-5}***	−2.9800	FDI	6.0×10^{-6}***	3.5157
NUE	−0.4496***	−6.5570	NUE	0.0335***	3.6719
SPI	−0.0505	−1.2232	SPI	−0.1311***	−7.6035
STI	−0.1837***	−4.9000	STI	−0.0817***	−6.3779
RFAI	−0.5459	−0.7439	RFAI	−2.2273***	−4.9109
RSSC	0.0286***	6.7436	RSSC	−0.0011	−1.4077
直接效应	系数	t 统计量	直接效应	系数	t 统计量
DFC	−0.0027***	−14.7913	DFC	−0.0036***	−21.0347
EXP	0.0030***	4.8201	EXP	0.0029***	4.5177
FDI	1.0×10^{-6}***	2.6459	FDI	1.0×10^{-6}***	4.0981
NUE	0.0052***	4.2660	NUE	0.0060***	4.8390
SPI	−0.0229***	−23.5282	SPI	−0.0236***	−22.0086
STI	−0.0151***	−11.3553	STI	−0.0147***	−10.5473
RFAI	−0.4680***	−10.8262	RFAI	−0.3981***	−8.7601
RSSC	−0.0002	−1.6530	RSSC	−0.0002	−1.4957
间接效应	系数	t 统计量	间接效应	系数	t 统计量
DFC	0.0079*	1.9693	DFC	−0.0162***	−6.1408
EXP	−0.0284	−1.4871	EXP	0.0131***	3.7600
FDI	-2.3×10^{-5}***	−3.1033	FDI	5.0×10^{-6}***	3.3217
NUE	−0.4548***	−6.6626	NUE	0.0275***	3.4182
SPI	−0.0276	−0.6744	SPI	−0.1075***	−6.3573
STI	−0.1686***	−4.5214	STI	−0.0671***	−5.5762
RFAI	−0.0779	−0.1072	RFAI	−1.8292***	−4.3844
RSSC	0.0289***	6.8358	RSSC	−0.0009	−1.3823

***表示在 0.01 水平上显著，**表示在 0.05 水平上显著，*表示在 0.1 水平上显著

通过模型中离岸距离对因变量显著负影响的结果可以初步判断，距离海岸越近的区域经济发展水平越高，这在一定程度上证明了各种海洋资源所带来的区位优势对本地经济发展具有带动作用。但沿海地区的发展是否带动了其他地区的进步呢？从表 4-20 空间杜宾模型计量结果可以看出，离岸距离对因变量的直接效应为负向显著，但间接效应为正向显著，这表示距离海岸越近越有利于本地经济发展，却不利于其他地区经济水平的提升，说明沿海地区确实凭借本身在产品市场和要素市场上的竞争力，从其他区域吸引大量的资本、技术、人

才等生产要素，从而使得这些区域处于内生的空心化过程，进而抑制了这些区域的经济增长，这也证明了沿海地区率先发展，而后带动整个地区进步的理想结果并未实现，或者说还并未到达那样的发展阶段。

出口总额对本地经济的直接影响是正向显著的，而间接影响和总影响是不显著的。这说明出口总额的增长可以显著地促进本地经济发展，这种影响已经在早前的研究中得到验证。此外，出口增长并没有产生溢出效应的原因可能在于，劳动密集型低附加值产品占据了我国出口产品的主要部分。

尽管外商直接投资额对经济增长的总效应、直接效应和间接效应均为显著，但影响系数的绝对值都比较小，特别是总效应和间接效应全部为负。这说明一方面，外商直接投资额对本地经济发展的促进作用已经在逐渐收缩；另一方面，如早前研究已经发现的那样，外商直接投资额对经济增长的影响已经使区域间经济差距拉大，这主要是因为形成了区域循环和累积效应。

已有文献验证过人力资本对经济效率的显著影响，对于年末单位从业人数这一自变量来说，在不包含自变量滞后项的模型计算结果中，直接效应、间接效应和总效应均为正向显著影响。但加入自变量滞后项后，空间杜宾模型的计算结果显示，直接效应为正向显著影响，间接效应和总效应则为负向显著影响，其中，负向间接效应明显强于正向直接效应。这说明本地年末单位从业人数的增加对本地经济的发展起到了促进作用，但是对周边地区的经济发展却极为不利，致使其对整个区域经济的影响为负向。本书认为此种结果的原因在于经济水平高的区域对人力资源具有较高的吸引力，使周边区域的高素质人才向本地集中，从而让本地经济更加具有活力，但对于周边人才流失的区域来说则不利于其经济的发展。

第一产业包括农业、林业、畜牧业、渔业及相关服务业。改革开放以来，随着经济逐渐发展，第一产业在国民经济中的比重越来越小，总体上第一产业比重理应和经济水平呈负相关，这一点通过模型第一产业增加值占 GDP 比重对因变量的负向影响系数可以看出。但当我们用空间杜宾模型将自变量滞后项引入后，第一产业增加值占 GDP 比重对本地经济的影响仍然为负向显著，这说明本地第一产业比重的提高对本地经济发展不利，也没能带动周边地区发展。原因可能在于第一产业比重提高容易挤压本地第二、第三产业的发展空间，从而使地区经济发展受限。

由表 4-19 可知，使用模型对第三产业增加值占 GDP 比重这一变量进行回归分析的结果为负向显著，且由表 4-20 可知，使用模型对第三产业增加值占GDP 比重的各种效应测算结果同样为负向显著。这说明就本书研究区域来讲，第三产业占 GDP 比重越高对经济的发展越不利。这个结果显然与传统的产业结构演化规律相悖，但通过对早前研究统计资料的查阅可以发现，随着经济的发展第三产业占 GDP 比重逐渐下降的情况在我国天津、山西、珠江三角洲和江浙地区均有出现。已有学者认为某一时期(如五年或更长时间)第三产业比重回落也是有可能的，这种现象与我国长期以来“重投资出口而轻消费”的需求结构有直接关联。而本书认为环渤海地区以工业为主导的经济结构也是导致出现该现象的原因之一。

固定资产投资对经济发展的促进作用已经得到学者们的广泛检验。但本书计量中使用的固定资产投资率为固定资产投资与当年 GDP 之比。通过空间杜宾模型计量结果可以看到，在加入自变量滞后因素的情况下，固定资产投资率对因变量影响的总效应和间接效应为不显著，而直接效应为负向显著。这说明2001～2012 年（本书的一个研究时间段）固定资产投资率的提升并不利于本地经济的发展。产生这种现象是因为，一直以来我国经济提升主要依靠投资来驱动，固定资产投资率长期偏高，过高的投资率与较低的消费率形成失衡状态，对本地的经济发展不利。

一般说来，社会消费品零售总额所代表的社会消费总需求因素对经济的发展理应是促进作用，但从本书的计量结果来看，空间杜宾模型计算的总效应和间接效应为正向显著，直接效应却不再显著。数据表明自变量社会消费品零售总额对因变量的实际影响是非常弱的，这与张颖对消费品零售总额与 GDP 均衡关系的研究结果相似，并没有得出社会消费品零售总额对经济增长有促进作用。而正向的间接效应在早前研究中已被解释为一种来自区域间示范效应的影响。

五、小结

本书基于环渤海地区以县级区域为基础的 129 个研究单元的面板数据，利用 ESDA 方法验证了环渤海地区 2001～2012 年县域经济发展存在显著的空间全局正相关性，说明该地区县域经济的水平空间分布并未呈随机状态，而是表现出相似值之间的空间集聚。而局部相关性表现同样显著，即经济发展情况好的区域和经济发展情况差的区域在空间上分别出现了集聚的现象，且两种区域间存在过渡带。

运用空间杜宾模型进行回归测算，结果表明：在样本区间内，存在经济溢出效应。离岸距离对本地经济发展为负向影响，而对其他地区经济发展为正向影响，说明距离海岸越近，经济情况越好，而对其他地区却产生不利影响。这从一个侧面反映了影响环渤海地区陆海统筹水平的一个关键环节，就是沿海区县的经济发展并未带动整个区域经济的进步，反而凭借其在产品市场和要素市场上日益增强的竞争力，从其他区域吸引大量的资本、技术、人才等生产要素，从而使得这些区域处于内生的空心化过程，进而抑制这些区域的经济增长。这样的发展方式不符合陆海统筹理念，也为今后检验陆海统筹战略的实施情况提供了一个新的方向。在经济活动溢出效应方面，出口总额对本地经济为正向影响，对其他地区无显著影响；外商直接投资额对本地经济为正向影响，对其他地区经济为负向影响，但影响系数较小；年末单位从业人数对本地经济为正向影响，对周边区域为负向影响；第一产业占 GDP 比重对本地经济为负向影响，但对周边区域无显著影响；第三产业占 GDP 比重对经济发展出现了阶段性负向影响；固定资产投资率对整体经济水平无显著影响，但对本地为负向影响；社会消费品零售总额对本地经济无显著影响，对其他区域的经济为正向影响。

第五章

海洋功能评价与海洋产业布局研究

海洋作为我国的蓝色国土，应该作为一个有机组成部分参与到国土主体功能区规划中，而按照海洋自然生态基础（海域承载力）确立海洋空间的功能方向是科学开发海洋的重要前提。因此，在传统海洋功能评价体系基础上，结合海域承载力进行海洋功能（资源功能、生态功能、环境功能）评价，重新审视海洋功能与海洋产业的匹配度，进行海洋经济功能整合，并根据海洋经济功能整合结果来确定海洋产业方向与经济目标，科学布局海洋产业，有助于谋求人海系统各构成要素在结构和功能联系上保持相对平衡。

第一节　海洋功能评价研究

海洋功能评价是海洋资源可持续开发利用与海洋生态环境保护的重要前提。环渤海地区在海洋经济快速发展的同时，也产生了海洋资源开发利用不足，近岸海域环境污染、生态恶化等问题，并严重威胁到沿海地区的可持续发展。而上述问题的出现主要由海洋利用方式与海洋功能发生错位发展导致，再加上早前我国海洋功能区划侧重于海洋资源开发与海洋经济发展，对海洋生态环境关注不足，海洋功能区划定位不清，地理分异不明显，难以发挥海洋功能的比较优势与特色，并且不利于海岸带综合管理。因此，以海洋功能评价为着眼点，系统探讨当前海洋经济问题的主要解决方式，将为该地区海洋经济可持续发展提供科学保障。

一、AHP-NRCA 模型

（一）标准显示性比较优势指数

大卫·李嘉图于 1817 年在《政治经济学及赋税原理》中提出了比较优势理论。他认为，如果一国特定产品与本国其他产品的劳动生产率差异，相对于与他国各产品的劳动生产率差异具有相对优势，那么该国根据劳动生产率生产相对有利的产品，可以在贸易中获得比较利益。目前，常用的测度综合比较优势度的方法有Balassa(1965)提出的显示性比较优势(RCA)指数，以及由此衍生出的附加的显示性比较优势(ARCA)指数、标准显示性比较优势(NRCA)指数。其公

式如下

$$\mathrm{RCA}=\left(X_j^i / X^i\right) /\left(X_j / X\right) \tag{5-1}$$

$$\mathrm{ARCA}=\left(X_j^i / X^i\right)-\left(X_j / X\right) \tag{5-2}$$

$$\mathrm{NRCA}=X_j^i / X-X_j X^i / X X \tag{5-3}$$

式（5-1）、式（5-2）、式（5-3）中各指标的经济含义：X_j^i为国家 i 产品 j 的出口额；X_i 为国家 i 的出口总额；X_j 为世界 j 产品出口总额；X 为世界出口总额。

在式（5-1）中，RCA>1，表示该国 j 产品有比较优势，若 RCA<1，则表示 j 产品不具有比较优势；式（5-2）、式（5-3）中，若 ARCA（NRCA）>0，则表示该国 j 产品有比较优势，若 ARCA（NRCA）<0，则表示该国 j 产品不具有比较优势。

上述三种方法中NRCA计算方法可以弥补传统比较优势计算方法在时空比较方面和结果不对称方面的缺陷。其主要优点是：①比较范围广，可以在不同的时间和空间范围内作优势比较，可以在不同的国家和商品之间作优势比较；②计算结果对称，数值分布在−1/4～1/4，以 0 为中心点；③某个国家或某种商品的比较优势总和为 0，这是符合比较优势的基本原理的，即在某些方面获得比较优势，必定在其他方面失去比较优势。鉴于此，本书选取 NRCA 模型对环渤海地区 17 个城市海洋功能比较优势进行分析。

（二）层次分析法

层次分析法计算方法及过程参见第三章第一节。

二、海洋功能评价指标体系构建

（一）指标选取原则

1. 代表性原则

应尽可能选择能表达综合性和专业性的指标，能比较简洁、准确地表述海洋功能评价的内容，同时要求所选指标能更客观地反映海洋功能评价的各个方面。

2. 客观性原则

要尽量不受人为因素的影响，客观地分析所选指标的含义，依据研究目标做出取舍。这样，海洋功能评价的指标体系就能更有说服力。

3. 可比性原则

可比性原则，即所选指标在海洋功能方面要有可比性，指标计算口径一致，否则难以判断各地区海域的优劣，难以进行海域的产业布局分析。

4. 有效与实用原则

要切合实际情况，在指标选择上要少而精，而在评价结果上要达到能够最大限度地说明问题的效果。指标的设置应尽量实现与现有统计资料、调查资料的兼容；同时注意指标的含义清晰度，尽量避免产生误解和歧义；另外还应考虑指标的数量得当，指标间不出现重复交叉，消除冗余，以此来提高评估的可操作性。

5. 系统性原则

根据系统论的观点，功能是结构的外在表现，结构决定功能，功能反作用于结构，有什么样的结构就对应什么样的功能，功能制约着结构的组成和变化。因此，要进行海洋功能评价，指标体系应从海洋结构层方面去考虑，以便提高系统性评估水平。

（二）指标体系构建

根据上述原则，分别从海洋资源结构、海洋生态环境结构、海洋经济结构与社会结构入手，选取 40 个指标构建了本书的海洋功能评价指标体系(表 5-1)。

表 5-1 海洋功能评价指标体系及权重

功能层	结构层	代码	指标层	权重
海洋功能评价	海洋资源结构（Z_1）	*X*1	沿海城市港口泊位数（效益型）/个	0.1455
		*X*2	星级饭店数量（效益型）/个	0.0634
		*X*3	规模以上码头的长度（效益型）/米	0.1224
		*X*4	沿海城市海岛的面积（效益型）/平方米	0.1531
		*X*5	海岸线长度（效益型）/千米	0.2709
		*X*6	沿海城市海岛的数量（效益型）/个	0.0897
		*X*7	沿海城市捕捞量（效益型）/万吨	0.0728
		*X*8	沿海城市养殖量（效益型）/万吨	0.0823

续表

功能层	结构层	代码	指标层	权重
海洋功能评价	海洋生态环境结构（Z_2）	$X9$	沿海城市湿地面积（效益型）/平方千米	0.1293
		$X10$	“三废”综合利用值（效益型）/万元	0.1330
		$X11$	沿海城市人均绿地面积（效益型）/（米²/人）	0.1192
		$X12$	当年开工污染治理项目数（效益型）/个	0.0534
		$X13$	当年竣工污染治理项目数（效益型）/个	0.0478
		$X14$	沿海地区工业废水排放达标率（效益型）/%	0.1112
		$X15$	沿海地区工业固体废弃物综合利用量（效益型）/吨	0.0657
		$X16$	沿海城市滨海湿地温室气体调节功能价值（效益型）/元	0.2041
		$X17$	沿海地区工业废水万元产值排放量（成本型）/（吨/万元）	0.0657
		$X18$	沿海地区固体废弃物万元产值排放量（成本型）/（吨/万元）	0.0657
	海洋经济结构（Z_3）	$X19$	海洋经济总值（效益型）/万元	0.1377
		$X20$	海洋经济总值增长率（效益型）/%	0.1494
		$X21$	人均海洋经济总值（效益型）/（元/人）	0.1377
		$X22$	海洋经济占 GDP 比重（效益型）/%	0.1434
		$X23$	固定资产投资额占全国的份额（效益型）/%	0.0504
		$X24$	单位面积固定资产投资额（效益型）/（元/米²）	0.0610
		$X25$	养殖产量与捕捞产量比值（效益型）/%	0.0518
		$X26$	水产总值（效益型）/亿元	0.0470
		$X27$	旅游外汇收入（效益型）/万美元	0.0782
		$X28$	海岸线经济密度（效益型）/（亿元/千米）	0.1434
	社会结构（Z_4）	$X29$	人口密度（效益型）/（人/千米²）	0.0335
		$X30$	文化设施指数（效益型）/（件/每百人）	0.0620
		$X31$	高等教育指数（效益型）/万人	0.0327
		$X32$	第三产业占 GDP 比重（效益型）/%	0.0620
		$X33$	社会消费品零售总额（效益型）/万元	0.0327
		$X34$	沿海城市的科技支出（效益型）/万元	0.0585
		$X35$	沿海城市的教育支出（效益型）/万元	0.0585
		$X36$	沿海城市的城市化率（效益型）/%	0.1736
		$X37$	沿海地区人均 GDP 增长率（效益型）/%	0.0961
		$X38$	沿海城市就业人口占总人口比重（效益型）/%	0.0994
		$X39$	城市恩格尔系数（成本型）/%	0.1830
		$X40$	城镇人均收入与农村人均收入比值（成本型）/%	0.0961

三、海洋功能评价

（一）环渤海地区结构层评价

首先利用层次分析法模型，求出各指标的权重，然后根据指标特征（成本型或效益型）把指标标准化，以消除量纲的影响，最后根据公式计算出海洋资源结构、海洋经济结构、海洋生态环境结构和社会结构的评价值（表 5-2）。

表 5-2　环渤海 17 个城市的四个结构的综合评价值

城市	海洋资源结构（Z_1）	海洋生态环境结构（Z_2）	海洋经济结构（Z_3）	社会结构（Z_4）
天津	0.2642	0.3868	0.6649	0.7760
唐山	0.1514	0.4938	0.2141	0.3651
秦皇岛	0.1910	0.2266	0.3193	0.3855
沧州	0.0594	0.1841	0.1595	0.3008
大连	0.9418	0.3771	0.5224	0.6893
丹东	0.0732	0.1301	0.3461	0.4165
锦州	0.0448	0.1654	0.2352	0.3887
营口	0.3251	0.1771	0.2548	0.4189
盘锦	0.0109	0.1379	0.2589	0.6032
葫芦岛	0.0572	0.2014	0.2406	0.3107
青岛	0.4437	0.3319	0.4393	0.6476
东营	0.0686	0.6062	0.1950	0.3446
烟台	0.4707	0.3418	0.4092	0.4477
潍坊	0.0493	0.3195	0.1821	0.3216
威海	0.3924	0.3791	0.6503	0.2798
日照	0.1903	0.2099	0.3876	0.2941
滨州	0.1042	0.4075	0.2583	0.2680

（二）环渤海地区海洋功能评价

根据系统动力学理论，海洋功能区可以看作一个由资源环境系统和社会经济系统两个子系统组成的动态系统，这个系统以海洋资源、生态环境为物质基础，通过社会经济的发展推动系统的演化，因此可以把海洋功能系统分为三种功能，即海洋经济功能、海洋资源功能和海洋生态环境功能，四种结构作用于三种功能。按结构、功能和系统间的相互关系将结构层次化，组成一个层次结构模型。利用层次分析法模型，构造判断矩阵 A_1、A_2、A_3，进而得出四种结构对于三种功能的权重 W_1、W_2、W_3。

$$A_1=\begin{pmatrix}1 & 6 & 4 & 2\\ & 1 & 1/2 & 3\\ & & 1 & 1/2\\ & & & 1\end{pmatrix}\qquad W_1=(0.08\quad 0.52\quad 0.14\quad 0.26)$$

$$A_2=\begin{pmatrix}1 & 2 & 1/2 & 4\\ & 1 & 1/5 & 2\\ & & 1 & 7\\ & & & 1\end{pmatrix} \qquad W_2=(0.14 \quad 0.27 \quad 0.52 \quad 0.07) \qquad (5\text{-}4)$$

$$A_3=\begin{pmatrix}1 & 2 & 2 & 1/3\\ & 1 & 1 & 1/5\\ & & 1 & 1/5\\ & & & 1\end{pmatrix} \qquad W_3=(0.11 \quad 0.11 \quad 0.21 \quad 0.57)$$

利用式（5-4），根据表 5-2 中的数据和权重值 W_1、W_2、W_3，可以计算出环渤海地区 17 个城市的海洋功能评价值（表 5-3）。从表 5-3 中可以看出，沿海城市由于海洋自然属性、海洋资源、海洋经济发展状况及生态环境保护状况不同，其功能也各不相同。

表 5-3 环渤海地区海洋功能评价值

城市	海洋资源功能	海洋生态环境功能	海洋经济功能
天津	0.4933	0.5742	0.6520
唐山	0.2664	0.3839	0.2372
秦皇岛	0.2338	0.2595	0.2870
沧州	0.1252	0.1781	0.1532
大连	0.7160	0.5034	0.6484
丹东	0.1538	0.2004	0.2666
锦州	0.1304	0.1913	0.1996
营口	0.2844	0.2360	0.2906
盘锦	0.1263	0.2002	0.2299
葫芦岛	0.1407	0.2058	0.1977
青岛	0.4304	0.4012	0.4612
东营	0.2482	0.4329	0.2098
烟台	0.4267	0.3816	0.4263
潍坊	0.1600	0.2615	0.1747
威海	0.4159	0.4264	0.5113
日照	0.2313	0.2541	0.3091
滨州	0.2177	0.3279	0.2283

（三）海洋功能比较优势评价

随着环渤海地区区域海洋经济一体化进程的加快，为了实现海洋开发收益的最大化，理想情况是 17 个城市按照各自海洋功能的比较优势来进行产业布局，从而使沿海城市之间海洋经济彼此相互开放，形成相互联系、相互依赖的有机体，因此需要对环渤海地区进行比较优势分析。根据表 5-3 中的海洋功能评价值，利用 NRCA 模型，计算出环渤海地区 17 个城市的海洋功能比较优势评价值（表 5-4）。

表 5-4 环渤海地区海洋功能比较优势评价值

城市	资源功能比较优势指数	生态环境功能比较优势指数	经济功能比较优势指数
天津	−25.92	−10.37	36.29
唐山	17.14	43.15	−60.27
秦皇岛	4.17	−9.28	5.11
沧州	−9.17	13.29	−4.12
大连	70.72	−91.92	21.20
丹东	−23.16	−9.07	32.22
锦州	−18.63	7.33	11.30
营口	23.95	−28.60	4.65
盘锦	−28.25	5.24	23.01
葫芦岛	−16.48	11.61	4.87
青岛	23.28	−29.36	6.08
东营	−15.38	81.33	−65.95
烟台	32.41	−29.04	−3.37
潍坊	−14.25	36.12	−21.86
威海	1.81	−26.62	24.81
日照	−7.26	−13.15	20.40
滨州	−12.00	39.39	−27.38

注：由于计算结果分布在−1/4～1/4，数值很小，所以将结果扩大 10 000 倍，以便于分析

根据式（5-3），若 NRCA>0，则表示该地区具有比较优势；若 NRCA<0，则表示该地区不具有比较优势。在区域经济学中，通常将区域优势的类型分为五种：①自然资源禀赋优势；②人文资源优势；③生产要素优势；④经济结构优势；⑤政策体制优势。因此，根据海洋在资源功能、生态环境功能、经济功能上的比较优势指数，若只有一种功能的比较优势指数大于 0，或者有两种功能的比较优势指数大于 0，但其中一种功能的比较优势指数只是微大于 0，则称为单类型比

较优势；若其中两种功能的比较优势指数明显大于 0，则称为双类型比较优势。本书将环渤海 17 个城市根据表 5-4 中的数据结果划分为六种类型（图 5-1）。

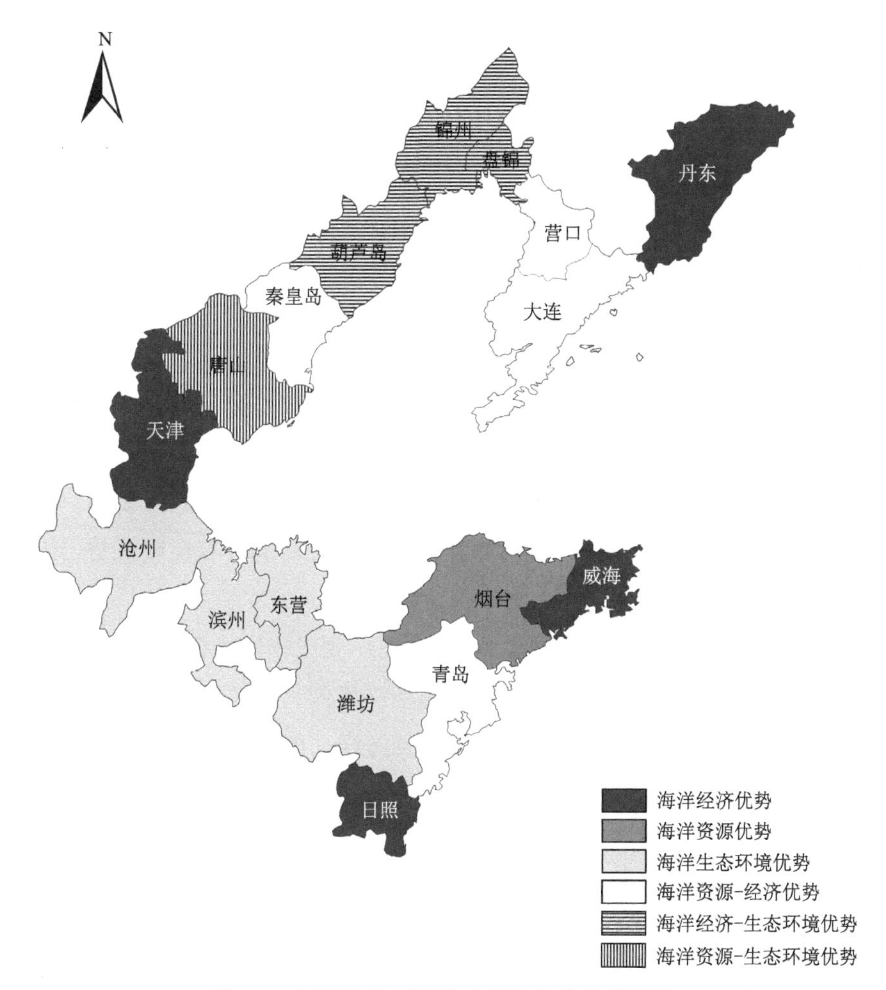

图 5-1　环渤海地区海洋功能比较优势示意图

四、环渤海各省市海洋功能分析

（一）辽宁省沿海城市海洋功能分析

丹东市属于海洋经济比较优势型城市。2009 年丹东市的海洋经济总值占丹东市 GDP 的 40%左右；丹东市主要海洋产业有海洋运输业、海洋水产业、滨海旅游服务业、海洋食品药物加工业及海洋盐化工业等五大产业；丹东海洋产业的发展带动陆域产业链向集聚产业发展，对国民经济的贡献比较大。但是，丹东市在海洋经济发展过程中要重视鸭绿江滨海湿地的保护，最大限度地发挥其生态环境功能。

大连市属于海洋资源-经济比较优势型城市。大连市港口、渔业、旅游、海盐等资源非常丰富，其经济价值相对较高；2009 年海洋经济产值占大连市 GDP 的 40.2%，人均海洋经济产值 30 442.4 元；港口及海洋交通运输业、海洋渔业、海洋船舶制造业、海盐及盐化工业等海洋产业全面发展，海洋资源得到进一步开发利用，经济实力不断发展壮大，海洋经济步入快速成长期；因此大连应充分发挥海洋资源优势，通过发展海洋新兴产业，推动“四个大连”（创新大连、活力大连、幸福大连和文明大连）建设和城市经济转型。

营口市属于海洋资源-经济比较优势型城市。营口是沈阳工业区重要的出口门户，港口、渔业、旅游、矿产等资源发展迅速，海洋水产业和营口港对营口的经济有巨大的带动作用；2008 年海洋经济产值占营口 GDP 的 28%，人均海洋经济产值为 8142.6 元。由于营口海洋资源、经济功能具有比较优势，因此应该充分开发利用海洋资源，提高海洋产业链丰度。

盘锦、锦州和葫芦岛属于海洋经济-生态环境比较优势型城市。盘锦湿地、辽河三角洲和辽东湾位于锦州、盘锦和葫芦岛境内，带来可观的生态效益、经济效益和社会效益，大部分海域是《辽宁省海洋功能区划（2011—2020 年）》规定的海洋自然保护区和保留区。2009 年，盘锦的海洋经济产值占该市 GDP 的 27%，人均海洋经济产值为 14 233.5 元左右；锦州和葫芦岛的湿地面积分别占辽宁省沿海地区的 9.44%和 20.7%，在保护滨海湿地的同时，要重视发展海洋循环经济，利用高科技、新产业、大市场的现代海洋发展思路，促进海洋经济的发展，维持海洋经济与生态环境的良性互动发展。

鉴于此，未来辽宁省海洋经济发展应该使传统产业与新兴产业相结合，以辽宁沿海经济带为依托，以辽宁沿海城市为核心，逐渐调整海洋产业布局，完善海洋产业分工，形成海洋综合开发的区域化布局，对环渤海的海洋资源进行优化配置，各自发挥比较优势；在发展海洋经济的同时，要妥善处理好海洋利用方式与海洋功能之间的发展错位问题。

（二）天津市海洋功能分析

天津属于海洋经济比较优势型城市。天津市汇集 9 个河口及渠口，区域湿地面积广大，占全市面积的 20.9%，素有“九河下梢”之称，拥有世界著名的古贝壳堤、牡蛎滩和七里海湿地等国家级自然保护区，具有生态环境功能。2009 年，天津市海洋经济产值占全市 GDP 的 28.7%，人均海洋经济产值达到 22 025 元。天津市目前已经形成了以海洋交通运输业、沿海旅游业、海洋油气业和海洋化工业为支柱，包括海洋船舶工业、海盐业、海洋渔业等的海洋产业体系，该产业体系为天津市经济发展做出了重要贡献，其中 2009 年海洋油气原油产量占全国的 46.71%。因此，天津市未来应充分发挥在高新技术方面的领先优势，加快提升海洋产业规模，形成产业链发展规模优势，特别是在交通运输业、油气业、滨海旅游业与海水淡化产业的发展方面。

（三）河北省沿海城市海洋功能分析

秦皇岛属于海洋资源-经济比较优势型城市。该市海域面积 1806.27 平方千米，有丰富的港口资源（秦皇岛港）、旅游资源（山海关、北戴河等旅游区）；2009 年海洋经济产值占全市 GDP 的 32%左右，其中旅游外汇收入占海洋经济总产值的 44.35%。因此，秦皇岛应抓住环渤海地区开发开放战略带动的机遇，依托港口资源优势、滨海特色优势、浅海资源优势，积极推进经济发展方式转变，走出一条依托海洋资源、打造经济强市的发展之路。

唐山属于海洋资源-生态环境比较优势型城市。该市海域面积 4466.89 平方千米，海洋生态环境保护区主要有乐亭石臼坨诸岛自然保护区、滦河口湿地和曹妃甸生态城；港口资源（曹妃甸港、京唐港等）、旅游资源、矿产资源丰富。在海洋利用方式与海洋功能的发挥上以充分发挥海洋资源优势在海洋产业链上的作用，带动城市海洋经济的发展。

沧州属于海洋生态环境比较优势型城市。该市海岸线长 92.46 千米，该区域有黄骅滨海湿地海洋特别保护区、黄河三角洲湿地等，滨海湿地占全市的 30.7%；海洋功能定位为生态保护、渔业养殖功能；实施特殊的海洋生态功能和重点海洋资源开发、利用和保护策略，充分利用优越的区位和便捷的交通、沿海临港、丰富的产业资源，发展创新循环经济发展模式，并加大对海洋生态环境质量方面的资金投入。

河北省在未来发展中，必须转变发展观念，提高经济效益，大力发展海洋第三产业，以此带动海洋其他产业的发展。河北省和天津市要利用环渤海地区的经济区位优势，保护和开发海洋资源，提高海洋资源的利用水平和效率，同时要实施特殊的海洋生态功能和重点海洋资源开发利用和保护措施，使海洋生态环境功能与资源功能协调并促进沿海城市经济的发展。

（四）山东省沿海城市海洋功能分析

滨州属于海洋生态环境比较优势型城市。该市海岸线长 239 千米，约占山东省的 8%，滩涂 17 万公顷；位于黄河三角洲湿地，是黄河三角洲高效生态经济区的主战场和核心区，坚持持续发展，打造循环经济示范基地，坚持生态优先，打造高效生态农业示范区，建设成为生态园林性宜居城市，为环渤海地区发展高效生态经济提供有益的借鉴。

东营属于海洋生态环境比较优势型城市。该市海岸线长 350.34 千米，约占山东省海岸线的 1/9，东营位于黄河三角洲湿地保护区，有“东方湿地”之称，也被认定为“国家环境保护模范城市”。《黄河三角洲高效生态经济区发展规划》与《山东半岛蓝色经济区发展规划》两大国家战略在东营融合交汇，极大地提升了东营的战略地位，东营应据此坚持生态经济发展方向，着力推进主体产业区的环境建设，迅速打开大规模开发建设的新格局。

潍坊属于海洋生态环境比较优势型城市。该市的滨海湿地面积达到 117.6 公顷，位于莱州湾毗邻海域，该海域是《全国海洋功能区划（2011—2020 年）》和《山东省海洋功能区划（2011—2020 年）》规定的重要海洋功能保护区。应建立经济、社会、自然良性循环的生态系统，坚持依靠科技进步，推进海洋产业结构调整，发展生态经济，利用生态环境的优势，用高新技术改进传统产业，使传统产业和新兴产业相结合，使该区的海洋功能在环渤海地区充分发挥比较优势功能。

烟台市属于海洋资源比较优势型城市。该市海岸线全长 909 千米，海域面积为 2.6 万平方千米；海洋水产业、旅游等海洋资源比较丰富；而且富含煤炭、石油、天然气等矿产资源（海洋矿产 74 种，储量 37 亿吨），是名副其实的黄金宝地。但 2009 年海洋经济总值却仅仅是陆域的 3/10。烟台市海洋综合经济效率比较低，导致该市海陆一体化联动出现矛盾配置问题，因此应在山东半岛蓝色经济区基础上，坚持海陆联动开发，利用海洋科技力量的支撑，将海洋资源优势向海洋经济优势转化，使海洋经济规模达到合理的程度。

威海属于海洋经济比较优势型城市。2009 年威海市海洋经济产值占 GDP 的 57%左右，以海洋增养殖业、滨海旅游业为主；威海在“蓝色经济区”发展战略下，要抢占海洋经济发展先机，充分发挥区位、生态、资源等比较优势，助推威海经济跨越发展，建设“海上威海”，实现由渔业大市向海洋经济强市目标发展。

青岛属于海洋资源-经济比较优势型城市。2009 年青岛海洋经济产值占全市 GDP 的 30.9%，人均海洋经济产值达到 19 661.3 元；港口资源、旅游资源非常丰富；该市以滨海旅游业、海洋渔业和海洋交通运输业为支柱产业；海洋经济对青岛的陆域产业带动作用是非常大的，它形成一条产业链，利用集聚产业功能使城市的经济达到最好的规模效率。

日照属于海洋经济比较优势型城市。2009 年日照海洋经济产值占 GDP 的 37%，海洋产业成为该市海洋经济持续快速发展的重要支撑力量；日照在充分发挥海洋资源优势的同时，以港口经济、滨海旅游业为重点，构筑现代化的海洋产业体系，大力推进海洋经济发展。

应该看到，山东省在海洋经济快速发展的同时，在海洋开发增长模式、管理、环境保护和资源合理开发利用方面仍存在一定问题。因此，山东省未来在实施“蓝色经济区”战略的同时，应对海洋功能进行合理的开发利用，发展比较优势功能，注重提高海洋经济效率，逐步实现经济集约式增长，进一步创新产业发展思路，优化传统海洋支柱产业的内部结构，使传统产业和新兴产业相结合。

五、小结

（1）海洋系统是一个开放的复杂巨系统，系统结构决定系统功能，本书从结构视角出发，在结构评价基础上对环渤海地区沿海城市海洋功能进行测度与评价，评价结果同现有海洋功能区划结果基本吻合，说明基于结构分析视角的海洋功能评价是可行的。由于本书将生态环境结构作为一个部分独立出来，各个城市海洋的生态环境功能比现有海洋功能区划更为突出，这充分体现了可持续发展原则。

（2）考虑到环渤海地区区域海洋经济一体化深度与广度的不断扩大，运用 NRCA 模型对环渤海地区海洋功能比较优势进行测度，测度结果为今后环渤海地区各城市海洋功能整合与海洋产业布局优化指明方向，也在一定程度上丰富了现有的海洋功能区划理论。

（3）海洋开发方式必须与海洋功能相吻合，海洋功能区划修订的基本原则应该是针对海洋开发过程中出现的问题，探寻适合海洋功能本质的海洋开发方式，而不要一味地迎合地方政府开发海洋的冲动。在环渤海地区区域海洋经济一体化进程中，各城市要有计划地根据海洋功能的比较优势来进行资源配置与产业布局调整，以便获得海洋开发的最大收益。

（4）应该指出的是，海洋是个连续的、永不停息运动的水体，因此海洋功能应该是动态的，本书只是从静态方面对海洋功能进行评价，随着资料的完善及对于海洋功能认知水平的提高，今后在研究中应该更加关注海洋功能的空间分异与时间演化规律，以便更好地指导海洋开发实践。

第二节　海洋产业布局研究

当前我国海洋经济已进入调整优化时期，党的十八大报告明确提出了“提高海洋资源开发能力，发展海洋经济，保护海洋生态环境，坚决维护国家海洋权益，建设海洋强国”的战略目标。海洋产业布局研究就是关于各海洋产业部门在某一地域空间内的分布和组合形态的研究。目前专门针对海洋产业布局的研究比较罕见。相关研究在主导产业选择上，主要关注于产业本身。然而，产业的载体是沿海城市，在产业布局中应该可以着重考虑城市所具备的产业发展条件，使产业布局的视野更加开阔。与此同时，由于区域内部海洋经济发展的不平衡性，个别城市海洋产业丰富多样，而另一些城市产业单一落后，尝试在海洋经济发展滞后地区也甄选出前景好、适合开展的海洋产业，将更有利于达到区域海洋经济协调发展的目标。

一、研究方法

（一）层次分析法

层次分析法计算方法及过程参见第三章第一节。

（二）熵值法

熵值法计算方法及过程参见第三章第一节。

（三）D-S 证据理论

D-S 证据理论计算方法及过程参见第三章第一节。

（四）标准显示性比较优势指数

标准显示性比较优势指数计算方法及过程参见第五章第一节。

二、海洋产业布局理论与原则

（一）海洋产业布局理论

1. 海陆一体化理论

海洋经济是陆域经济的延伸，海洋产业的发展也需要陆域资源作为基础，只有实现海洋和陆地两者之间的优势互补，区域经济才能激发出更大潜力。海洋产业布局中应该把海陆地理、社会、经济、文化、生态系统整合为一个统一整体，发挥海陆联动的巨大优势，使得海陆资源得到有效整合，以达到配置合理化、效益最大化的目标。

2. 增长极理论

增长并非出现在所有地方，而是以不同强度首先出现在一些增长点或增长极上，这些增长点或增长极通过不同的渠道向外扩散，最终对整个经济产生不同的影响。因此，在海洋产业布局中，需要选择各地区最适合开展的产业进行优先布局，着力培养一批重要的海洋经济增长极。从区域的角度来看，也应该把产业基础优势突出的城市作为带动整个区域发展的重要支撑。

3. 可持续发展理论

可持续发展理论包含共同发展、协调发展、公平发展、高效发展、多维发展等内涵。在区域经济发展普遍失衡的背景下，海洋产业布局研究更应该关注海洋经济发展比较滞后的地区。尽可能依靠先进地区的发展经验，结合自身的优势进行科学长远规划，大力推进海洋循环经济建设，实现区域海洋经济健康发展。

4. 比较优势理论

区域经济发展的不平衡性导致了一小部分城市海洋经济发展迅速，优势产业丰富多样，而另一部分城市经济基础薄弱，产业体系零散的现状。在选择绝对优势产业作为城市主导产业的方法不能体现促进整个区域全面协调发展初衷的条件下，利用比较优势理论选择各地适合发展的主导产业将使海洋产业布局更加科学合理。

（二）海洋产业布局原则

1. 资源先行，因地制宜，突出特色优势

海洋资源的可持续开发与利用，关系到海洋产业的持续有序发展，更关系到整个国民经济与社会发展的水平与质量。进行产业布局时，应充分发挥本身海洋资源方面的独特优势，科学规划适合开展的主导产业，积极实现错位发展，提高区域整体核心竞争力。

2. 强化市场在产业布局中的主导地位

多年来，我国实行中国特色社会主义市场经济体制，并取得了巨大成就。这也要求我国海洋产业的统筹布局理应强调市场对于资源优化配置的主导作用。同时，政府部门要根据市场演变形式做好政策补充工作，确保市场机制良好运转。

3. 坚持海陆统筹，促进产业良性循环

实现海陆一体化开发，加强海陆经济联动，实现海陆资源互补、产业互动和布局对接是沿海地区经济持续健康发展的保障。海洋拥有比陆地更为丰富的资源条件，而陆地产业则拥有更加广阔的市场、完备的产业体系和雄厚的科技人才实力，两者之间的优势互补将使区域经济更加优质和谐发展。

4. 以科技为动力，以人才为依托

从技术层面来看，海洋开发要依靠最先进的科学技术的推动。新兴海洋产业发展更会涉及高端技术和人才的引进，区域之间的合作等问题。因此，科技和人才优势理应被视为产业布局中需要重点考虑的因素，尤其是那些科技人才资源相对匮乏的城市更需要落实科教兴海战略，加快海洋产业转型升级。

5. 力争布局的全面性、前瞻性和战略性

目前环渤海区域已有个别城市在海洋经济领域发展迅速，成绩显著，如何利用这些城市的发展基础和经验带动周边区域海洋经济的全面协调发展，将是区域

海洋产业布局所要解决的重要问题。此外，面对地方海洋开发中短视和盲目的现状，科学的、可持续的海洋开发原则将使海洋经济发展更具前瞻性和战略性。

三、海洋产业发展基础评价指标体系构建及评价

（一）海洋产业发展基础评价指标体系构建

根据客观性、系统性和有效实用性原则，分别从资源禀赋基础、生态环境基础、海洋经济基础、社会结构基础和科技智力基础五个方面着手，选取 42 个指标构成海洋产业发展基础评价指标体系（表5-5）。将数据进行标准化处理以消除量纲影响。根据 D-S 证据理论合成权重，利用公式计算各城市海洋产业发展结构基础得分（表 5-6）。

表 5-5 海洋产业发展基础评价指标体系及指标权重

功能层	结构层	指标层	层次分析法权重	熵值法权重	D-S 证据理论合成权重
海洋产业发展基础评价指标体系	资源禀赋基础（S_1）	*F*1：港口的泊位数/个	0.1455	0.0931	0.1240
		*F*2：星级饭店数量/个	0.0634	0.1140	0.0662
		*F*3：规模以上码头长度/米	0.1034	0.1118	0.1060
		*F*4：海岛面积/平方米	0.0751	0.0843	0.0580
		*F*5：海岸线长度/千米	0.2114	0.0995	0.1928
		*F*6：海岛数量/个	0.0605	0.1186	0.0658
		*F*7：海水产品产量/万吨	0.0737	0.1303	0.0880
		*F*8：海水养殖面积/平方米	0.0697	0.1282	0.0821
		*F*9：人均海域面积/（米^2/人）	0.1973	0.1201	0.2172
	生态环境基础（S_2）	*F*10：湿地面积/平方千米	0.1305	0.0934	0.1221
		*F*11(成本型)：万元产值工业废水排放量/（吨/万元）	0.1056	0.0888	0.0939
		*F*12(成本型)：万元产值固体废弃物产生量/（吨/万元）	0.0915	0.0690	0.0632
		*F*13：工业废水排放达标率/%	0.1137	0.0594	0.0676
		*F*14：工业固体废弃物综合利用率/%	0.0731	0.0762	0.0558
		*F*15：当年开工污染治理项目数/个	0.0655	0.1209	0.0793
		*F*16：当年竣工污染治理项目数/个	0.0655	0.1197	0.0785
		*F*17：城市人均绿地面积/（米^2/人）	0.1192	0.0920	0.1098
		*F*18：“三废”综合利用值/万元	0.1025	0.1435	0.1473
		*F*19：污染治理项目本年投资总额占 GDP 比重/%	0.1329	0.1371	0.1825

续表

功能层	结构层	指标层	层次分析法权重	熵值法权重	D-S 证据理论合成权重
海洋产业发展基础评价指标体系	海洋经济基础（S_3）	F20：海洋经济总值/亿元	0.1453	0.1622	0.1718
		F21：海洋经济总值增长率/%	0.1726	0.0996	0.1253
		F22：人均海洋经济总值/（元/人）	0.1645	0.1072	0.1286
		F23：海洋经济占 GDP 比重/%	0.1607	0.129	0.1511
		F24：渔业总产值/万元	0.0998	0.1945	0.1415
		F25：旅游外汇收入/万美元	0.1098	0.1780	0.1425
		F26：海岸线经济密度/（亿元/千米）	0.1473	0.1295	0.1391
	社会结构基础（S_4）	F27：人口密度/（人/千米^2）	0.0993	0.0809	0.0796
		F28：人均 GDP 增长率/%	0.1204	0.0973	0.1160
		F29：第三产业占 GDP 比重/%	0.0821	0.0845	0.0687
		F30：固定资产投资额占全国的份额/%	0.1026	0.117	0.1189
		F31：单位面积固定资产投资额/（元/米^2）	0.1026	0.0957	0.0973
		F32：城市化率/%	0.1005	0.1079	0.1074
		F33：社会消费品零售总额/万元	0.1168	0.1324	0.1532
		F34：就业人口占总人口比重/%	0.0854	0.0736	0.0623
		F35：城镇人均收入与农村人均收入比值(成本型)/%	0.0881	0.1196	0.1044
		F36：城市恩格尔系数/%	0.1022	0.0911	0.0922
	科技智力基础（S_5）	F37：科技支出/万元	0.1304	0.1887	0.1378
		F38：教育支出/万元	0.1394	0.1572	0.1228
		F39：文化设施指数/（件/百人）	0.1305	0.1484	0.0857
		F40：高等教育指数/万人	0.1264	0.1856	0.1234
		F41：海洋专业在校博士生人数/人	0.2773	0.1827	0.2651
		F42：海洋产业全员劳动生产率/（亿元/万人）	0.1960	0.1374	0.2651

同时，各国对海洋产业的分类有着不同的标准，我国主要海洋产业类别和发展情况如图 5-2 所示。本书针对环渤海地区产业发展特点，在传统海洋产业基础之上，增加海洋生物医药、海水利用、海洋工程建筑和海洋能源四个产业规模较小但发展潜力巨大的战略性新兴产业作为布局对象产业。相关产业发展

基础结构权重如表 5-7 所示。

表 5-6　各城市海洋产业发展结构基础得分

城市	资源禀赋基础	生态环境基础	海洋经济基础	社会结构基础	科技智力基础
天津	0.1917	0.6737	0.7297	0.7962	0.5253
唐山	0.1250	0.4535	0.1491	0.3956	0.1180
秦皇岛	0.1722	0.2346	0.2630	0.2345	0.1138
沧州	0.0477	0.2970	0.1160	0.2608	0.0307
大连	0.9631	0.3517	0.4518	0.6102	0.4504
丹东	0.1665	0.1154	0.2133	0.2812	0.1171
锦州	0.0554	0.2143	0.1801	0.2548	0.0844
营口	0.1710	0.2641	0.1828	0.4046	0.0987
盘锦	0.0507	0.3018	0.1548	0.4233	0.1051
葫芦岛	0.0894	0.2566	0.2019	0.1640	0.0710
青岛	0.4028	0.5737	0.4507	0.5428	0.5642
东营	0.2028	0.6526	0.1437	0.2143	0.1230
烟台	0.5762	0.6294	0.3281	0.4031	0.3086
潍坊	0.0732	0.4657	0.2264	0.4165	0.1314
威海	0.4892	0.6160	0.4519	0.3751	0.1748
日照	0.1763	0.3651	0.2839	0.3569	0.0265
滨州	0.1339	0.3866	0.1308	0.2769	0.0494

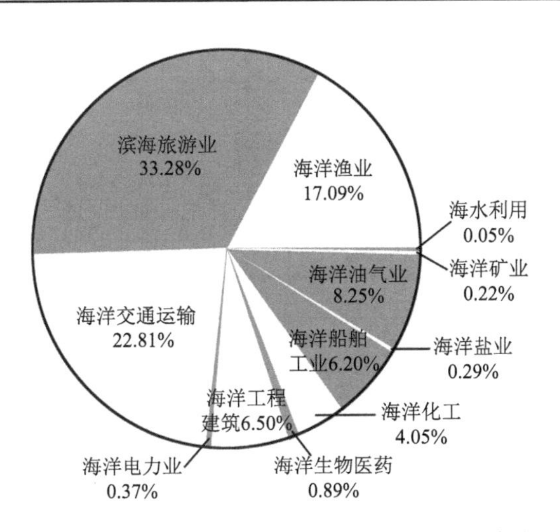

图 5-2　我国海洋产业类别和发展情况（2012 年）

表 5-7 各产业发展基础结构权重

海洋产业	资源禀赋基础		生态环境基础		海洋经济基础		社会结构基础		科技智力基础	
海水养殖	a	0.3638	a	0.2213	a	0.2041	a	0.1241	a	0.0868
	b	0.3576	b	0.0865	b	0.1397	b	0.0747	b	0.3415
	c	0.6007	c	0.0884	c	0.1317	c	0.0428	c	0.1369
海洋捕捞	a	0.2641	a	0.1765	a	0.2526	a	0.2233	a	0.0862
	b	0.3576	b	0.0865	b	0.1397	b	0.0747	b	0.3415
	c	0.5012	c	0.0810	c	0.1873	c	0.0885	c	0.1562
海洋盐业	a	0.3448	a	0.1826	a	0.2410	a	0.1111	a	0.1250
	b	0.3576	b	0.0865	b	0.1397	b	0.0747	b	0.3415
	c	0.5624	c	0.0720	c	0.1536	c	0.0379	c	0.1947
海洋造船	a	0.1104	a	0.1198	a	0.3427	a	0.1674	a	0.2597
	b	0.3576	b	0.0865	b	0.1397	b	0.0747	b	0.3415
	c	0.1985	c	0.0521	c	0.2407	c	0.0629	c	0.4459
海洋油气	a	0.3110	a	0.0852	a	0.1892	a	0.1037	a	0.3110
	b	0.3576	b	0.0865	b	0.1397	b	0.0747	b	0.3415
	c	0.4296	c	0.0285	c	0.1021	c	0.0299	c	0.4103
海洋化工	a	0.2261	a	0.1714	a	0.2598	a	0.1714	a	0.1714
	b	0.3576	b	0.0865	b	0.1397	b	0.0747	b	0.3415
	c	0.3979	c	0.0730	c	0.1786	c	0.0630	c	0.2880
海洋交通运输	a	0.3164	a	0.0799	a	0.2917	a	0.1775	a	0.1345
	b	0.3576	b	0.0865	b	0.1397	b	0.0747	b	0.3415
	c	0.5143	c	0.0314	c	0.1852	c	0.0603	c	0.2088
滨海旅游	a	0.1106	a	0.3811	a	0.2663	a	0.1582	a	0.0838
	b	0.3576	b	0.0865	b	0.1397	b	0.0747	b	0.3415
	c	0.2634	c	0.2195	c	0.2478	c	0.0787	c	0.1906
海洋生物医药	a	0.2272	a	0.0989	a	0.1722	a	0.0966	a	0.4051
	b	0.3576	b	0.0865	b	0.1397	b	0.0747	b	0.3415
	c	0.3132	c	0.0330	c	0.0927	c	0.0278	c	0.5333
海水利用	a	0.2457	a	0.1301	a	0.1621	a	0.1301	a	0.3319
	b	0.3576	b	0.0865	b	0.1397	b	0.0747	b	0.3415
	c	0.3587	c	0.0459	c	0.0925	c	0.0397	c	0.4628
海洋工程建筑	a	0.1073	a	0.0990	a	0.2996	a	0.1627	a	0.3410
	b	0.3576	b	0.0865	b	0.1397	b	0.0747	b	0.3415
	c	0.1847	c	0.0412	c	0.2014	c	0.0585	c	0.5604
海洋电力	a	0.1275	a	0.0967	a	0.2096	a	0.2408	a	0.3253
	b	0.3576	b	0.0865	b	0.1397	b	0.0747	b	0.3415
	c	0.2146	c	0.0394	c	0.1378	c	0.0847	c	0.5230

注：a 为层次分析法权重；b 为熵值法权重；c 为 D-S 证据理论合成权重

（二）海洋产业发展基础评价及比较优势评价

1. 海洋产业发展基础评价

首先利用层次分析法和熵值法计算结构权重，并通过 D-S 证据理论合成权重（表 5-5）；然后将合成权重和各市结构基础得分代入公式计算 12 个海洋产业的发展基础评价值（表 5-8）。

表 5-8 各城市海洋产业发展基础评价值

城市	海水养殖	海洋捕捞	海洋盐业	海洋造船	海洋油气	海洋化工	海洋交通运输	滨海旅游	海洋生物医药	海水利用	海洋工程建筑	海洋电力
天津	0.377	0.440	0.401	0.533	0.415	0.457	0.413	0.542	0.452	0.442	0.551	0.510
唐山	0.168	0.181	0.164	0.162	0.142	0.168	0.155	0.223	0.142	0.150	0.161	0.160
秦皇岛	0.184	0.193	0.185	0.175	0.161	0.180	0.183	0.202	0.153	0.159	0.172	0.162
沧州	0.086	0.098	0.082	0.083	0.061	0.087	0.077	0.133	0.059	0.066	0.077	0.076
大连	0.757	0.720	0.747	0.557	0.673	0.658	0.721	0.577	0.612	0.636	0.571	0.570
丹东	0.166	0.176	0.168	0.160	0.153	0.164	0.170	0.166	0.146	0.150	0.161	0.155
锦州	0.098	0.115	0.100	0.119	0.091	0.110	0.102	0.142	0.093	0.096	0.118	0.111
营口	0.181	0.193	0.178	0.161	0.152	0.174	0.175	0.199	0.143	0.152	0.158	0.158
盘锦	0.110	0.133	0.111	0.137	0.102	0.127	0.112	0.171	0.108	0.112	0.137	0.135
葫芦岛	0.120	0.129	0.120	0.122	0.100	0.121	0.116	0.156	0.098	0.102	0.117	0.108
青岛	0.452	0.469	0.467	0.504	0.483	0.479	0.459	0.494	0.503	0.495	0.537	0.512
东营	0.224	0.220	0.215	0.177	0.177	0.203	0.190	0.273	0.170	0.181	0.175	0.172
烟台	0.504	0.485	0.495	0.389	0.438	0.448	0.466	0.462	0.407	0.425	0.395	0.389
潍坊	0.151	0.174	0.151	0.178	0.134	0.168	0.147	0.235	0.141	0.146	0.176	0.169
威海	0.448	0.440	0.437	0.339	0.357	0.394	0.414	0.439	0.319	0.341	0.327	0.315
日照	0.194	0.207	0.188	0.157	0.137	0.178	0.182	0.230	0.118	0.133	0.141	0.135
滨州	0.150	0.155	0.143	0.118	0.110	0.137	0.132	0.184	0.101	0.112	0.111	0.111

2. 海洋产业发展比较优势评价

由表 5-8 可以看到，沿海各城市海洋产业发展基础条件差异较大，且极不平衡。个别海洋经济活动开展比较好的城市在大多数产业上得到较高的分数，而其他大部分城市各产业鲜有高分，有些城市甚至在所有产业的评价中都排位靠后，这种情况客观上反映了环渤海地区海洋产业发展处于失衡状态，并且此类数据对海洋产业布局无法发挥针对性指导作用。为避免海洋经济建设中产业雷同和重复建设，本书使用 NRCA 模型甄选出各城市具有比较优势的海洋产业。将海洋产业发展结构基础得分数据代入公式，得到各城市海洋产业发展比较优势评价值（表 5-9）。

表 5-9 各城市海洋产业发展比较优势评价值

城市	海水养殖	海洋捕捞	海洋盐业	海洋造船	海洋油气	海洋化工	海洋交通运输	滨海旅游	海洋生物医药	海水利用	海洋工程建筑	海洋电力
天津	−209.4	−117.7	−157.2	167.9	−26.1	−23.0	−103.0	19.3	74.0	24.6	201.2	149.6
唐山	−8.3	5.2	−14.9	3.2	−21.7	2.0	−22.2	65.7	−12.6	−7.2	0.7	10.0
秦皇岛	1.4	5.7	4.5	8.1	−4.3	2.8	11.0	−1.5	−10.0	−9.9	0.6	−8.3
沧州	−0.4	17.5	−6.9	6.2	−29.9	6.5	−10.2	76.1	−29.3	−20.7	−6.3	−2.7
大连	154.6	33.6	141.2	−149.8	137.3	−6.1	132.3	−345.8	54.2	60.8	−125.5	−86.9
丹东	−4.5	2.7	0.6	6.5	6.2	0.4	15.4	−39.3	1.5	−0.4	6.1	4.8
锦州	−28.6	−4.2	−23.7	28.3	−19.3	1.1	−14.0	35.6	−7.7	−9.8	24.4	18.0
营口	9.3	20.0	4.6	−6.1	−9.0	4.7	10.4	8.4	−17.4	−10.1	−12.8	−2.2
盘锦	−39.9	−3.8	−37.7	30.8	−27.2	0.6	−27.1	55.1	−7.9	−8.1	30.3	34.8
葫芦岛	−6.0	3.9	−4.7	14.7	−17.4	3.5	−4.1	41.4	−16.1	−14.9	5.0	−5.4
青岛	−114.5	−117.6	−80.1	58.0	59.1	−33.4	−64.1	−138.0	126.7	80.8	120.4	102.7
东营	34.7	10.5	18.1	−31.1	−13.5	3.1	−18.8	87.6	−16.6	−6.2	−37.0	−30.8
烟台	84.9	13.8	70.4	−81.8	53.7	−2.4	41.1	−96.4	19.2	26.0	−72.6	−55.8
潍坊	−41.5	−6.9	−39.8	36.4	−36.6	1.4	−37.0	91.4	−13.7	−14.0	31.9	28.4
威海	99.2	56.1	81.5	−62.1	5.8	14.2	60.3	−1.4	−47.3	−26.8	−89.9	−89.3
日照	40.7	53.1	28.9	−10.8	−36.0	16.6	28.1	75.4	−64.2	−44.7	−43.8	−43.3
滨州	28.3	28.1	15.4	−18.4	−21.3	8.0	2.0	66.3	−32.8	−19.3	−32.6	−23.5

注：由于 NRCA 计算结果的数值较小，为方便表达，将所得结果扩大 100 000 倍

四、沿海城市海洋产业优化布局

根据沿海城市海洋产业发展基础的评价情况，以及各城市海洋产业基础比较优势情况，并参考各地区现实情况与政策，本小节将对环渤海地区 17 个沿海

城市海洋产业进行统一布局（图 5-3）。

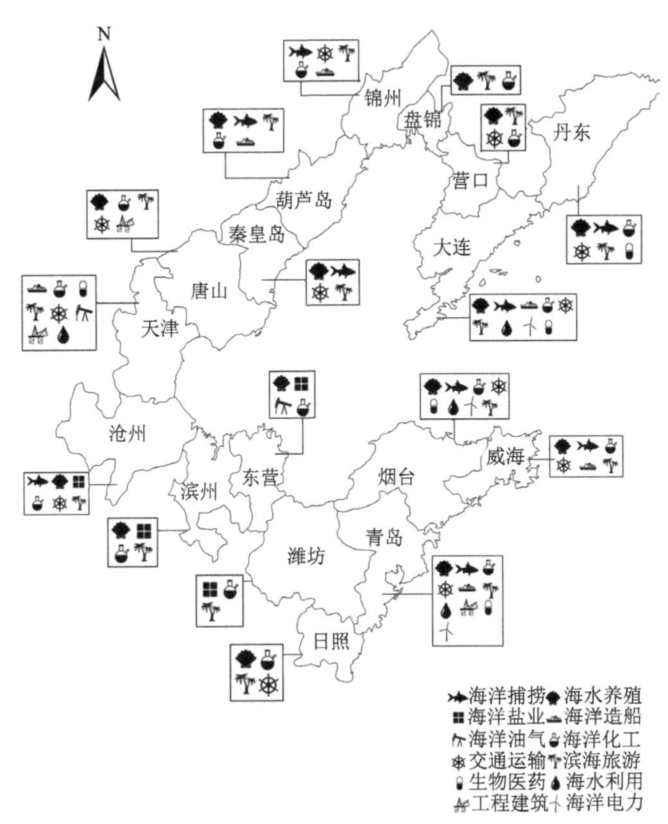

图 5-3 环渤海地区海洋产业布局示意图

（一）天津市海洋产业优化布局

天津市集高端制造业、国际航运业和现代物流业等高新科技产业于一身，滨海新区更被誉为“中国经济第三增长极”。2011 年该市海洋经济总量已占 GDP 的 31.6%。由各项结构基础得分情况可以看到，除资源禀赋基础外，天津市在生态环境、海洋经济、社会结构和科技智力基础方面均名列前茅，适合开展的海洋产业种类较多。

天津市由于海岸线资源有限，并多将其规划为高科技工业和滨海旅游业用地，海洋捕捞和海水养殖业并不适合重点布局。对于捕捞业来说，仍应该从保持或缩减产量出发，逐步实现近海捕捞向远洋捕捞的过渡。而海水养殖业由于地域资源限制，也应调整为与滨海旅游相融合的都市休闲渔业。

海洋盐业在被其他工业用地挤占空间的冲击之下，应把今后发展方向调整为盐化工相关产业。虽然正面对来自辽宁和山东两个造船大省的巨大压力，但天津海洋船舶工业具有比较优势，理应充分利用国际航运中心地位，重点发展修船业务。作为长期以来天津优势产业的海洋油气业，还应继续依靠雄厚的产业基础和该市突出的科技实力及港口条件继续发展壮大。海洋化工业则仍需要紧抓盐化工和油气化工两个方向，以京津两地庞大的市场需求为依托逐渐扩大产业规模。

天津港作为北方最大的港口，海洋交通运输业的蓬勃发展对于致力于打造区域性航运中心的天津来说至关重要，但在经历前一阶段的快速增长之后，接下来该产业将进入战略调整期。未来天津港仍然要以市场、科技和物流为依托，着眼国际，改善服务质量，提升区域竞争力。在市场增长强劲的滨海旅游业方面，各地竞争日渐白热化，天津市滨海旅游业的比较优势并不明显，如何将自然生态、历史古迹和现代主题公园相互呼应的特点凸显出来，是天津滨海旅游业日后发展的关键。

在战略性新兴海洋产业方面，海洋生物医药、海洋工程建筑和海水利用业均具有比较优势，未来天津市可以把科技人才优势和先进的制造业优势结合起来，加大相关产业的投入。

（二）河北省沿海城市海洋产业优化布局

1. 唐山市海洋产业优化布局

生态环境基础和社会结构基础得分较高的唐山市海岸线长 215.62 千米，海域面积 3596.96 平方千米。其中既有大清河以东的浅海养殖资源，又有滦河口附近的滩涂养殖资源，海水养殖业也在该地区具有比较优势。因此，该市应改变之前海洋渔业发展过度依赖传统捕捞的作业模式，大力推进海水养殖业发展。而沿海丰富的湿地资源对于滨海旅游业的开展来说同样比较有利。

在海洋盐业方面，唐山市应该改变长久以来中小规模盐场居多的局面，加大资源整合力度，打造大型涉盐企业，并积极发展盐化工业，努力降低成本，实现规模效应。近年来唐山南部曹妃甸港口工业区的快速建设也为唐山市海洋油气、海洋化工和海洋交通运输业的发展注入一股活水，这使得相关产业在同一区域内得以集中整合，形成立体工业化格局，使之成为唐山市乃至环渤海地区海洋经济新的增长点。海洋化工作为唐山市的传统海洋产业，具有一定的比较优势，今后需以曹妃甸港口工业区的快速建设为依托，以油盐化工为主导，形成规模优势，扩大产业效益。

未来该市的海洋产业应尽量利用背靠京津唐工业区的特色优势，实施科技和人才引进战略，并将海洋生物医药和海洋工程建筑业作为优先发展的未来产业。除此之外，海水利用业对水资源匮乏的华北地区来说同样拥有良好的市场前景。

2. 秦皇岛市海洋产业优化布局

秦皇岛海域面积 1806.27 平方千米，是海洋经济发展稍显落后的城市，在各项基础结构评价中均没有突出优势。海洋渔业一直是该市海洋经济的支柱产业。而今后海洋渔业的发展在稳固目前捕捞产量的同时，应充分利用丰富的海岸资源，加大力度提高海水养殖水平，力争实现规模化、集约化生产。

由于地处连接华北和东北地区的交通要道，发展海洋交通运输业及相关港口工业也是秦皇岛改变当前产业结构水平低下状况的有效方式。滨海旅游业一直以来也是秦皇岛市的传统优势产业，该市特有的“山、海、关”交相辉映的迷人景色，吸引了大量观光游客。而旅游业今后发展的重点应该集中在国外游客市场的开发和跨省份的旅游合作两个方面。

由于秦皇岛市位于河北省与辽宁省交界处，其经济发展经常给人以游离于京津冀地区之外之感。今后，秦皇岛市海洋产业的发展应尝试打破地域局限，加强同辽宁省葫芦岛市和锦州市的合作，从而形成优势互补的有利局面，并为整个环渤海地区的海洋经济整合提供探索经验。

3. 沧州市海洋产业优化布局

沧州市一直以来海洋产业种类少、规模小，海洋经济发展比较滞后，除生态环境和社会结构基础之外，其他基础得分均不理想，特别是科技状况。但其较为广阔的海域面积和沿海滩涂资源为海水养殖业的发展提供了资源优势。对于海水养殖业来说，扩大水产品养殖品种范围，提高海珍品育种技术，将有助该产业整体水平的提升。而海洋盐业的发展同样受到工业用地挤占空间的不利影响，需要通过同天津地区的合作，走技术改造升级的路子，加强产业链中不同地位企业之间的联系，促进海洋盐业健康发展。

沧州黄骅港是一个多功能、现代化、综合性的国际港口，建成后将成为集煤炭、原油、成品油、杂货、化工、客运、集装箱于一体的综合性枢纽大港。利用黄骅港建设逐步深入的机遇，沧州市未来应下大力气推进沿海工业区的规划，积极引导海洋化工和交通运输业的科学发展，带动海洋经济稳步前进。而对于滨海旅游业来说，贫乏的旅游资源是该行业发展的较大障碍。

在海洋经济总量和优势产业较欠缺的背景下，沧州市还应在海洋生物医药和海水利用等领域勇于尝试，争取摸索出未来海洋产业发展的战略要点，以达成产业结构的跨越式调整，在下一阶段海洋经济升级中争取有利位置。

（三）辽宁省沿海城市海洋产业优化布局

1. 大连市海洋产业优化布局

大连位于辽东半岛南部，海岸线长 1906 千米，滩涂面积 660 平方千米，各类海洋资源十分丰富，在资源禀赋、海洋经济、社会结构和科技智力基础方面均具有较大优势，是各种海洋产业全面发展的城市。2011 年大连市海洋生产总值达到 2033 亿元，占 GDP 的近 40%，海洋经济已成为大连经济发展的中流砥柱。

大连市 2011 年完成海洋渔业总产值 646 亿元，无论规模还是经济效益都尤为突出。今后其发展方向除利用便捷的出海条件促进远洋捕捞业之外，还应在搞好浅海海域海水养殖的基础上，逐步向深水养殖扩展，并加大对周边城市的养殖技术输出，带动整个区域海水养殖业的发展。

造船业一直是大连海洋经济发展中的明星产业，在全国范围内也有着举足轻重的地位。在全球经济复苏乏力，船舶订单量收缩的背景下，比较优势已不明显的大连造船业向高技术、高附加值的特种船型制造方面发展的趋势已不可避免。

大连港是我国北方最重要的港口之一，也是整个东北地区的出海门户。以大连港为依托，海洋化工、海洋交通运输业的成长势头强劲，提高行业效率，保障产业安全，成为下一步海洋产业发展的重要着眼点。此外，海洋盐业也是大连市的传统产业，但由于盐田面积的不断减少，大连市应该把更多的目光投放到盐化工业和相关技术部门。而作为国内知名旅游城市，大连市城市旅游文化内涵缺失的问题日益显现，未来滨海旅游业的发展还是要遵循由中心城区向外围资源优势地区扩展的路线，提升旅游产品质量，突出本地特色，开拓国际市场。

集资源、科技、市场和工业基础于一身的大连市在海洋生物医药和海水利用方面起步较早，并取得一定成绩。因此，加快技术创新，壮大产业规模，提高经济效益将成为今后发展重点。同时，海洋风力发电产业对于海岛风力资源丰富的大连市来说也不容忽视。

2. 丹东市海洋产业优化布局

丹东市位于黄海北部，是我国海岸北端起点城市，海岸线长 125.8 千米，沿岸滩涂资源丰富，海洋生物种类多样，十分适合海水养殖业发展，未来应以转变粗放式发展方式为目标，重点放在精品养殖和渔业加工两个方面。滨海旅游业作为丹东市的支柱产业，应当继续突出鸭绿江口湿地的自然风光和建筑的历史价值优势，同内陆景区形成联动，打造精品旅游线路。

丹东港凭借面向黄海，并且更靠近东北腹地的优越位置，近年来取得长足发展。海洋交通运输和海洋化工业也同时具备比较优势。港口建设将带动相关交通运输行业的稳步成长，对于丹东市海洋产业的结构升级具有战略性作用。而在新兴高技术海洋产业中，海洋生物医药业也是丹东市凭借良好的生物资源基础可以涉及的产业。

3. 锦州市海洋产业优化布局

锦州市位于辽宁省东南部，临靠辽东湾，是辽西经济区的中心城市，但海洋经济发展基础略显薄弱。该市沿海滩涂面积约 177.33 平方千米，拥有约 166.67 平方千米的近海渔场，并且是辽宁省主要产盐区之一。但由于传统近海捕捞业遭遇渔业资源瓶颈，锦州市应把海水养殖业的开展提上日程，并努力恢复滨海生态环境，减少污染，促进现代渔业发展。

锦州港凭借优越的地理位置，经多年建设已初具规模，如今已经成为辽西地区的主要对外贸易口岸。目前具有比较优势的海洋化工业应同锦州港的建设紧密结合，加大投入力度，进行合理规划。同时，海洋交通运输、海洋油气产业也应进一步推进。属于夕阳产业的海洋盐业仍然不适合重点布局。而海洋造船业比较优势明显，需要立足于自身基础，突出特色优势，加强区域内部合作。滨海旅游业更要紧抓举办世界园艺博览会的难得机遇，塑造良好的城市形象。

4. 营口市海洋产业优化布局

社会结构基础条件较好的营口市位于辽东湾东部，海岸线总长 96.5 千米，是辽河流域最便捷的出海口。沿海滩涂平坦，水质肥沃，饵料丰富，开展海水养殖业优势明显。而经长期培育已经小有名气的虾蟹类水产品将是未来打造特色养殖产业的重中之重，此外更多尝试引进国外先进品种也将成为渔业发展的另一引擎。

营口港是东北腹地最近的出海通道，也是全国沿海综合型大港。2012 年，营口港完成货物吞吐量 3.01 亿吨，列全国沿海港口第八位。由港口经济发展所带来的海洋交通运输业和现代物流业的繁荣也为该市海洋经济发展增添了活力。未来凭借位于沈阳和大连两大工业区中点的独特区位优势，利用良好的工业基础和广阔的市场，装备制造、滨海旅游等产业有机会将营口海洋经济发展推向新的高度。

5. 盘锦市海洋产业优化布局

盘锦市南临渤海，处于辽河三角洲中心地带，海岸线长 118 千米，在生态环境和社会结构基础方面得分较高。这里拥有世界最大的苇海湿地，美丽迷人的红海滩更是远近闻名。正因如此，比较优势明显的滨海旅游业仍然是盘锦市海洋产业布局的主导产业，而今后是否能够对湿地生态系统采取有效的保护措施将成为滨海旅游业成败的关键。此外，泥滩面积广阔的盘锦市在努力稳定水产养殖产量的同时还可以与旅游产业结合，推出绿色生态旅游产品。

坐拥中国内陆十大油田之一的辽河油田的盘锦市，在石油天然气开采、化工和装备制造方面具有得天独厚的优势。盘锦市未来更应该尝试将油气产业向海洋方面靠拢，现已解决辽河油田逐年减产的问题，而相关的上下游产业也将是今后油气业发展的重心。

6. 葫芦岛市海洋产业优化布局

海洋经济起步较晚的葫芦岛市位于辽宁省西南部，各项基础得分均不算突出。但该市海岸线总长 261 千米，滩涂面积约 146.87 平方千米，比较适于贝类等海水养殖业发展。为改变长期以来一产为主的海洋产业结构，抢抓辽宁沿海经济带发展上升为国家战略的重大历史机遇，葫芦岛市已积极投身于沿海大开发之中，多个主题产业园区正在快速发展，具有比较优势的海洋化工业需要重点布局。

与此同时，葫芦岛市也是辽西地区滨海旅游重镇。繁华的都市商务区、美丽的海滨海岛风光、充满历史韵味的古代长城都是该市旅游业可以重点打造的热点。相比之下，葫芦岛新港区的加力建设，在促进海洋交通运输业蓬勃发展的同时，也将使葫芦岛成为关东地区重要的物流集散中心。

由于渤海船舶重工的存在和发展，海洋船舶修造业同样是葫芦岛海洋经济开发中不可忽视的宝贵资源。未来该产业仍应走军用民用相结合的路线，鼓励科学技术创新，为葫芦岛乃至国家的船舶工业进步做出更大贡献。

（四）山东省沿海城市海洋产业优化布局

1. 青岛市海洋产业优化布局

青岛地处山东半岛南端、黄海之滨，海岸线总长 816.98 千米，是区位优势明显，海洋资源种类丰富多样，海洋产业发展均衡全面的城市。通过便捷的出海条件发展远洋捕捞业理所应当，而且该市 375 平方千米的沿海滩涂及其浅海空间资源极为适宜开发海水养殖业，而深水养殖技术的突破也将为今后渔业发展开辟新的路径。

青岛市海岛、海湾众多，航道通畅开阔，对于大型深水海港的建设天赋异禀。近年来伴随着青岛港区的不断发展壮大，海洋交通运输、海洋化工和海洋造船等产业的发展更是生机勃勃，虽然有些行业已不具备比较优势，但仍可凭借实力雄厚的产业基础得以积极开展。进一步整合资源，深化各产业之间的合作，降低成本将是港口工业发展的必经之路。

如今青岛市集中了全国 60%以上的海洋科研人才，海洋生物医药、海水利用、海洋工程建筑和海洋电力等未来海洋产业都应该成为青岛市抢占未来海洋经济制高点的主力军。

作为国内外知名的旅游城市，青岛的旅游资源丰富多样，仍可以依据山区与滨海相融，历史与自然相融，科技与文化相融的发展理念调整旅游产业模式，提升国际知名度。

2. 东营市海洋产业优化布局

东营市位于山东北部黄河三角洲地区，在生态环境基础得分方面情况较好。该市–10 米等深线以内浅海面积 4800 平方千米，比较适宜滩涂贝类的养殖，该市应努力促进海水养殖业的集约化和规模化经营。而以黄河入海口的湿地生态系统景观为主要特色的滨海旅游业也是具有比较优势的产业，紧扣这一主题，加快推进沿海生态廊道建设，再结合油田开采作业的特色景观，会使当地滨海旅游业锦上添花。

因我国第二大油田胜利油田而被人熟知的东营市，其油气开采和装备制造水平先进，相关化工业也比较发达，且进一步向浅海勘探延伸的基础已经具备，海洋油气业将适时成为东营海洋经济的新落脚点。除油气之外，该市沿海浅层卤水储量 2 亿多立方米，再加上山东省出众的海盐业基础，东营市海洋盐业前景向好，而由油气业和海盐业所带动的化工产业也将趁势而上。

3. 烟台市海洋产业优化布局

烟台市临靠渤海南部，海岸线长 909.3 千米，海域面积 2.6 万平方千米，岛屿众多，不仅资源禀赋基础优越，生态环境基础、社会结构基础和科技智力基础都比较雄厚。海洋渔业一直以来都是烟台市的主导海洋产业，其海水养殖业更成为山东省海洋水产的龙头。今后该市渔业发展主要应依靠远洋捕捞、精品养殖、深水养殖、科学育种和集约化经营等方式继续向前迈进。

烟台港经过近年来的建设整合，已成为环渤海区域的重要综合性港口，并开始动摇青岛港的传统优势地位。随之而来的海洋交通运输和海洋造船业的发展可圈可点，同时海洋生物制药和海水利用等具有比较优势的新兴高科技产业也蓄势待发，而独特的海岛和气候优势又为海洋电力的探索提供了有利条件。

作为烟台最为优质的特色旅游资源，蓬莱仙岛闻名遐迩。岛上景区既囊括自然风光，又兼顾人文价值，目前仍旧是滨海旅游开发的立足点。除此之外，海岛与内陆的旅游产业联动将是烟台旅游业的主要突破口。

4. 潍坊市海洋产业优化布局

生态环境基础较好的潍坊市位于山东省中部，北濒渤海莱州湾，是山东内陆通往半岛地区的咽喉之地，海岸线长 143 千米，滩涂湿地面积 6000 平方千米。优良的生态环境为海洋生物提供了良好的生长场所，具备了比较优势的旅游业发展前景广阔。正因如此，海水养殖业和滨海旅游业可以通过资源禀赋优势得到积极开展。

近年来，乘着山东半岛蓝色经济区、黄河三角洲高效生态经济区和胶东半岛高端产业集聚区相继投入建设的东风，潍坊市加快产业升级步伐，已形成以盐化工、海洋装备制造为主的海洋特色产业体系，滨海经济开发区更成为全国最大的生态海洋化工生产和出口创汇基地，形成的以海洋化工为核心的高端产业链已初见规模。

5. 威海市海洋产业优化布局

威海市地处胶东半岛最东端，三面环海，与朝鲜半岛和日本列岛隔海相望，在资源禀赋、生态环境基础方面分数较高。该市海岸线长达 986 千米，遍布海湾和海岛，浅海和潮间带的生物资源十分丰富。立足于资源和区位上的绝对优势，海洋渔业发展强势，但在扩大养殖品种范围，提高养殖品种的附加值和相关主题加工区的规划建设水平方面仍旧存有较大的提升空间。

在我国传统制造业近年来转型升级的大背景下，日韩造船业纷纷将目光投向威海。在加强造船业承接准备的同时，对自身工业体系进行进一步提高和完善，扩展产业区域和规模将成为威海造船业急待解决的问题。与此同时，已成为复合产业体系中重要环节的港口建设也是不可忽略的关键因素。未来港口的现代化改造，不仅应体现于集装箱和能源码头，以渔业集散市场为中心的专业码头建设同样刻不容缓，而港口建设也将成为促进比较优势明显的海洋化工和交通运输业发展壮大的有利契机。

气候宜人的威海市是第一个获得联合国人居奖的中国城市，在国内外休闲旅游业中享有盛名。滨海旅游业作为传统优势海洋产业，今后应把力量集中于旅游资源整合和精品项目打造方面，使软件与硬件相匹配，进一步提升城市形象。

6. 日照市海洋产业优化布局

日照市位于山东省东南黄海之滨，是一座新型港口城市，具有良好的社会结构基础。该市深水建港条件十分优越，可建港岸线 20 多千米，布设万吨以上泊位 200 多个。近年来，日照市充分利用港口优势，实施“以港兴市”的战略，已经逐步形成了以物流业、化工业和水产加工业为主的海洋产业体系，临港工业已成为拉动全市经济快速发展的主导力量。

除了深水岸线，该市浅海面积也十分广阔，海洋生物资源丰富，滩涂养殖面积也十分可观，这些都为海水养殖业和海洋生物医药业的发展提供了有利基础。作为环渤海区域最南端的沿海城市，日照市气候温暖湿润，四季分明，冬无严寒，夏无酷暑，长达 64 千米的优质沙滩被公认为是打响城市知名度的重大优势，未来滨海旅游业的前景广阔。

7. 滨州市海洋产业优化布局

滨州位于山东省北部，临近济南都市圈，海洋经济发展没有明显的基础优势。但该市海岸线长 239 千米，滩涂 1700 平方千米，约占山东省的 31%，水产养殖和制盐业都具有比较优势。但长久以来，该市科技水平落后，渔业和盐业资源未能得到有效利用，今后应加大科技投入，引进高端人才，实现这些产业的现代化升级。

与此同时，靠近济南都市圈的有利位置，使滨州可以充分利用广阔的市场，推进港口物流业的开展，并积极引进油盐化工、装备制造和生物医药等相关行业。而地处黄河三角洲的有利条件又可以使滨州与东营和潍坊市开展更加广泛的旅游合作，在生态旅游开发中抢占一席之地。另外，凭借独特的地理气候环境，已经初具规模的海洋风力发电对滨州市未来海洋经济发展来说，具有极高的战略价值。

五、对策建议

沿海各城市海洋产业发展基础条件差异性较大，且极不平衡。个别海洋经济活动开展比较好的城市在大多数产业上得到较高的分数，而其他大部分城市各产业鲜有高分，有些城市甚至在所有产业的评价中都排位靠后，这种情况客观上反映了环渤海地区海洋产业发展失衡的现状，并且此类数据对海洋产业布局无法发挥针对性指导作用。为避免海洋经济建设中产业雷同、重复建设及不均衡发展，本书引入 NRCA 模型来甄选出各城市具有比较优势的海洋产业。但同时也存在一个城市的某个海洋产业不具有比较优势，但具有绝对优势，那么，强行对这个基础较好的产业进行削减同样不符合产业布局原则。因此，在进行产业布局时，仍需要参照各地具体实际条件。而对于一些规模较小、投入大，但前景广阔的产业来说，必须有相关政策的支持才能进一步发展，所以中央和各地政府出台的相关政策也是我们在布局中需要考虑的重要影响因素。本书对以上分析结果提出如下建议。

1. 建立协调机制，促进跨省份区域海洋经济合作

省级行政单位之间的长期竞争态势是阻碍区域海洋经济合作的根本原因，也在一定程度上导致了资源无序竞争、忽视环境保护、项目盲目上马、重复跟风建设等突出问题。在各省份争相推出各自的海洋经济发展战略，并积极游说有关部门给予更多支持的大背景下，在国家层面上提出相对完整的区域性海洋经济布局规划势在必行。同时，具有一定决策权力的相关协调机构的建立将成为开启合作之门的关键，为整个区域的经济发展描绘一幅美丽蓝图。

2. 出台行政措施，缩小省内各市间经济质量差距

长期以来，各省域内部市一级海洋经济体之间的交流协作明显更具积极效果，但仍旧存在地域上和行政上的隔阂。特别是那些游离在区域中心城市边缘和各省份交界处的城市，海洋经济发展滞后的情况十分严重。各省级决策机构有必要出台促进各市之间产业合作的相关行政举措，实现省内海洋产业整合，平衡地域间产业发展规模，力保海洋经济又好又快发展。而各省份交界城市也可以根据自身需要单独寻求跨省份的海洋产业合作。

3. 完善产业系统，增强各海洋产业之间的联系

尽管区域内个别城市的海洋经济总量已经比较可观，产业发展也比较全面，但在各产业之间仍然保持着相对独立的营运体系，由此形成的资源的不合理使用和无度浪费现象已成为令各级管理部门苦恼的“阿喀琉斯之踵”。充分利用各海洋部门之间和海洋部门与陆域产业部门之间的关联性，落实海陆统筹理念，出台成建制产业园区规划，提高科技成果转化率，发挥相关行政和优惠政策的督导作用是解决以上问题的关键。

4. 结合实际情况，科学规划，量入为出，避免超前建设

环渤海区域内各城市在地缘上一衣带水，但地质条件却各有特点，每个地区适合发展的海洋产业自然不尽相同。在选择主导产业时，除了根据自身基础及周边地区竞合情势进行判断之外，还应使眼光更具战略性和前瞻性，既要充分考虑未来海洋产业的发展方向，又要极力避免盲目的强制性产业结构调整，尽量发挥市场在资源配置中的决定性作用，在夯实产业基础的条件下，逐步寻求产业技术升级和结构优化调整的合理有效方式。

第六章

环渤海地区海洋产业健康和安全评价研究

21世纪是人类开发海洋的世纪，世界海洋局势发生重大变化。各国竞争的主要领域转向海洋，重点是在高新技术支持下的海洋资源竞争。越来越多的国家认识到海洋是人类发展的资源宝库和最后空间。发达国家将目光从外太空转向海洋，人口趋海移动加速进行，海洋经济逐步成为全球经济新的增长点。美国指出，海洋是地球上“最后的开辟疆域”，未来50年发展目标将转向海洋；日本利用科技创新加速海洋开发和利用；英国不断发展海洋科技，积极迎接全球海洋发展革新；加拿大加快发展海洋产业，扩大就业人数，开拓国际市场；澳大利亚提出普及海洋方面的知识，可持续地开发和利用海洋空间和资源。海洋竞争主要表现在：获取更多的海洋产品、开发利用海洋能源、勘探海洋矿产资源、加速海洋药物的研究、发展更安全便捷的海上运输通道。

我国大陆海岸线总长约1.84万千米，位居世界第四。在发展海洋经济方面，我国有着巨大的资源优势和发展潜力，海洋经济区域发展格局基本形成。环渤海、长江三角洲和珠江三角洲三大中心经济区依托海洋发展迅速，广西北部湾经济区、深圳经济特区、海峡西岸经济区、上海浦东新区、天津滨海新区和辽宁沿海经济带发挥各自区域的比较优势，发展规模不断扩大。随着开发利用海洋资源的方式增多，海洋经济总量迅速增长，其增长速度快于全国国民经济增长速度。但在发展过程中仍存在着海岛争端愈演愈烈、区域之间发展不平衡、海洋产业结构不合理、海洋生境遭到破坏、海洋环境污染严重等问题，在这种情况下，研究海洋产业健康和安全发展是非常必要的。

第一节　海洋产业健康和安全的概念

一、海洋产业健康

目前学界对海洋产业健康尚无确切的定义，尚未形成完整的理论体系，人们对它的认识主要来源于我国沿海地区发展海洋经济的政策纲领及协同论、可持续发展理论等理论基础。

在查阅我国沿海地区发展海洋经济的政策纲领以及协同论、可持续发展理论等理论的基础上，本书认为，海洋产业健康是指在经济、资源、环境良性循环的基础上，海洋产业各部门充分利用海洋资源和空间，合理配置生产要素，各部门协调稳定增长，带动国民经济发展，提高人民物质生活水平。其内涵包括四个方面：一是稳定性，即海洋产业发展处于稳定增长的态势；二是结构性，即海洋产业各行业及其内部组成之间相互联系和比例优化协调；三是功能性，即海洋产业投入产出相平衡，对区域经济增长具有很强的带动性和扩散性；四是可持续性，即海洋产业在满足资源和环境可持续性的前提下发展，有效利用海洋资源，保护海洋生境系统，满足代内和代际人的需要。

二、海洋产业安全

国内许多学者对产业安全概念进行了研究，研究内容主要集中于产业竞争力和产业控制力，代表性的观点有：张碧琼（2003）认为，外商直接投资对国家产业安全的影响最大，即外商利用其各方面的优势，通过合资、直接收购等方式控制国内企业，甚至控制国内重要的产业，由此产生对国家控制权的威胁；杨公朴等（2000）指出，产业安全主要体现为产业的国际竞争力，是指国家对重要产业的控制能力及抵御外部威胁的能力；景玉琴（2004）主张，产业安全分为宏观和中观两个层次。宏观层次的产业安全着重于国家制度能够引发市场活动，保持经济活力，使产业具有国际竞争力。中观层次的产业安全着重于企业具有持续发展的能力和竞争优势。

鉴于海洋产业安全研究的理论较不完善和成熟，在查阅大量相关文献、总结前人研究的基础上，本书认为，海洋产业安全是指在对外开放的条件下，海洋产业在公平的经济贸易环境下拥有自主权、控制权和发展权，应对来自产业内外部不利影响因素，具有足够的抵御和抗衡能力，确保国民经济和社会全面、稳定、协调和可持续发展。海洋产业安全的特征包括三个方面：一是战略性和紧迫性，研究海洋产业安全是保障产业自身健康发展的积极措施，同时是保障海洋经济增长和保证国家安全的必然要求；二是综合性和层次性，影响海洋产业安全的因素是多方面的，包括经济、资源、环境、社会、科技、制度等方面；三是动态性，海洋产业安全是动态变化的，在不同的国家、不同的发展时期是不一样的。

三、海洋产业健康和安全的联系与区别

海洋产业健康与海洋产业安全的联系是多方面的：

（1）以相同的国内外海洋经济发展背景为大前提；

（2）都是海洋产业研究的重要组成部分；

（3）以相同的理论依据和我国沿海地区发展海洋经济的政策纲领为基础；

（4）都是有机整体，受多重因素综合作用，具有“半结构性”，存在无法定量分析的因素。

但是，海洋产业健康与海洋产业安全的区别也是显而易见的。海洋产业健康侧重于研究海洋产业内部各部门充分利用海洋资源和空间，合理配置生产要素，各部门协调稳定增长，带动国民经济发展，提高人民物质生活水平；海洋产业安全侧重于影响海洋产业发展的内外部因素，是指在对外开放的条件下，海洋产业在公平的经济贸易环境下拥有自主权、控制权和发展权，应对来自产业内外部不利影响因素，具有足够的抵御和抗衡能力，确保国民经济和社会全面、稳定、协调和可持续发展。两者内涵和特征的不同也是明显的。

第二节　环渤海地区海洋产业健康评价及时空分异分析

一、海洋产业健康评价指标体系构建原则

（1）客观性和科学性。海洋产业健康评价指标体系应从与其密切相关的指标进行分析，从科学的角度系统和准确地理解和把握海洋产业健康的内涵，客观、综合地反映经济、结构、资源和环境等多个方面的情况。同时，指标应具有实用性，容易理解。

（2）全面性和系统性。指标体系作为一个有机整体，是多重因素综合作用的结果。海洋产业健康评价指标反映影响海洋产业健康发展的方方面面，从不同的角度研究海洋产业健康情况。海洋产业健康是一个复杂的系统，因此应根据其结构和层次，从不同的方面建立清晰的指标体系。

（3）可操作性和代表性。影响海洋产业健康的因素是多方面的，其中有些

因素对产业健康的影响是无法进行定量分析的。指标的选取应具有代表性，充分考虑到数据的可获得性和指标量化的难易程度，尽量选取可量化的指标。指标在时间上要具有连续性。

二、海洋产业健康评价指标体系的选取

根据上述原则，结合环渤海地区实际情况及当前经济社会发展特点，构建海洋产业健康评价指标体系。运用层次分析法和熵值法计算主客观权重，通过D-S 证据理论合成权重（表 6-1）。

表 6-1　海洋产业健康评价指标体系及权重

功能层	结构层	量化指标	层次分析法权重	熵值法权重	D-S 证据理论合成权重
环渤海地区海洋产业健康评价	发展态势	GDP 增长率（效益型）/%	0.0523	0.0315	0.021
		人均 GDP 增长率（效益型）/%	0.0450	0.0090	0.005
		海洋生产总值增长率（效益型）/%	0.0578	0.0444	0.032
		海洋生产总值增长平稳性（成本型）/%	0.0450	0.0265	0.015
	功能效益	海洋经济总产值占 GDP 比重（效益型）/%	0.0391	0.0503	0.025
		人均海洋经济产值（效益型）/（元/人）	0.0366	0.0599	0.027
		海岸线经济密度（效益型）/（万元/千米）	0.0342	0.0226	0.010
		贸易竞争力指数（效益型）/%	0.0320	0.0242	0.010
		固定资产投资（效益型）/亿元	0.0290	0.0315	0.011
		外商直接投资（效益型）/亿美元	0.0290	0.0454	0.016
	结构水平	渔业总产值（效益型）/亿元	0.0473	0.0408	0.024
		国际旅游（外汇）收入（效益型）/万美元	0.0428	0.0335	0.018
		海洋第一产业占 GDP 比重（成本型）/%	0.0550	0.0376	0.026
		海洋第三产业占 GDP 比重（效益型）/%	0.0550	0.0383	0.026
	环境保护	环境污染治理投资额（效益型）/亿元	0.0428	0.0463	0.025
		渔业生态效率（效益型）/%	0.0497	0.0582	0.036
		石油加工业生态效率（效益型）/%	0.0578	0.0419	0.030
		旅游业生态效率（效益型）/%	0.0497	0.0731	0.045
	资源利用	沿海港口码头泊位数（效益型）/个	0.0450	0.0624	0.035
		海洋捕捞海水产品产量（效益型）/万吨	0.0550	0.0719	0.049
		海水养殖面积（效益型）/公顷	0.0550	0.0768	0.053
		沿海港口货物吞吐量（效益型）/万吨	0.0450	0.0742	0.021

注：海洋生产总值增长平稳性是通过海洋生产总值增长率减去其平均数然后取绝对值计算得到的，渔业、石油加工业、旅游业的生态效率是通过该产业产值与环境污染评分之比得到的

三、评价方法

（一）层次分析法

计算方法及过程参见第三章第一节。

（二）熵值法

计算方法及过程参见第三章第一节。

（三）D-S 证据理论

计算方法及过程参见第三章第一节。

（四）核密度估计

计算方法及过程参见第三章第三节。

（五）ISODATA 聚类模型

ISODATA 聚类算法是一种常见的聚类分析方法。选择式（6-1）作为目标函数

$$J_m(U,v)=\sum_{k=1}^{n}\sum_{i=1}^{c}(u_{ik})^m(x_k-v_i)^2 \tag{6-1}$$

聚类的目的是使式（6-1）达到最小值。式中，n 为样本数目，c 为分类数，$U=u_{ik}$，为分划矩阵，m 为权重系数，通常取值为 2，$v_i=(v_{i1},v_{i2},\cdots,v_{ip})$，是第 i 类的聚类中心（$i=1,2,\cdots,c$），p 是每一个样本的变量（特征）数。

当 $m>1$ 时，可以用下面两个式子进行迭代运算，并证明这个算法是收敛的。

$$u_{ik}=\frac{1}{\sum_{j=1}^{c}\left[\frac{\|x_k-v_i\|}{\|x_j-v_k\|}\right]^{\frac{2}{m-1}}} \tag{6-2}$$

$$v_i=\frac{\sum_{k=1}^{n}(u_{ik})^m x_k}{\sum_{k=1}^{n}(u_{ik})^m} \tag{6-3}$$

ISODATA 聚类的计算步骤如下：

（1）根据已知对象的具体情况来确定预分类 c 及迭代精度 ε；

（2）任意给出具有软分划特征的初始分划矩阵；

（3）计算 $v_i(i=1,2,\cdots,c)$；

（4）计算新的软分划矩阵 U^{l+1}；

（5）计算误差 $\delta=\left\|u^{l+1}-u^{l}\right\|$，当 $\delta\leqslant\varepsilon$ 时，运算结束，否则，$l=l+1$，返回到（3），再继续迭代过程。

四、海洋产业健康时空分异分析

根据表 6-1 中 D-S 证据理论合成权重，按照公式求得各城市海洋产业健康评分（表 6-2）。

表 6-2 环渤海地区海洋产业健康评分

城市	2000 年	2001 年	2002 年	2003 年	2004 年	2005 年	2006 年	2007 年	2008 年	2009 年	2010 年	2011 年
天津	0.126	0.161	0.169	0.189	0.202	0.174	0.187	0.205	0.219	0.254	0.278	0.296
唐山	0.100	0.102	0.092	0.094	0.112	0.084	0.102	0.108	0.113	0.112	0.113	0.115
秦皇岛	0.145	0.177	0.161	0.171	0.156	0.161	0.166	0.163	0.164	0.165	0.170	0.188
沧州	0.079	0.087	0.088	0.095	0.088	0.088	0.089	0.092	0.090	0.086	0.095	0.097
大连	0.188	0.227	0.205	0.219	0.231	0.239	0.251	0.249	0.269	0.285	0.309	0.304
丹东	0.106	0.115	0.121	0.137	0.143	0.151	0.162	0.158	0.178	0.178	0.182	0.215
锦州	0.078	0.090	0.098	0.109	0.105	0.111	0.121	0.115	0.132	0.134	0.105	0.124
营口	0.101	0.095	0.096	0.110	0.118	0.118	0.122	0.125	0.129	0.144	0.156	0.165
盘锦	0.081	0.083	0.087	0.101	0.101	0.095	0.093	0.106	0.127	0.150	0.129	0.120
葫芦岛	0.087	0.097	0.113	0.121	0.122	0.125	0.126	0.126	0.134	0.138	0.128	0.131
青岛	0.163	0.223	0.186	0.179	0.237	0.231	0.235	0.237	0.246	0.251	0.232	0.241
东营	0.094	0.097	0.097	0.115	0.139	0.140	0.112	0.126	0.132	0.138	0.138	0.140
烟台	0.170	0.180	0.196	0.230	0.251	0.262	0.273	0.258	0.276	0.264	0.303	0.300
潍坊	0.117	0.129	0.134	0.140	0.141	0.135	0.150	0.114	0.121	0.130	0.136	0.144
威海	0.189	0.207	0.203	0.218	0.232	0.240	0.240	0.233	0.229	0.246	0.256	0.257
日照	0.112	0.120	0.115	0.147	0.114	0.124	0.128	0.110	0.120	0.123	0.114	0.127
滨州	0.089	0.104	0.098	0.116	0.112	0.084	0.104	0.105	0.101	0.103	0.104	0.099

（一）环渤海地区海洋产业健康时间分异分析

根据海洋产业健康评分，应用核密度估计描绘出 2000～2011 年环渤海 17 个城市海洋产业健康分布图，如图 6-1 所示，横轴表示海洋产业健康水平，纵轴是核密度。图中给出了 2000 年、2005 年和 2011 年的核密度分布状况，这三年的核密度分布状况大致解释了 17 个城市海洋产业健康分布的演进状况，海洋产业健康分布演进具有几个明显特征。

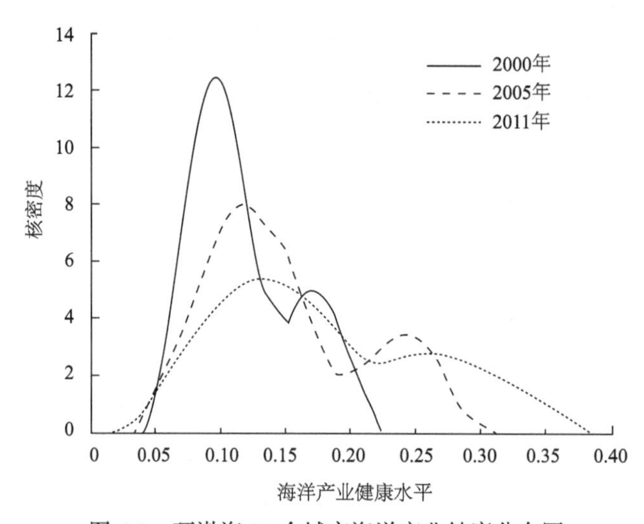

图 6-1 环渤海 17 个城市海洋产业健康分布图

从形状上看，海洋产业健康呈双峰分布的总体态势基本不变，说明环渤海 17 个城市海洋产业健康处于两极分化的形势。曲线右端向右平移幅度较大，左端位置基本不变，体现了海洋产业健康水平低的城市发展缓慢，位于分布函数曲线右端的高水平城市增长迅速。

从位置上看，2000 年与 2011 年相比，核密度分布不断向右移动，且移动幅度较大，反映出环渤海 17 个城市中的绝大多数城市海洋产业健康水平一直在提高，海洋产业健康差距有缩小的趋势。

从峰度上看，海洋产业健康在 2000～2011 年出现了尖峰形向宽峰形发展的变化趋势，且变化趋势十分明显。2005 年海洋产业健康表现出明显的尖峰特征，随着时间的推移，峰度逐渐平缓。中等水平组分布密度下降的同时高水平组分布密度上升，说明了环渤海 17 个城市海洋产业健康从中低水平向高水平发展。

（二）环渤海地区海洋产业健康空间分异分析

为了避免对环渤海 17 个城市海洋产业健康的变化规律一一进行烦琐的分析，根据综合评分，采用模糊 ISODATA 聚类算法将环渤海地区 17 个城市分为三类（图 6-2）。第一类城市海洋产业健康评分较高，包括天津、大连、青岛、烟台和威海；第二类城市海洋产业健康评分中等，包括秦皇岛、丹东、营口、葫芦岛、东营、潍坊和日照；第三类城市海洋产业健康评分较低，包括唐山、沧州、锦州、盘锦和滨州。

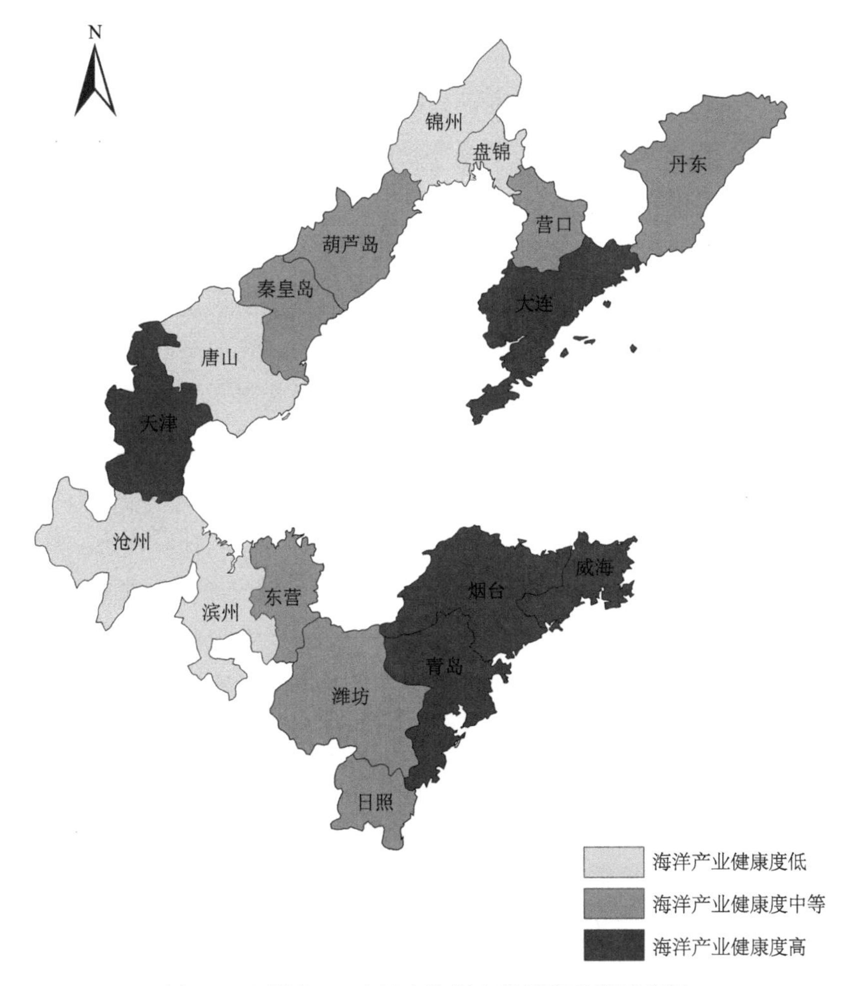

图 6-2　环渤海 17 个城市海洋产业健康聚类示意图

1. 辽宁省海洋产业健康评价结果分析

大连的海洋产业健康评分较高，丹东、营口和葫芦岛海洋产业健康评分处于中等水平，锦州和盘锦海洋产业健康评分较低。

大连市海岸线长 1906 千米，滩涂面积 660 平方千米，海域辽阔。大连港以东北三省为经济腹地，是东北的门户。海洋生物资源、矿产资源和滨海旅游资源丰富，2011 年大连实现海洋生产总值 2033 亿元，实现渔业经济总产值 646 亿元，全年完成出口水产品 52.7 万吨，出口贸易额突破 19.3 亿美元。大连海洋产业增长稳定，带动 GDP 增长，其结构不断完善。大连先后制定了《大连市海域使用管理条例》《大连市沿海水域环境保护管理规定》等，进一步统筹海洋管理工作，同时增加对环境污染治理的投入，保护海洋资源和环境，实现海洋产业健康协调发展。

盘锦、丹东、锦州、营口和葫芦岛海洋经济实力与大连相差较大，海洋经济规模仍然较小，各市应努力实现海洋经济和资源环境的协调发展。丹东市海域面积 3500 平方千米，海岸线长 125.8 千米。沿海有大型客运货运港口丹东港，其年吞吐能力为 4000 万吨。区域滩涂资源丰富，物种资源繁多，湿地生态系统多样，是海洋经济贝类的重要生产基地和鸟类栖息的迁徙停歇地，区域内有鸭绿江口滨海湿地国家级自然保护区，海洋产业主要以粗放型的渔业为主。应优化升级海洋第一产业，重点发展精品渔业养殖和渔业加工，加大资金投入发展滨海旅游业、海洋生物制药业、港口物流业等海洋第二、第三产业。

营口市海岸线总长 96.5 千米，是辽宁省最便捷的出海口和“海上辽宁”对外开放最近的窗口，滩涂面积有 131.2 平方千米，海产品种类齐全。营口港是综合性大港，现已同世界 50 多个国家的 140 个港口建立了航运业务关系。营口市重点发展现代物流、船舶修造、生物工程等海洋产业，白沙湾、盖州北海海域发展滨海旅游业，确定重点发展的海洋产业，减少无序无度开发。特别是加大渔业资源保护力度，实现海洋产业与资源环境健康协调发展。

葫芦岛海岸线总长 261 千米，滩涂面积约 146.87 平方千米。葫芦岛海区沿岸地带适于渔业利用的海底面积约有 666.67 平方千米，蕴藏丰富的贝类和海珍品资源。葫芦岛市发展盐业有得天独厚的条件，宜盐滩涂 82 平方千米。2000～2011 年海洋经济发展较快，海洋产业主要以第一产业为主，新兴海洋产业发展较慢，对区域经济带动力较弱，应着力发展船舶、仓储物流和滨海旅游等海洋产业。

锦州市海岸线总长 97.7 千米，近海水域面积 1200 平方千米，沿海滩涂面积 177.33 平方千米，166.67 平方千米的近海渔场，是辽宁省主要产盐区之一。

锦州港是中国沿海最北部的一类开放商港，已跻身于中国港口二十强。辽滨、娘娘宫和锦州湾北部海域主要发展港口物流、石油装备制造、中小型船舶制造、石油化工、城镇建设等产业，白沙湾海域发展滨海旅游，小凌河河口发展盐业，近海海域发展现代渔业、海上油气业。锦州湾海水富营养化、重金属及油类污染、湿地生境丧失等问题严重，影响锦州市海洋产业健康发展。

盘锦海岸线长 118 千米，滩涂面积 366.67 平方千米。盘锦港背依盘锦市和辽河油田，面临渤海，被辽宁省政府批准为二类口岸。海洋产业主要以渔业为主，海洋产业结构不完善。辽河海域生态环境破坏较为严重，盘锦应认真贯彻落实《盘锦市沿海滩涂综合利用总体规划》等法律法规，扎实推进以辽河整治为重点的环境治理。

2. 天津市和河北省海洋产业健康评价结果分析

天津的海洋产业健康水平较高，秦皇岛海洋产业健康水平处于中等，唐山和沧州海洋产业健康水平较低。

天津市 2000～2011 年海洋经济发展迅速，2011 年海洋产业总产值 3536 亿元。天津海岸线长 153 千米，滩涂面积约 370 平方千米，海洋生物资源主要是浮游生物、游泳生物、底栖生物和潮间带生物。海水成盐量高，拥有中国最大的盐场。海洋油气资源丰富，已发现 45 个含油构造，储量十分可观。天津港是中国最大的人工港，作为世界港口十强之一的天津港是目前中国北方唯一的 2 亿吨大港，拥有中国最大的集装箱码头群，以及散粮专用码头和焦炭专用码头。天津市出台了《天津市海域使用管理条例》《天津市海洋环境保护条例》《天津市海洋经济和海洋事业发展“十二五”规划》等条例区划，建立起海洋资源、环境、经济、科技等综合协调管理体制和运行机制。

秦皇岛、沧州、唐山与天津海洋产业健康水平差距较大，海洋经济实力较弱，在发展海洋经济的同时应保护资源和环境，促进海洋科技发展。秦皇岛海域面积 1806.27 平方千米，在 162.7 千米海岸线上，有捕捞作业渔场 1 万平方千米，适宜发展养殖的浅海面积 533.33 平方千米，滩涂面积约 33.33 平方千米。秦皇岛市 2011 年实现水产品加工产量 4.2 万吨，出口量 2 万吨，出口创汇 1 亿美元。海上养殖已经成为秦皇岛市的重要产业和广大渔民主要的经济来源，海水利用、海洋生物等海洋新兴产业仅处于起步阶段，海洋产业结构水平较低。

唐山市海岸线长 215.62 千米，海域面积 3596.96 平方千米。唐山港 2011 年货物吞吐量达到 3 亿吨。唐山近岸及海域地处我国重要的油气构造区——渤海盆地，盐田遍布大清河口至涧河口沿海，拥有各级海盐生产企业 16 个。唐山市海洋经济产出和效益持续增加，但海洋产业规模仍然较小，在国民经济中的比重过低。海洋产业结构呈低度化，急需优化升级。海洋产业关联松散不配套，重点海洋产业发展不明确，影响了唐山市海洋产业健康发展。

沧州市海岸线长 127 千米，拥有滩涂面积 293.33 平方千米，盐田面积达 300 平方千米。中国特大跨世纪工程黄骅港，是一个多功能、现代化和综合性的国际港口。沧州市传统海洋产业在整个海洋产业中的比重明显偏高，现代海洋产业发展滞后，海洋科技基础薄弱，很多具有重要开发价值的战略资源尚未得到充分利用。同时，海洋开发与环境保护的矛盾日益突出，近岸海域生态环境恶化、灾害频发，制约着海洋产业健康发展。

3. 山东省海洋产业健康评价结果分析

如图 6-2 所示，青岛、烟台和威海的海洋产业健康水平较高，潍坊、东营和日照处于中等水平，滨州海洋产业健康水平较低。

青岛市海岸线总长 816.98 千米，海岛 69 个，海湾 49 个，航道通畅，不淤不冻，锚地水域开阔，具有适合建设深水大型码头的港口资源。沿海滩涂面积 375 平方千米，滩涂、浅海等海洋空间资源适宜开发养殖业、旅游业、盐业等。海洋生物资源丰富，重点培育发展水产种苗、海洋牧场、远洋渔业三大行业。2000～2011 年海洋经济平稳发展，2011 年青岛海洋生产总值 1600 亿元，港口货物吞吐量达 3.7 亿吨。青岛市加强海洋科技投入，争取各类科研资金达 6.8 亿元。青岛市编制了《青岛市海洋功能区划》《青岛市海洋经济“十一五”发展规划》《青岛市海域使用管理条例》等法规条例，规范海洋开发行为，促进海洋产业健康发展。

烟台市海岸线长 909.3 千米，海域面积 2.6 万平方千米，大小岛屿 63 个，共有港口 10 处，生产性泊位 170 个。渔业产业结构进一步优化，水产品出口态势良好，生态渔业和渔业基础设施建设快速发展。造船及海洋机械制造业快速发展，船舶工业集聚区规模不断扩大，海洋新兴产业规模不断发展壮大。烟台加快实施《烟台蓝色经济区发展规划（试行）》，积极建设高技术海洋经济新区，建设国家级、省级创新平台，促进海洋科技成果转化。

威海海岸线总长 986 千米，海水养殖空间资源广阔，具有丰富的生物资源，是中国最大的水产城市。威海加快建设海产品生产加工、船舶修造、港口物流、滨海旅游休闲度假、新能源产业和现代石化六大海洋优势产业基地。威海认真贯彻落实各项法律法规，编制《威海市海洋环境保护规划》《威海市海岸带分区管制规划》等，初步建立起海洋环境监测和海洋防灾减灾网络，实现海洋经济、资源、环境和社会健康协调发展。

青岛、烟台和威海海洋经济实力较强，海洋产业健康水平较高，东营、潍坊、日照和滨州海洋经济实力较弱，应发挥青岛、烟台和威海的带动作用，实现由点到线再到面的协调发展格局。潍坊海岸线长 143 千米，滩涂湿地面积 6000 平方千米。优良的生态环境繁衍了多种多样的浮游生物，是海洋生物生长繁殖的良好场所。2011 年海洋主要产业总产值 980 亿元，和青岛、烟台、威海仍有较大差距。潍坊市正全面推进各类园区向蓝色高端转型、向高新技术园区升级，滨海经济新区成为全国科技兴海示范区、国家生态工业示范园区，已形成以盐化工、精细化工、海洋装备制造为主的海洋特色产业体系，海洋化工产业发展居全国前列。

东营市海岸线全长 412.67 千米，−10 米等深线以内浅海面积 4800 平方千米，滩涂湿地面积 1200 平方千米，现已控制含油面积 64.9 平方千米。黄河由此入海，形成了生态最活跃的高产区，生物资源、旅游资源丰富。海洋渔业、海洋化工业、海洋盐业、滨海旅游等产业初具规模，海洋生物制药、海洋新能源等新兴海洋产业发展迅速。海洋开发影响了海洋生物多样性，生态系统功能退化，资源和环境承载力下降，相关制度不完善，影响海洋开发利用和资源环境协调发展。

日照海域面积 6000 平方千米，海岸线长 168.5 千米。日照港口优势突出，现有生产性泊位 49 个，泊位等级达到 30 万吨。日照市海洋经济规模仍然较小，海洋产业增长较不平稳，海洋资源未得到有效开发利用。日照市制定国际海洋城总体规划，全力打造集海洋科技、海洋服务、海洋生物、海水利用、海洋环境保护、海洋旅游于一体的海洋产业和城市协调融合的蓝色新区。

滨州海岸线长 239 千米，滩涂面积 1700 平方千米，−15 米等深线以内浅海面积 2000 平方千米，宜盐面积 960 平方千米，是山东省第二大海盐生产基地和全国四大渔场之一。滨州市科技水平较低，缺少海洋专业人才，滩涂、浅水海域资源尚未得到有效利用。海洋产业发展较慢，主导海洋产业不明确，应加大对海洋科技的投入，重点发展海洋化工业、海上风电产业和物流业等产业，积极优化海洋产业结构，促进海洋经济平稳快速发展。

第三节 环渤海地区海洋产业安全评价及时空分异分析

加入世界贸易组织以来，环渤海地区对外贸易得到较大发展，国际地位不断提升，影响力日益彰显，但仍受到外部多方面不利因素的影响：金融危机冲击、对外依存度攀升、海洋资源不合理开发，海洋自然灾害频发、生态环境污染严重、产业竞争力较低、科技实力较弱等。海洋产业安全问题直接影响环渤海地区经济的持续稳定发展。

一、海洋产业安全评价指标体系

结合环渤海地区实际情况及当前经济社会发展特点，从经济、资源、环境、社会和智力五个方面进行详细分析，构建海洋产业安全评价指标体系，采用 D-S 证据理论、层次分析法和投影寻踪模型相结合确定综合权重（表 6-3）。

表 6-3 海洋产业安全评价指标体系及权重

功能层	结构层	量化指标	层次分析法权重	投影寻踪模型权重	D-S 证据理论合成权重
环渤海地区海洋产业安全评价	经济	海洋总产值占 GDP 比重 C_1/%	0.0333	0.0486	0.0124
		海岸线经济密度 C_2/（万元/千米）	0.0308	0.0312	0.0074
		海洋产业全员劳动生产率 C_3/%	0.0308	0.0417	0.0098
		资本成本 C_4/%	0.0264	0.0229	0.0046
		国际旅游（外汇）收入 C_5/亿美元	0.0166	0.0099	0.0013
		外资依存度 C_6/%	0.0143	0.0166	0.0124
		贸易竞争力指数 C_7/%	0.0194	0.0271	0.0074
		实际使用外商直接投资额 C_8/万美元	0.0143	0.0135	0.0098
		外商直接投资合同数 C_9/个	0.0143	0.0135	0.0046

续表

功能层	结构层	量化指标	层次分析法权重	投影寻踪模型权重	D-S 证据理论合成权重
环渤海地区海洋产业安全评价	资源	人均海水产品产量 C_{10}/（千克/人）	0.0366	0.0221	0.0013
		人均海域面积 C_{11}/（米^2/人）	0.0331	0.0457	0.0018
		能源生产总产量 C_{12}/万吨标准煤	0.0366	0.0334	0.0040
		人均海岸线长度 C_{13}/（米/人）	0.0366	0.0534	0.0015
		海水养殖面积 C_{14}/公顷	0.0223	0.0221	0.0015
		沿海港口货物吞吐量 C_{15}/万吨	0.0166	0.0225	0.0062
		沿海港口码头泊位数 C_{16}/个	0.0183	0.0258	0.0116
	环境	万元 GDP 工业废水排放量 C_{17}/吨	0.0182	0.0212	0.0094
		工业固体废弃物产生量 C_{18}/万吨	0.0165	0.0212	0.0150
		工业固体废弃物综合利用率 C_{19}/%	0.0298	0.0248	0.0038
		城镇生活污水处理率 C_{20}/%	0.0298	0.0248	0.0029
		工业废水排放达标率 C_{21}/%	0.0298	0.0248	0.0036
		“三废”综合利用产品产值 C_{22}/万元	0.0270	0.0339	0.0030
		污染治理投资占 GDP 比重 C_{23}/%	0.0489	0.0743	0.0027
	社会	居民家庭人均可支配收入 C_{24}/元	0.0570	0.0228	0.0057
		城镇居民家庭恩格尔系数 C_{25}/%	0.0216	0.0183	0.0057
		社会消费品零售总额 C_{26}/亿元	0.0539	0.0147	0.0057
		金融机构年末存贷总额 C_{27} /万元	0.0328	0.0183	0.0070
		海洋产业从业人口占地区人口比重 C_{28}/%	0.0347	0.0550	0.0278
	智力	沿海城市科技支出 C_{29}/万元	0.0570	0.0464	0.0100
		科技教育投入占 GDP 比重 C_{30}/%	0.0570	0.0464	0.0030
		普通高等学校在校学生数 C_{31}/万人	0.0285	0.0193	0.0061
		教育经费 C_{32}/亿元	0.0248	0.0464	0.0046
		高等教育发展指数 C_{33}/人	0.0327	0.0373	0.0146

二、评价方法

（一）韦伯-费希纳定律

计算方法及过程参见第三章第一节。

（二）投影寻踪模型

计算方法及过程参见第三章第二节。

（三）信息扩散技术

计算方法及过程参见第三章第一节。

三、海洋产业安全评价集

依据公式计算得出基于韦伯-费希纳定律的经济、资源、环境、社会和智力外部影响因素作为评价因子的分级情况（表 6-4）。其中，一级是安全，二级是较安全，三级是临界安全，四级是不安全，五级是很不安全。

表 6-4 海洋产业安全评价集

指标	安全	较安全	临界安全	不安全	很不安全
C_1	[45,60]	[30,45）	[20,30）	[4,20）	[2,4）
C_2	[200 000,231 120]	[100 000,200 000）	[9 833,100 000）	[3 433,9 833）	[418,3 433）
C_3	[55,66]	[30,55）	[6,30）	[2,6）	[0.6,2）
C_4	[7.3,8.8）	[8.8,10.7）	[10.7,13.1）	[13.1,15.9）	[15.9,19.3）
C_5	[100 000,175 000]	[50 000,100 000）	[10 000,50 000）	[500,10 000）	[10,500）
C_6	[0,0.1）	[0.1,0.2）	[0.2,0.5）	[0.5,1.3）	[1.3,3.6）
C_7	[0.5,1]	[0.3,0.5）	[0,0.3）	[−0.5,0）	[−1, −0.5）
C_8	[100,133]	[40,100）	[10,40）	[1,10）	[0.1,1）
C_9	[2 000,2 531]	[1 000,2 000）	[500,1 000）	[28,500）	[3,28）
C_{10}	[800,1 026]	[500,800）	[100,500）	[20,100）	[2,20）
C_{11}	[4 000,5 400]	[3 000,4 000）	[2 000,3 000）	[515.8,2 000）	[159,515.8）
C_{12}	[4 000,5 008]	[2 000,4 000）	[1 000,2 000）	[300,1 000）	[0,300）
C_{13}	[0.5,0.7]	[0.3,0.5）	[0.1,0.3）	[0.05,0.1）	[0,0.05）
C_{14}	[100 000,151 078]	[80 000,100 000）	[60 000,80 000）	[20 000,60 000）	[3 982,20 000）
C_{15}	[30 000,45 338]	[10 000,30 000）	[5 000,10 000）	[1 000,5 000）	[0,1 000）
C_{16}	[200,225]	[100,200）	[50,100）	[10,50）	[0,10）
C_{17}	[2,10）	[10,15）	[15,20）	[20,25）	[25,32）
C_{18}	[10,40）	[40,100）	[100,500）	[500,1 017）	[1 017,2 516）
C_{19}	[95,100]	[90,95）	[80,90）	[50,80）	[20,50）
C_{20}	[80,100]	[60,80）	[40,60）	[30,40）	[18,30）
C_{21}	[95,100]	[90,95）	[80,90）	[50,80）	[25,50）

续表

指标	安全	较安全	临界安全	不安全	很不安全
C_{22}	[700 000,863 346]	[500 000,700 000）	[100 000,500 000）	[10 000,100 000）	[1 000,10 000）
C_{23}	[3,5]	[2,3）	[1,2）	[0.5,1）	[0.02,0.5）
C_{24}	[20 000,26 415]	[10 000,20 000）	[5 785,10 000）	[3 487,5 785）	[1 260,3 487）
C_{25}	[31,35）	[35,38）	[38,40）	[40,45）	[45,47.5）
C_{26}	[2 000,3 146]	[1 000,2 000）	[500,1 000）	[100,500）	[6,100）
C_{27}	[30 000,32 181]	[20 000,30 000）	[10 000,20 000）	[5 000,10 000）	[200,5 000）
C_{28}	[15,21]	[10,15）	[6,10）	[4,6）	[1,4）
C_{29}	[100 000,289 405]	[50 000,100 000）	[10 000,50 000）	[2 000,10 000）	[135,2 000）
C_{30}	[2,2.93]	[1.5,2）	[0.7,1.5）	[0.5,0.7）	[0,0.5）
C_{31}	[30,45]	[10,30）	[5,10）	[1,5）	[0,1）
C_{32}	[200,302.32]	[100,200）	[50,100）	[5,50）	[0,5）
C_{33}	[300 000,449 996]	[200 000,300 000）	[100 000,200 000）	[20 000,100 000）	[2 600,20 000）

四、海洋产业安全级别特征值

依据公式计算环渤海 17 个城市 2000～2011 年海洋产业安全级别特征值，级别特征值对应的等级为海洋产业安全的综合评价结果（表 6-5）。

表 6-5　环渤海 17 个城市 2000～2011 年海洋产业安全级别特征值

城市	2000年	2001年	2002年	2003年	2004年	2005年	2006年	2007年	2008年	2009年	2010年	2011年
天津	3.182	3.013	2.957	2.749	2.621	2.456	2.463	2.415	2.326	2.158	2.096	2.102
唐山	3.451	3.427	3.517	3.415	3.345	3.158	3.097	3.040	2.925	2.907	2.837	2.778
秦皇岛	3.786	3.637	3.664	3.328	3.307	3.216	3.167	3.173	3.052	2.975	2.956	2.885
沧州	3.871	3.732	3.771	3.460	3.382	3.259	3.220	3.102	2.998	2.966	2.887	2.856
大连	3.515	3.396	3.379	3.361	3.284	3.086	3.044	2.771	2.773	2.630	2.508	2.462
丹东	3.931	3.645	3.642	3.490	3.426	3.335	3.364	3.307	3.220	3.205	3.061	3.143
锦州	3.881	3.734	3.810	3.595	3.619	3.518	3.500	3.402	3.289	3.224	3.113	2.998
营口	3.964	3.805	3.754	3.651	3.506	3.433	3.359	3.282	3.295	3.168	3.056	3.021
盘锦	3.759	3.651	3.714	3.561	3.486	3.351	3.380	3.310	3.274	3.161	3.056	2.994
葫芦岛	3.874	3.681	3.715	3.525	3.410	3.391	3.318	3.323	3.217	3.217	3.171	3.106
青岛	3.522	3.378	3.303	3.121	3.027	2.784	2.753	2.723	2.593	2.599	2.496	2.442

续表

城市	2000年	2001年	2002年	2003年	2004年	2005年	2006年	2007年	2008年	2009年	2010年	2011年
东营	3.631	3.550	3.528	3.442	3.212	3.195	3.126	3.063	3.049	2.977	2.863	2.815
烟台	3.538	3.386	3.382	3.241	3.258	3.046	3.034	2.967	2.938	2.836	2.757	2.702
潍坊	3.600	3.488	3.519	3.369	3.217	3.096	3.084	3.000	2.983	2.900	2.740	2.679
威海	3.577	3.329	3.323	3.168	3.145	3.038	3.035	2.934	2.881	2.824	2.774	2.697
日照	3.591	3.441	3.505	3.281	3.358	3.386	3.144	3.121	3.098	3.076	2.980	2.897
滨州	3.808	3.617	3.630	3.392	3.411	3.372	3.238	3.226	3.136	3.052	2.933	2.864

五、环渤海地区海洋产业安全时空分异分析

（一）环渤海地区海洋产业安全时间分异分析

由分级标准可知，级别特征值越小越接近一级安全级别，越大越接近五级很不安全级别。2000～2011 年环渤海 17 个城市的海洋产业安全级别特征值整体上不断下降。2001 年我国加入世界贸易组织，环渤海地区出口贸易进一步扩大，开放国内市场，吸引外商投资，引进先进的海洋科技和管理经验，全方位地参与国际合作和竞争，海洋经济快速发展。2008 年，金融危机影响环渤海地区产品的出口，进口产品成本增加，造成金融机构的直接损失，影响了海洋产业安全发展。2000～2011 年环渤海地区海洋经济综合实力显著增强，对外开放进一步扩大，海洋第三产业发展加快。环渤海地区如今已成为我国北方经济发展的引擎，被誉为继珠江三角洲、长江三角洲之后的“中国经济第三增长极”。

如表 6-5 所示，天津、大连、青岛、烟台和威海海洋产业安全级别特征值下降幅度较大，其他城市相对下降幅度较平缓，且级别特征值整体上高于天津、大连、青岛、烟台和威海，海洋产业安全水平与之相差较大。环渤海地区多数城市在 2000～2011 年海洋产业安全从四级不安全变为三级临界安全。2005 年，天津海洋产业安全级别从三级变成二级，从临界安全发展为较安全。作为环渤海沿海城市中发展较好的城市，天津、大连、青岛、烟台和威海积极应对全球一体化带来的冲击和挑战，经济实力较强，人民生活水平较高，海洋资源丰富，资金投入较多，海洋专业人才丰富，为海洋产业竞争力的提高提供了强有力的

保障。相比较而言，其他城市的海洋产业发展较缓慢，在经济、资源、环境、社会和智力方面与天津、大连、青岛、烟台和威海的差距较大。

（二）环渤海地区海洋产业安全空间分异分析

为了避免对环渤海 17 个城市海洋产业安全的变化规律一一进行烦琐的分析，依据表 6-5 各评价特征的级别特征值，采用 SPSS 聚类算法将环渤海地区 17 个城市分为三类（图 6-3）。第一类包括天津、大连、青岛、烟台和威海；第二类包括丹东、葫芦岛、盘锦、锦州、营口和日照；第三类包括秦皇岛、滨州、沧州、东营、潍坊和唐山。第一类城市的海洋产业安全水平较高，第二类城市的海洋产业安全水平处于中等，第三类城市的海洋产业安全水平较低。

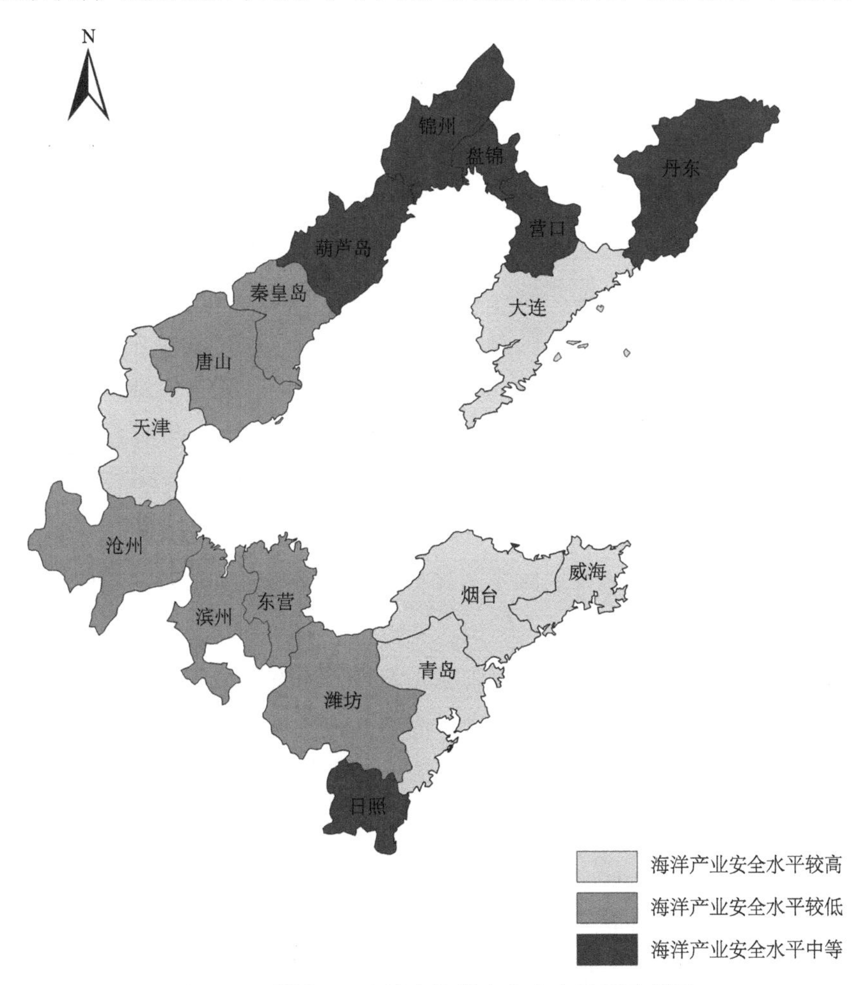

图 6-3　环渤海 17 个城市海洋产业安全聚类示意图

1. 辽宁省海洋产业安全评价结果分析

如图 6-3 所示，大连的海洋产业安全水平较高，盘锦、锦州、葫芦岛、丹东和营口处于中等水平，和大连相差较大。从经济方面来看，2000～2011 年辽宁省沿海城市的海洋生产总值逐年递增，2011 年，大连海洋生产总值超过 1600 亿元，其他五个沿海城市海洋生产总值均未超过 500 亿元，受基础条件及腹地经济制约，海洋经济实力较弱，抵御和抗衡国内外不利影响的能力较低，但也体现出海洋产业的开发潜力巨大。六市的海洋生产总值占 GDP 比重逐年提高，反映出海洋经济对国民经济的贡献度持续提高，成为新的经济增长点。资本成本是涉海企业筹集和使用资本需要付出的代价。2000～2011 年，中国人民银行多次上调金融机构人民币存贷款基准利率，增加了海洋产业信贷融资的成本，但也刺激了民间借贷规模的扩大。2000～2011 年外商直接投资额逐年递增，但丹东、锦州、营口、盘锦和葫芦岛与大连差距较大。在发展海洋产业吸引大量外资进入的同时，不能忽略外资对正常产业链条和产业生态的影响。

从资源方面来看，六市近海水域面积 68 000 平方千米，陆地海岸线总长 2292.4 千米，滩涂面积共 2070.2 平方千米，海洋生物资源丰富，种类繁多。大连港、营口港、丹东港、锦州港、盘锦港和葫芦岛港与多国建立了航运业务关系，吞吐能力不断增强。海岸类型多样，海蚀景观、滨海湿地和天然海水浴场等旅游资源丰富。由于技术落后、海洋科技人才匮乏和资金短缺，存在滩涂资源等海洋资源闲置的情况。在缺少统筹管理的情况下，一些地方、部门或行业只顾眼前利益，盲目围垦建造房屋、兴建度假村等导致有些沿岸沙丘、岸堡植被及海岸防护林等遭到人为破坏。近海的过度捕捞破坏了海洋生物多样性，渔业资源减少。这些都影响了海洋产业安全发展。沿海六市港口资源亟待优化整合。

从环境方面来看，海洋自然灾害频发及海洋生态环境污染等严重影响海洋产业安全发展。风暴潮、赤潮、海冰、海浪和海水入侵等海洋自然灾害严重影响海洋经济发展，六市抵御自然风险的能力较弱。2010 年，近岸海域海水环境总体污染程度依然较高，严重污染海域主要分布在双台子河口至辽河口近岸及大连湾部分海域。61.9%的入海排污口超标排放污染物，83.3%的重点排污口邻近海域水质不能满足海洋功能区要求。近岸海域生态系统健康状况仍不容乐观，双台子河口和锦州湾生态系统均处于亚健康状态。随着海洋产业的发展，开发建设用海面积将持续增长，沿岸生态环境将受到进一步影响，维护任务日趋加重。应加强海洋生态环境保护，提高沿海地区抵御自然风险能力，促进海洋产业安全发展。

从社会发展方面来看，辽宁省沿海六市社会环境稳定，居民家庭人均可支配收入、社会消费品零售总额和金融机构年末存款余额呈现逐年增长的趋势，反映出人民的生活水平在不断提高，但丹东、营口和盘锦等五市和大连的生活水平差距较大，居民家庭人均可支配收入仍然较低，直接影响了对海洋产品的需求，影响了海洋产业的安全健康发展。近年来，社会就业形势严峻，随着海洋产业发展，其为沿海城市人民提供了更多的就业机会，涉海就业人员逐年增多，缓解了就业压力。

从智力方面来看，资金投入、科技创新、专业人才和制度管理直接关系着海洋产业的竞争力，影响海洋产业的安全发展。辽宁省沿海城市的海洋技术装备相对落后，海洋油气资源开发、海洋预报和信息服务、海洋矿产资源勘探和海洋渔业资源开发等领域的技术装备大部分依赖进口。面对海洋产业竞争力低下的现状，各市对海洋产业资金投入不断加大，海洋科研机构、科技课题数量、研究专利和海洋专门人才等不断增多，实施“科技兴海”战略，促进海洋科技与海洋产业紧密结合，加快海洋高新技术向传统海洋产业的渗透，促进产业结构调整，提高海洋产业附加值，增强国际竞争力。全省颁布多项海洋相关法规，周边海域综合监督管理和执法队伍建设得到加强，为区域内海洋经济发展提供了良好的政策保障。

2. 天津市和河北省海洋产业安全评价结果分析

由图 6-3 可知，天津市海洋产业安全水平较高，秦皇岛、唐山和沧州海洋产业安全水平较低。从经济方面来看，2011 年，天津市海洋产业生产总值 3536 亿元，唐山、秦皇岛、沧州与天津差距较大，其中沧州最低，海洋经济实力较弱，发展较慢，较难应对经济全球一体化的压力和冲击。天津、唐山、秦皇岛和沧州各级政府纷纷制定招商引资的各项优惠政策，外商直接投资额逐年递增，但唐山、秦皇岛、沧州相对于天津吸引外资的能力仍较弱。这就要求在吸引外资注重数量的同时也要注重质量，利用外资优化海洋产业结构，推动海洋高新技术发展。2011 年，天津外贸进出口总额 1033.91 亿美元，唐山、秦皇岛和沧州进出口总额较低，应紧紧抓住加入世界贸易组织的机遇，坚持将扩大内需和稳定外需相结合，积极应对国际金融危机带来的冲击和挑战。

从资源方面来看，天津市和河北省沿海城市海洋资源丰富，包括滩涂资源、海洋生物资源、海水资源和海洋油气资源等。天津港是中国最大的人工港，作为世界港口十强之一的天津港，是目前中国北方唯一的 2 亿吨大港，拥有中国最大的集装箱码头群，以及散粮专用码头和焦炭专用码头。秦皇岛港、京唐港、曹妃甸港和黄骅港发展迅速，吞吐量逐年增多，但海洋资源开发利用水平较低，开发技术较弱，海洋产业仍处于传统渔业占主导地位的阶段，产业国际竞争力较弱。

从环境方面来看，2011 年天津市和河北省沿海城市海域未达到一类水质标准的海域面积为 3835 平方千米，污染区域主要分布在天津的汉沽、塘沽附近海域，秦皇岛的海港区附近海域，唐山曹妃甸以西至黑沿子近岸海域，沧州市黄骅近岸海域。近岸海域海洋生态系统处于亚健康、高风险状态，主要表现为：生境改变或丧失，生物多样性下降，部分生物体内有害物质含量偏高；海水浴场和滨海旅游度假区综合环境质量降低，海洋自然保护区面临的环境压力依旧较大；风暴潮、赤潮灾害和溢油事故多发，部分滨海岸段海水入侵严重。因此，增设监测站，提高预警能力，有利于海洋产业安全发展。

从社会发展方面来看，天津市和河北省沿海城市的人均可支配收入、社会消费品零售总额和金融机构年末存款余额逐年增多，人民生活水平逐步提高，市场需求逐步扩大，但秦皇岛、唐山和沧州与天津差距较大，影响了三市海洋产业的迅速发展。

从智力方面来看，天津市和河北省沿海城市的海洋管理体制基本上属于海洋综合管理与海洋行业管理并存的机制，尚未形成协调、健全的海洋管理系统和完善的管理机制。制度对产业安全的影响远大于外商的产业控制和商品倾销这些外部冲击，所以急需健全海洋管理体系。秦皇岛、唐山和沧州的海洋科技基础差、发展步伐慢，整体实力较为薄弱，与天津相比，处于较为落后的地位。三市海洋科技人才匮乏、技术设备陈旧，制约着渔业、盐业等传统产业水平的提高，也限制了海洋化工、海洋生物制药等海洋高新技术产业的成长和发展，科技创新机制不健全导致海洋经济发展活力不足。

3. 山东省海洋产业安全评价结果分析

青岛、烟台、威海海洋产业安全水平较高，日照处于中等水平，东营、潍坊、滨州海洋产业安全水平较低。从经济方面来看，2000～2011 年山东省沿海城市海洋经济快速发展，海洋产业发展是山东经济的重要推动力，青岛和烟台海洋经济实力较强，而东营、潍坊、威海等城市海洋经济实力较弱，应发挥青岛和烟台的龙头作用，实现由点到线再到面的发展格局。2011 年，青岛外贸进出口总额 712.63 亿美元，烟台达 453.5 亿美元，其他沿海城市进出口总额较少。七市推进对外开放的任务仍十分艰巨，为适应对外开放由出口和吸引外资为主转向进口和出口、吸引外资和对外投资并重，应更加积极主动地实施开放战略，有效地防范风险。

从资源方面来看，山东省海岸线长 3121 千米，居全国第三位，拥有广阔的海域。海洋资源种类众多，储量也十分丰富。滩涂、浅海、港址、盐田、旅游和沙矿等六种资源丰度指数在沿海各省份中位居第一。海洋资源的不合理利用现象十分严重，特别是近海渔业的过度捕捞导致资源严重衰退。很长一段时间，山东省沿海城市海洋资源开发走的是一条高投入、高速度、低效率、低效益的粗放式发展道路，只注重扩大再生产而不注重提高资源利用率，忽视资源节约和生态平衡，造成宝贵的资源被过度消耗，不利于资源的可持续利用。

从环境方面来看，由于陆源排污口排放入海污水量增多，污染物质造成海水富营养化，底质重金属含量严重超标，造成生态环境恶化，这不仅导致物种逐渐减少甚至消亡，也降低了渔业生物的食用价值，对人体健康造成伤害。海洋灾害越来越严重，不仅严重威胁到沿海居民的生命和财产，也影响到海洋资源和生态环境及各项海洋开发活动的正常进行，这已经成为制约海洋产业安全发展的重要因素。

从社会发展方面来看，山东省沿海城市经济综合实力不断提升。人均可支配收入、社会消费品零售总额和金融机构年末存款余额逐年增多，人民生活水平提高，对海洋产品需求增多，但东营、潍坊、威海、日照和滨州与青岛和烟台差距较大。良好的社会环境是海洋产业安全发展的基石，所以完善社会环境是非常紧迫的。

从智力方面来看，正确处理好立法管理和行政管理之间的关系，加强配套法律体系的建设，避免海洋产业安全管理的短视性、任意性和无序发展的情况。山东是全国海洋科技力量的集聚区，是海洋科技创新的重要基地。山东省海洋科研机构和海洋科技人员逐年增多，还承担了 500 多项 863 计划和国家自然科学基金海洋项目，取得了一系列具有原创性和处于国家前沿水平的成果。应大力推进科教兴海，加快科技成果转化步伐。

第四节 环渤海地区海洋产业健康和安全发展政策建议

根据前文定性与定量的分析，借助海洋产业发展的战略指导方针，全面考虑海洋产业健康及安全，本节从三个方面提出发展政策建议。

一、针对海洋产业健康发展提出政策建议

依据海洋产业健康的含义，着重于海洋产业内部各部门协调稳定发展，根据前文分析，环渤海地区 17 个城市中有较多城市海洋经济发展较慢，应发挥海洋经济对国民经济发展的带动作用，优化海洋产业结构，发展海洋优势产业集群。

（一）做大做强海洋经济，带动经济发展

做大做强海洋经济，确保海洋产业持续、稳定、快速发展。海洋经济强有力地带动中国东部沿海地区率先发展，特别是进入“十二五”以来，海洋经济继续保持良好的发展势头，海洋经济已成为拉动国民经济发展、构建开放型经济的重要引擎。资源日益消耗和环境污染加剧约束着发展的脚步，海洋经济依靠数量投入的粗放式增长模式遇到巨大阻力，海洋经济必须走上一条资源节约型和环境友好型的发展道路，必须依靠科技创新实现集约型和效益型的转变。海洋经济从注重规模和发展速度转向谋求质量和效益双赢的发展模式。环渤海地区 17 个城市因地制宜巩固发展海洋主导产业，改革创新海洋传统产业，培育壮大海洋战略性新兴产业，提高海洋产业对经济增长的贡献率。

（二）优化海洋产业结构，发展海洋优势产业集群

环渤海地区沿海各城市继续扶持海洋第一产业，在保障海洋渔业资源可持续开发利用与协调发展的同时，海洋捕捞业要努力保护近海资源，积极发展远洋和外海捕捞渔业，开发高附加值海洋产品，延长渔业产品加工产业链，促进海洋渔业发展模式从产量型向效益型转变。积极调整并发展海洋第二产业，重

点培育港口运输、临港工业、船舶修造、海洋能源及利用等产业。优化港口布局及整合海洋资源，形成布局合理、结构优化、层次分明、功能完善的现代化港口体系。加强旅游基础设施和生态环境建设，优化滨海旅游业发展，提升海洋第三产业服务层次，实现海洋产业对沿海地区经济发展的带动支撑作用。

积极推进海洋产业结构调整，鼓励发展物质消耗较低、吸收就业人员较多、创造的绿色 GDP 较高的海洋第三产业。加速改造和淘汰资源消耗较大、对海洋环境污染严重的传统海洋产业。逐步形成以高新技术为核心、基础产业和深加工制造业为支撑、服务业全面发展并逐步占据优势地位的海洋产业发展新格局。大力扶持开发新材料和新能源的企业、环境保护型企业、资源综合利用型企业及资源再生型企业的发展，使这些企业成为海洋经济发展的主要增长点。

二、针对海洋产业安全发展提出政策建议

依据海洋产业安全的含义，着重于海洋产业发展的内外部影响因素，环渤海地区 17 个城市发展差距较大，整体科技实力较弱，社会基础仍需完善，海洋安全意识仍需加强。

（一）增强公民海洋意识，重视海洋产业安全

增强海洋意识包括增强海洋国土意识、海洋经济意识、海洋资源意识、海洋环境意识和海洋安全意识。加大宣传力度，培养公众参与意识，切实增强全民保护海洋、合理开发利用海洋的意识。海上权益是我国主权的重要组成部分，坚定不移地维护国家海洋权益，才能为环渤海地区海洋产业发展奠定坚实的基础。建立环渤海海洋开发综合管理体系，改变分散的海洋管理体制。完善海洋法规体系，坚持依法兴海，促进海洋经济效益、海洋生态效益和海洋社会效益的协调发展，争取海洋经济对国民经济的发展做出更大的贡献。

党的十八大报告中明确指出要提高海洋资源开发能力，发展海洋经济，保护海洋生态环境，坚决维护国家海洋权益，建设海洋强国，将海洋在党和国家工作中的地位提高到前所未有的高度。环渤海地区应紧紧抓住机遇，积极面对挑战，沿海城市地方政府应采取积极财政、税收优惠政策扶持海洋产业发展。加强海洋产业规划和指导，提高海洋经济增长质量。按照区位、自然资源和自然环境等自然属性规划海洋功能，向优势产业倾斜，提高海洋产业对经济增长

的贡献率。优化金融资源配置，拓宽融资渠道，推动环渤海地区区域金融合作机制的建立。加强对外资并购的监管，适度调整招商引资策略，从注重外资数量转变为注重外资质量。

（二）制定环渤海主体功能区规划，缩小发展差距

进入 21 世纪，随着中国区域经济重心向北移动，环渤海经济圈的重要性逐步显现出来。环渤海经济圈是自发形成并呈崛起之势的经济圈，环渤海经济圈是保证我国政治和经济稳定的核心地区，是我国经济发展的第三增长极。推进区域经济合作，需要强化合作共赢意识，并在实施区域统一规划上实现突破，明确各地区在区域中的功能定位、产业分工及城市间重点合作领域。环渤海地区发展长期过度依赖政策，且沿海 17 个城市海洋经济发展差距较显著，在海洋资源开发利用、近海制造业、滨海旅游业等方面存在严重的无序发展、重复建设和资源浪费情况，恶性竞争和矛盾冲突现象严重，实际发展存在结构性透支问题，部分产业凸显“拔苗助长”的后遗症，这些制约了环渤海地区海洋经济的统筹发展。因此，急需制定并实施海洋资源利用规划，确定各岸段的保护和开发利用方向，调控海岸开发规模，规范海洋资源利用开发秩序。

按照主体功能区构想，将我国国土空间划分为优化开发、重点开发、限制开发和禁止开发四类功能区。按照主体功能定位调整完善区域政策和绩效评价，规范空间开发秩序，形成合理的空间开发层次结构。制定环渤海主体功能区规划，按照主体功能定位，调整区域发展政策，加强薄弱环节。对于海洋开发密度高且资源环境遭到破坏的区域，要改变粗放的经济增长模式，发展资源节约型和环境友好型产业，修复受损的生境。对于海洋资源环境优良、地区经济发展条件较好的区域，要改进基础设施建设，促进海洋产业集群发展。对于海洋自然保护区及严重损害需要尽快修复的海域要禁止开发，实现环渤海地区经济和资源、环境、社会的协调可持续发展。

（三）依靠科技进步，实现海洋产业快速稳定发展

环渤海地区沿海多数城市海洋科技水平仍较落后，缺乏有效组织，尚未形成合力。因此，要加大资金投入，加速海洋科技创新型人才培养，开展海洋资源开发、海洋环境保护技术的攻关，增加海洋科技成果储备，建立科研成果向

生产力转化的动力机制与效益机制，加快科技体制改革，倡导各类与海洋经济相关的企业和科研单位联手，走产学研一体化的路子，发展海洋高新技术，使先进实用的科技成果较快地转化为生产力，发展具备创新性、开放性、融合性、竞争性及可持续性的现代海洋产业体系。

发展海洋科学技术，着力推动海洋科技向创新引领型转变。增加对海洋科技开发的资金投入，加强海洋科技人才培养，推进海洋科技的基础设施与平台建设，构建海洋科技创新和支撑体系。科学技术不仅可以改造传统海洋产业，而且可以开辟出全新的产品和全新的服务。在体制、机制和政策措施等各个方面积极鼓励海洋技术成果向生产力转化，提高高新技术对海洋经济的贡献率，增强海洋产业竞争力。

三、针对海洋产业健康和安全发展共同点提出政策建议

无论是海洋产业健康还是海洋产业安全，都要求环渤海地区 17 个城市海洋产业合理开发和利用海洋资源，保护生态环境。

（一）合理开发利用海洋资源，实行生态化管理

在充分开发利用海洋资源的同时，要高度重视海洋资源和生态环境保护。要注意海洋资源开发与环境保护和资源保护同步规划、同步实施、同步发展，以保护资源和环境为优先，确保海洋环境健康和海洋资源的可持续开发利用，使海洋环境和资源保护与海洋开发及沿海地区经济发展相协调。

实施以生态系统为基础的管理即进行海洋产业生态化管理，核心是走生态化发展道路，保证海洋产业在经济和生态方面都是可持续的、满足社会需求、符合海洋生物多样性或世代间平等的要求，保证海洋活动或陆地活动不会威胁生态系统的整体性，实现环渤海地区有效管理，从生态系统的本质出发解决海洋环境和资源问题。当前迫切需要改革的是创新管理方法，建立和健全环渤海地区海洋综合管理机制，在不同的利益相关者之间建立合作伙伴关系，协调国家和地方政府、相关管理部门、行业、企业、社会公众之间的利益关系，共同参与环渤海地区海洋环境管理，逐步改善并恢复环渤海地区海洋生态环境。

（二）加强生态环境整治保护，维护海洋生物多样性

针对环渤海地区沿海各城市海洋生态环境状况，有计划、有步骤地开展海洋生态环境的整治保护工作，实施依法管理，逐步降低污染物排放量和改善环境质量，大幅度削减陆源性污染物对海洋生境的威胁和污染。严格控制近海渔业资源的捕捞强度，继续加强伏季休渔管理制度，完善禁渔期、禁渔区的管理，调整捕捞作业区域布局，加强对特殊物种的保护，建立海洋生态自然保护区和珍贵濒危生物保护区。

扩大海洋开发领域，提高海洋资源开发能力，着力推动海洋经济发展向效益型转变。保护海洋生态环境，推动海洋开发方式向循环利用型转变。加强对海上污染源治理，开展重点海域环境污染防治和综合治理。加强典型海洋生态系统保护，修复近海重要生态功能区，建立和完善海洋自然保护区。建立健全海洋防灾减灾综合检测系统，为各相关部门提供及时、可靠的决策依据，为公民的参与和监督提供翔实的信息，为海洋产业安全提供系统保障。

参 考 文 献

白列湖. 2007. 协同论与管理协同理论. 甘肃社会科学, (9): 12-17.

鲍捷, 吴殿廷, 蔡安宁. 2011. 基于地理学视角的“十二五”期间我国海陆统筹方略. 中国软科学, (5): 1-11.

北京大学可持续发展研究中心. 1994. 可持续发展之路. 北京: 北京大学出版社,

薄广文. 2008. 中国区际增长溢出效应及其差异——基于面板数据的实证研究. 经济科学, (3): 34-47.

薄文广, 安虎森. 2010. 中国被分割的区域经济运行空间——基于区际增长溢出效应差异性的研究. 财经研究, 36(3): 77-89.

蔡安宁, 李靖, 鲍捷, 等. 2012. 基于空间视角的陆海统筹战略思考. 世界地理研究, 21(1): 26-33.

常雪梅, 程宏毅. 2013-08-01. 习近平: 进一步关心海洋认识海洋经略海洋 推动海洋强国建设不断取得新成就. 人民日报, 1 版.

陈安平. 2007. 我国区域经济的溢出效应研究. 经济科学, (2): 40-51.

陈丁, 张顺. 2008. 中国省域经济增长邻居效应的实证研究(1995—2005). 经济科学, (4): 28-38.

陈剑, 黄京炜,. 胥东. 1998. 胶州湾及其邻近海岸带功能区划数学模型研究. 清华大学学报(自然科学版), 38(2): 95-99.

陈懿赟. 2008. 获取动态比较优势的湖南花炮产业发展策略. 经济地理, 28(2): 327-329.

崔旺来, 周达军, 刘洁. 2011. 浙江省海洋产业就业效应的实证分析. 经济地理, (318): 1259-1263.

崔卫国, 刘学虎. 2007. 区际经济学. 北京: 经济科学出版社.

崔云. 2007. 中国经济增长中土地资源的“尾效”分析. 经济理论与经济管理, (11): 32-37.

戴桂林, 刘蕾. 2007. 基于系统论的海陆产业联动机制探讨. 海洋开发与管理, (6): 72-76.

狄乾斌, 韩增林. 2003. 我国海洋资源开发综合效益的新评价. 国土与自然资源研究, 3:

16-18.
狄乾斌, 韩增林. 2004. 海域承载力研究的若干问题. 地理与地理信息科学, 20(5): 50-53.
狄乾斌, 吴佳璐, 张洁. 2013. 基于生物免疫学理论的海域生态承载力综合测度研究——以辽宁省为例. 资源科学, 35(1): 21-29.
狄乾斌, 韩增林, 孙迎. 2009. 海洋经济可持续发展能力评价及其在辽宁省的应用. 资源科学, 31(2): 288-294.
董跃, 姜茂增. 2012. 国外海岸带综合管理经验对我国实施“陆海统筹”战略的启示. 中国海洋大学学报(社会科学版), (4): 15-20.
都晓岩. 2008. 泛黄海地区海洋产业布局研究. 中国海洋大学硕士学位论文.
法丽娜. 2008. 我国海洋产业生存与发展安全评价及政策选择. 世界经济情况, (3): 66-68.
范斐, 孙才志. 2011. 辽宁省海洋经济与陆域经济协同发展研究. 地域研究与开发, 30(2): 59-63.
范斐, 孙才志, 张耀光. 2011. 环渤海经济圈沿海城市海洋经济效率的实证研究. 统计与决策, (6): 119-123.
盖美, 赵晓梅, 田成诗. 2011. 辽宁沿海经济带水资源-社会经济可持续发展研究. 资源科学, 33(7): 1226-1235.
高铁梅. 2006. 计量经济分析方法与建模 EViews 应用及实例. 北京: 清华大学出版社.
葛瑞卿. 2001. 海洋功能区划的理论和实践. 海洋通报, 20(4): 52-63.
顾世显. 1991. 海洋功能区划中的几个关系. 海洋与海岸开发, 8(1): 48-52.
郭晋杰. 2001. 广东省海洋经济构成分析及主要海洋产业发展战略构思. 经济地理, 21: 210-212.
郭显光. 1998. 改进的熵值法及其在经济效益评价中的应用. 系统工程理论与实践, (12): 98-102.
哈肯. 1984. 协同学——引论物理学、化学和生物学中的非平衡相变和自组织. 北京: 原子能出版社.
韩立民, 都晓岩. 2007. 海洋产业布局若干理论问题研究. 中国海洋大学学报(社会科学版), (3): 1-4.
韩立民, 都晓岩. 2009. 泛黄海地区海洋产业布局研究. 北京: 经济科学出版社.
韩立民, 卢宁. 2007. 关于海陆一体化的思考. 太平洋学报, (8): 82-87.
韩立民, 卢宁. 2008. 海陆一体化的基本内涵及其实践意义. 太平洋学报, (3): 82-87.
韩立民, 罗青霞. 2010. 海域环境承载力的评价指标体系及评价方法初探. 海洋环境科学, 29(3): 446-450.
韩增林, 刘桂春. 2003. 海洋经济可持续发展的定量分析. 地域研究与开发, 22(3): 1-4.
韩增林, 狄乾斌, 刘锴. 2003. 辽宁海洋水产资源承载力与可持续发展探讨. 海洋经济, 2: 52-57.
韩增林, 狄乾斌, 刘锴. 2006. 海域承载力的理论与评价方法. 地域开发与研究, 25(1): 1-5.

韩增林, 狄乾斌, 刘锴. 2007. 辽宁省海洋产业结构分析. 辽宁师范大学学报(自然科学版), 30(1): 107-111.

韩增林, 狄乾斌, 周乐萍. 2012. 陆海统筹的内涵与目标解析. 海洋经济, 2(1): 10-15.

何广顺, 王晓惠, 朱凌. 2010. 沿海区域经济和产业布局研究. 北京: 海洋出版社.

胡晓莉, 张炜熙, 阎辛夷. 2012. 天津市海洋产业主导产业选择研究. 海洋经济, (1): 47-52.

黄崇福. 2005. 自然灾害风险评估方法理论与应用. 北京: 科学出版社: 81-82.

黄宁. 2008. 能力结构与经济合作的关系模型研究——以东亚经济合作为例. 当代经济, (13): 108-110.

黄苇, 谭映宇, 张平. 2012. 渤海湾海域资源、生态和环境承载力评价. 环境污染与防治, 34(6): 101-109.

黄晓峰. 2007. 区域经济空间集聚及其溢出效应研究. 福建师范大学硕士学位论文.

纪建悦, 林则夫. 2007. 环渤海海洋经济发展的支柱产业选择研究. 北京: 经济科学出版社.

蒋铁民, 王志远. 2000. 环渤海区域海洋经济可持续发展研究. 北京: 海洋出版社.

金建君, 恽才兴, 巩彩兰. 2002. 海岸带综合管理的核心目的及有关技术的应用. 海洋湖沼通报, (1): 26-31.

井润田, 赵虎, Kevin Steensma. 2013. 中国企业集团内部的 FDI 溢出效应研究. 南开管理评论, 16(5): 110-122.

景玉琴. 2004. 产业安全概念探析. 当代经济研究, (3): 29-31.

雷鸣, 杨昌明, 王丹丹. 2007. 我国经济增长中能源尾效约束计量分析. 能源技术与管理, (5): 101-104.

冷绍升, 崔磊, 焦晋芳. 2009. 我国海洋产业标准体系框架构建. 中国海洋大学学报(社会科学版), (6): 34-38.

李百齐. 2011. 海岸带管理研究. 北京: 海洋出版社.

李彬, 高艳. 2010. 我国区域海洋经济技术效率实证研究. 中国渔业经济, (6): 99-103.

李国平, 陈安平. 2004. 中国地区经济增长的动态关系研究. 当代经济科学, 26(2): 1-5.

李健, 滕欣. 2012. 区域海洋战略性主导产业选择研究——以天津滨海新区为例. 天津大学学报(社会科学版), 14(4): 313-318.

李靖宇, 尹博. 2005. 大连城市经济与辽东半岛海洋经济协调发展的现实论证. 中国地质大学学报(社会科学版), (3): 36-41.

李玲慧. 2010. 外贸出口对中国经济增长影响分析. 科学决策, (3): 10-22.

李书惠. 2009. 能力结构浅谈. 职业时空, (3): 77-78.

李文荣. 2010. 海陆经济互动发展的机制探索. 北京: 海洋出版社.

李小建, 樊新生. 2006. 欠发达地区经济空间结构及其经济溢出效应的实证研究——以河南省为例. 地理科学, 26(1): 1-6.

李小燕, 王菲凤, 张江山. 2011. 基于韦伯-费希纳定律的湖泊富营养化评价. 水电能源科学, 29(3): 37-39.

李晓光, 崔占峰, 王少瑾. 2012. 蓝色经济区城市海洋产业竞争力评价研究. 山东社会科学, (2): 60-64.

李杨帆, 朱晓东, 邹欣庆. 2004. 江苏海岸湿地水质污染特征与海陆一体化调控. 环境污染与防治, (5): 348-350.

李义虎. 2007. 从海陆二分到陆海统筹——对中国海陆关系的再审视. 现代国际关系, (8): 1-7.

李影, 沈坤荣. 2010. 能源结构约束与中国经济增长——基于能源“尾效”的计量检验. 资源科学, 32(11): 2192-2199.

李永实. 2007. 比较优势理论与农业区域专业化发展——以福建省为例. 经济地理, 4(27): 621-628.

李祚泳, 彭荔红. 2003. 基于韦伯-费希纳拓广定律的环境空气质量标准. 中国环境监测, 19(4): 17-19.

廖重斌. 1999. 环境与经济协调发展的定量评判及其分类体系——以珠江三角洲城市群为例. 热带地理, 19(2): 171-177.

林超. 2009. 东营市河口区海洋产业布局优化研究. 中国海洋大学硕士学位论文.

刘大海, 陈烨, 邵桂兰, 等. 2011. 区域海洋产业竞争力评估理论与实证研究. 海洋开发与管理, (7): 90-94.

刘东勋. 2005. 中原城市群九城市的产业结构特征和比较优势分析. 经济地理, 25(3): 343-347.

刘国军, 周达军. 2011. 海洋产业就业弹性的比较优势与实证分析——以浙江省为例. 中国渔业经济, (6): 142-149.

刘洪斌. 2009. 山东省海洋产业发展目标分解及结构优化. 中国人口·资源与环境, 19(3): 140-145.

刘娟娟. 2011. 基于协同理论的高校科研管理探析. 技术与创新管理, (11): 20-25.

刘康, 韩立民. 2008. 海域承载力本质及内在关系探析. 太平洋学报, (9): 69-75.

刘康, 霍军. 2008. 海岸带承载力影响因素与评估指标体系初探. 中国海洋大学学报(社会科学版), (4): 8-11.

刘康, 姜国建. 2006. 海洋产业界定与海洋经济统计分析. 中国海洋大学学报(社会科学版), (5): 1-5.

刘明. 2010. 我国海洋经济发展现状与趋势预测研究. 北京: 海洋出版社.

刘容子, 吴姗姗. 2009. 环渤海地区海洋资源对经济发展的承载力研究. 北京: 科学出版社.

刘蕊. 2009. 海洋资源承载力指标体系的设计与评价. 广东海洋大学学报, (10): 6-9.

刘伟. 1995. 工业化进程中的产业结构研究. 北京: 中国人民大学出版社.

刘晓红, 李国平. 2006. 区域经济增长的固定资产投资、储蓄效应研究——关于西安市的实证分析. 经济地理, 26(2): 203-206.

刘雪梅. 2011. 基于时间窗 DEA 与波士顿矩阵的青岛港效率评价研究. 中国海洋大学硕士学

位论文.
刘雪斌. 2014. 舟山群岛新区陆海统筹发展研究. 浙江海洋学院硕士学位论文.
刘洋, 丰爱平, 吴桑云. 2009. 海洋功能区划实施评价方法与实证研究. 海洋开发与管理, 26(2): 12-17.
刘志高, 尹贻梅, 邢相勤. 2002. 连云港市海陆经济一体化发展战略. 天津城市建设学院学报, (4): 242-247.
龙在江湖. 2011. 产业结构与产业结构理论. http: //blog. sina. com. cn/s/blog_3f6d3e290100t0bp. html[2011-03-30].
楼东, 谷树忠, 钟赛香. 2005. 中国海洋资源现状及海洋产业发展趋势分析. 资源科学, 27(5): 21-26.
栾维新. 1997. 发展临海产业实现辽宁海陆一体化建设. 海洋开发与管理, (2): 34-37.
栾维新, 阿东. 2002. 中国海洋功能区划的基本方案. 人文地理, 17(3): 93-95.
栾维新, 宋薇. 2003. 我国海洋产业吸纳劳动力潜力研究. 经济地理, (4): 530-532.
栾维新, 王海英. 1998. 论我国沿海地区的海陆经济一体化. 地理科学, (4): 342-348.
栾维新, 等. 2004. 海陆一体化建设研究. 北京: 海洋出版社.
马章良, 顾国达. 2012. 进出口贸易对经济增长方式转变的影响分析. 国际贸易问题, (4): 30-38.
毛汉英, 余丹林. 2001. 环渤海地区区域承载力研究. 地理学报, 56(3): 363-371.
孟月娇. 2013. 海洋主导产业选择研究——以青岛市为例. 中国海洋大学博士学位论文.
苗丽娟, 王玉广, 张永华,等. 2006. 海洋生态环境承载力评价指标体系研究. 海洋环境科学, 35(3): 75-77.
潘丹. 2012. 考虑资源环境因素的中国农业生产率研究. 南京农业大学博士学位论文.
潘文卿, 李子奈. 2007. 中国沿海与内陆间经济影响的反馈与溢出效应. 经济研究, (5): 68-77.
彭连清. 2008. 关于中部地区经济增长溢出效应的实证分析. 经济经纬, (1): 63-66.
彭志龙. 2009. 我国第三产业比重是否应该逐年上升? 统计研究, 26(12): 16-18.
秦宏, 谷佃军. 2010. 山东半岛蓝色经济区海洋主导产业发展实证分析. 海洋科学, (11): 84-90.
任东明, 张文忠, 王云峰. 2000. 论东海海洋产业的发展及其基地建设. 地域研究与开发, (1): 54-57.
任品德, 钮智旺, 王平, 等. 2007. 广东海洋产业可持续发展策略研究. 海洋开发与管理, (3): 37-41.
宋丽智. 2011. 我国固定资产投资与经济增长关系再检验: 1980～2010 年. 宏观经济研究, (11): 17-21.
宋薇. 2002. 海洋产业与陆域产业的关联分析. 辽宁师范大学硕士学位论文: 14-37.
苏建军, 徐璋勇, 赵多平. 2013. 国际货物贸易与入境旅游的关系及其溢出效应. 旅游学刊,

28(5): 43-52.

苏文金. 2005. 福建海洋产业发展研究. 厦门: 厦门大学出版社.

孙爱军, 董增川, 张小艳. 2008. 中国城市经济与用水技术效率耦合协调度研究. 资源科学, 30(3): 446-453.

孙才志, 李欣. 2013. 环渤海地区海洋资源、环境阻尼效应测度及空间差异. 经济地理, 33(12): 169-176.

孙才志, 林山杉. 1999. 目标函数聚类法在地下水动态分类中的应用. 吉林地质, 18(2): 50-55.

孙才志, 刘玉玉. 2009. 地下水生态系统健康评价指标体系的构建. 生态学报, (10): 5665-5674.

孙才志, 孙语桐. 2010. 基于 NRCA 模型的辽宁省水资源利用比较优势分析. 地域研究与开发, 29(2): 123-128.

孙才志, 王会. 2007. 辽宁省海洋产业结构分析及优化升级对策. 地域研究与开发, 26(4): 7-11.

孙才志, 张翔. 2008. 基于信息扩散技术的辽宁省农业旱灾风险评价. 农业系统科学与综合研究, 24(4): 507-510.

孙才志, 赵良仕. 2013. 环境规制下的中国水资源利用环境技术效率测度及空间关联特征分析. 经济地理, 33(2): 26-32.

孙才志, 高扬, 韩建. 2012b. 基于能力结构关系模型的环渤海地区海陆一体化评价. 地域研究与开发, 31(6): 28-33.

孙才志, 韩建, 高扬. 2012a. 基于 AHP-NRCA 模型的环渤海地区海洋功能评价. 经济地理, 32(10): 95-101.

孙吉亭, 赵玉杰. 2011. 我国海洋经济发展中的陆海统筹机制. 广东社会科学. (5): 41-47.

孙立家. 2013. 山东省“蓝色粮仓”建设的关联产业结构和布局优化研究. 中国海洋大学硕士学位论文.

孙培立, 孙才志, 王娟娟. 2007. 海岛经济与环境系统协调度评价分析. 海洋开发与管理, (1): 68-72.

孙曰瑶, 宋宪华. 1995. 区域生态经济系统研究. 济南: 山东大学出版社.

唐永銮. 1991. 海洋功能区划划分的原则、分区系统和方法的探讨. 海洋污染与治理, 13(4): 2-4.

万先进, 吴南, 伍婷. 2007. 基于比较优势的三峡地区旅游产业发展. 经济地理, 27(5): 873-876.

万永坤, 董锁成, 王隽妮, 等. 2012. 北京市水土资源对经济增长的阻尼效应研究. 资源科学, 34(3): 475-480.

王江涛, 王倩. 2011. 天津市海洋功能区划的比较研究. 中国海洋大学学报, 41(5): 1-6.

王磊. 2007. 天津滨海新区海陆一体化经济战略研究. 天津: 天津大学出版社: 130-165.

王丽. 2013. 陆海统筹发展的成效、问题及展望. 宏观经济管理, (9): 22-24.
王茂军, 栾维新, 宋薇. 2001. 近岸海域污染海陆一体化调控初探. 海洋通报, (5): 65-71.
王其藩. 1998. 系统动力学. 天津: 天津大学出版社.
王诗成. 2001. 关于实施海洋可持续发展战略的思考. 海洋信息, 3: 23-25.
王诗成. 2011. 实施海陆经济一体化发展 推进山东半岛蓝色经济区建设. 理论学刊, (2): 33-36.
王万茂. 2003. 土地利用规划学. 北京: 中国大地出版社.
王妍. 2010. 辽宁省产业用水变化驱动效应分解与时空分异分析. 辽宁师范大学硕士学位论文.
王友贞. 2005. 区域水资源承载力评价研究. 河海大学博士学位论文.
王长征, 刘毅. 2003. 论中国海洋经济的可持续发展. 资源科学, 25(4): 73-78.
王铮, 刘海燕, 刘丽. 2003. 中国东中西部 GDP 溢出分析. 经济科学, (1): 5-13.
魏后凯. 2002. 外商直接投资对中国区域经济增长的影响. 经济研究, (4): 19-26.
吴殿廷, 陈启英, 楼武林, 等. 2010. 区域发展与产业布局的耦合方法研究. 地域研究与开发, 29(4): 1-5.
吴凯, 卢布. 2007. 中国海洋产业结构的系统分析与海洋渔业的可持续发展. 中国农学通报, 23(1): 367-370.
吴以桥. 2011. 我国海洋产业布局现状及对策研究. 科技与经济, 24(1): 56-60.
吴玉鸣. 2007. 中国区域研发、知识溢出与创新的空间计量经济研究. 北京: 人民出版社.
项歌德, 朱平芳, 张征宇. 2011. 经济结构、R&D 投入及构成与 R&D 空间溢出效应. 科学学研究, 29(2): 206-214.
解玉平, 李亚丽. 2006. 我国固定资产投资率偏高的原因分析. 中国投资协会投资咨询专业委员会. 投资增长速度研究专题研讨会论文集. 北京: 中国统计出版社: 125-129.
熊永柱, 张美英. 2008. 海岸带环境承载力概念模型初探. 资源与产业, 10(4): 129-132.
徐丛春, 宋维玲, 李双建. 2011. 基于波士顿矩阵的广东省海洋产业竞争力评价研究. 特区经济, (2): 35-37.
徐敬俊. 2010. 海洋产业布局的基本理论研究暨实证分析. 中国海洋大学博士学位论文.
徐质斌. 2010. 构架海陆一体化社会生产的经济动因研究. 太平洋学报, (1): 73-80.
徐中民, 张志强, 程国栋. 2003. 生态经济学理论方法与应用. 河南: 黄河水利出版社.
许启望. 1998. 关于海洋经济可持续发展的几个问题. 海洋开发与管理, (2): 1-3.
晏维龙. 2012. 海岸带产业成长机理与经济发展战略研究. 北京: 海洋出版社.
杨公朴, 王玉, 朱舟, 等. 2000. 中国汽车产业安全性研究. 财经研究, (1): 22-27.
杨先明. 2007. 能力结构与东西部区域经济合作. 北京: 中国社会科学出版社.
杨先明, 李娅. 2008. 能力结构、资源禀赋与区域合作中的战略选择——云南案例分析. 思想战线, (6): 56-59.
杨先明, 梁双陆. 2007. 东西部能力结构差异与西部的能力建设. 云南大学学报(社会科学版), (2): 70-78.

杨先明, 梁双陆, 李娅. 2005. 基于能力结构的东西部区域经济合作思路. 经济界, (2): 44-48.

杨杨, 吴次方, 罗聂辉, 等. 2006. 中国水土资源对经济的“增长阻尼”研究. 经济地理, 41(1): 529-532.

杨荫凯. 2013. 陆海统筹发展的理论、实践与对策. 区域经济评论, (5): 31-34.

杨羽頔, 孙才志. 2014. 环渤海地区陆海统筹度评价与时空差异分析. 资源科学, 36(4): 691-701.

叶阿忠. 2003. 非参数计量经济学. 天津: 南开大学出版社.

叶明确, 方莹. 2013. 出口与我国全要素生产率增长的关系——基于空间杜宾模型. 国际贸易问题, (5): 19-31 .

叶属峰, 等. 2012. 长江三角洲海岸带区域综合承载力评估与决策: 理论与实践. 北京: 海洋出版社.

叶向东. 2009a. 东部地区率先实施陆海统筹发展战略研究. 网络财富, (2): 70-71.

叶向东. 2009b. 海洋产业经济发展研究. 海洋开发与管理, 26(4): 86-92.

殷克东, 王晓玲. 2010. 中国海洋产业竞争力评价的联合决策测度模型. 经济研究参考, (28): 27-39.

殷克东, 方胜民, 高金田. 2012. 中国海洋经济发展报告(2012). 北京: 社会科学文献出版社.

尹建华, 徐二朋, 王兆华. 2009. 基于模糊评价法的产业集群风险研究. 科技进步与对策, 26(12): 123-125.

于谨凯, 杨志坤. 2012. 基于模糊综合评价的渤海近海海域生态环境承载力研究. 经济与管理评论, (3): 54-60.

于谨凯, 于平. 2008. 我国海洋产业可持续发展研究. 中国水运, 8(1): 214-215.

于谨凯, 张亚敏. 2011. 基于DEA模型的我国海洋运输业安全评价及预警机制研究. 内蒙古财经学院学报, (6): 68-72.

于谨凯, 杨志坤, 单春红. 2011. 基于可拓物元模型的我国海洋油气业安全评价及预警机制研究. 软科学, 140(8): 22-26.

于谨凯, 于海楠, 刘曙光. 2008. 我国海洋经济区产业布局模型及评价体系分析. 产业经济研究, 33(2): 60-67.

于谨凯, 于海楠, 刘曙光, 等. 2009. 基于“点—轴”理论的我国海洋产业布局研究. 产业经济研究, 39(2): 55-62.

于永海, 苗丰民, 张永华, 等. 2004. 区域海洋产业合理布局的问题及对策. 国土与自然资源研究, (1): 1-2.

余江, 叶林. 2006. 经济增长中的资源约束和技术进步——一个基于新古典经济增长模型的分析. 中国人口·资源与环境, 16(5): 7-10.

约翰·R. 克拉克. 2000. 海岸带管理手册. 吴克勤, 杨德全, 盖明举译. 北京: 海洋出版社.

曾珍香. 2001. 可持续发展协调性分析. 系统工程理论与实践, (3): 18-21.
张宝, 刘静玲, 陈秋颖, 等. 2010. 基于韦伯-费希纳定律的海河流域水库水环境预警评价. 环境科学学报, 30(2): 268-274.
张碧琼. 2003. 国际资本扩张与经济安全. 中国经贸导刊, (6): 30.
张德贤. 2000. 海洋经济可持续发展理论研究. 青岛: 中国海洋大学出版社.
张海峰. 2005a. 海陆统筹兴海强国——实施海陆统筹战略, 树立科学的能源观. 太平洋学报, (3): 27-33.
张海峰. 2005b. 再论海陆统筹兴海强国. 太平洋学报, (7): 14-17.
张海峰. 2005c. 抓住机遇加快我国海陆产业结构大调整——三论海陆统筹兴海强国. 太平洋学报, (10): 25-27.
张宏声. 2003. 全国海洋功能区划概要. 北京: 海洋出版社.
张金昌. 2001. 国际竞争力评价的理论和方法研究. 中国社会科学院研究生院博士学位论文.
张静, 韩立民. 2006. 试论海洋产业结构的演进规律. 中国海洋大学学报(社会科学版), (6): 1-3.
张诗雨. 2012. 海洋产业安全形势与应对思路. 经济纵横, (1): 72-75.
张妍, 杨志峰, 何孟常, 等. 2005. 基于信息熵的城市生态系统演化分析. 环境科学学报, 25(8): 1127-1134.
张耀光. 2006. 中国海洋经济与可持续发展. 科学(上海), 58(1): 50-52.
张耀光, 韩增林, 刘锴, 等. 2009. 辽宁省主导海洋产业的确定. 资源科学, 31(12): 2192-2200.
张颖, 施一帆. 2011. 消费品零售总额与GDP的长期均衡及因果关系——基于中国改革开放30年数据的实证研究. 经济问题, (10): 54-57.
张月锐. 2006. 东营市海洋产业结构优化与主导产业选择. 中国石油大学学报(社会科学版), 22(3): 52-56.
赵良仕, 孙才志, 郑德凤. 2014. 中国省际水资源利用效率与空间溢出效应测度. 地理学报, 69(1): 121-133.
赵昕, 郭恺莹. 2012. 基于GRA-DEA混合模型的沿海地区海洋经济效率分析与评价. 海洋经济, (5): 5-10.
赵昕, 王茂林. 2009. 基于灰色关联度测算的海陆产业关联关系研究. 商场现代化, (15): 150-151.
赵昕, 余亭. 2009. 沿海地区海洋产业布局的现状评价. 渔业经济研究, (3): 11-16.
赵彦兰. 2014. 天津市第三产业阶段性逆向发展问题分析. 市场周刊, (3): 39-40.
郑德凤, 臧正, 苏琳. 2014. 大连市海洋生态压力及海洋经济可持续发展分析. 海洋开发与管理, (1): 94-98.
周亨. 2000. 论海陆一体化开发. 理论与改革, (6): 78-80.
周井娟. 2011. 我国主要海洋产业对劳动力就业的拉动效应分析. 工业技术经济, (209):

46-51.

朱坚真, 吴壮. 2009. 海洋产业经济学导论. 北京: 经济科学出版社.

朱天福, 陈颖珍, 李曼珍. 2003. 正确看待三产比重. 浙江经济, (15): 34-35.

Anselin L. 1988. Spatial Econometrics: Methods and Models. Dordrecht: Kluwer.

Anselin L. 1995. Local indicators of spatial association-LISA. Geographical Analysis, 27(2): 93-116.

Baker J M, Suryowinoto I M, Brooks P, et al. 1980. Tropical Marine Ecosystems and the Oil Industry: With a Description of a Post Oil Spill Survey in Indonesian Mangroves. London: Petroleum and the Marine Environment, Graham and Trtotman: 679-701.

Balassa B. 1965. Trade liberalzation and "revealed" comparative advantage . The Manchester School, 33: 99-123.

Baldwin R, Martin P, Ottaviano G. 2001. Global income divergence, trade and industrialization: The geography of growth take-off. Journal of Economic Growth, 6(1): 5-37.

Blake B. 1998. A strategy for cooperation in sustainable oceans management and development, common wealth Caribbean. Marine Policy, 22(6): 505-513.

Blanco M, Sotelo C G, Chapela M J, et al. 2007. Towards sustainable and efficient use of fishery resources: Present and future trends. Trends in Food Science & Technology, 18(1): 29-36.

Brun J, Combes J L, Renard M. 2002. Are there spillover effects between the coastal and noncoastal regions in China. China Economic Review, 13(2): 161-169.

Buenstorf G. 2000. Self-organization and sustainability: Energetics of evolution and implications for ecological economics. Ecological Economics, 33(1): 119-134.

Cabrer-Borras B, Serrano-Domingo G. 2007. Innovation and R&D spillover effects in Spanish regions: A spatial approach. Research Policy, 36: 1357-1371.

Carlino G, Defina R. 1995. Regional income dynamics. Journal of Urban Economics, 37(1): 88-106.

Chadenas C, Pouillaude A, Pottier P. 2008. Assessing carrying capacities of coastal areas in France. Journal of Coastal Conservation, 12(1): 27-34.

Chapman P M, Paine M D, Arthur A D, et al. 1996. A triad study of sediment quality associated with a major, relatively untreated marine sewage discharge. Marine Pollution Bulletin, 32(1): 47-64.

Chetty S. 2002. Disasters and transport systems: Loss, recovery and competition at the port of Kobe after the 1995 earthquake. Journal of Transport Geography, 8(7): 53-65.

Cicin-Sain B, Belfiore S. 2005. Linking marine protected areas to integrated coastal and ocean management: A review of theory and practice. Ocean & Coastal Management, 48: 847-868.

Cicin-Sain B, Knecht R. 1998. Integrated Coastal and Ocean Management: Concepts and Practices. Washington: Island Press.

Conley T G, Ligon E. 2002. Economic distance and cross-country spillovers. Journal of Economic Growth, 7(2): 157-187.

Crespo N, Fontoura M P. 2007. Determinant factors of FDI spillovers-what do we really know? World Development, 35(3): 410-425.

Dame R F, Prins T C. 1997. Bivalve carrying capacity in coastal ecosystems. Aquatic Ecology, 31(4): 409-421.

Dasgupta P S, Heal G M. 1974. The optimal depletion of exhaustible resources. Resource of Economic Study, (1): 504-531.

Davis B C. 2004. Regional planning in the US coastal zone: A comparative analysis of 15 special area plans. Ocean & Coastal Management, 47: 79-94.

de Vivero J L S. 2007. The European vision for oceans and seas-social and political dimensions of the green paper on maritime policy for the EU. Marine Policy, 31: 409-414.

Dempster A P. 1967. Upper and lower probabilities induced by a multivalued mapping. Annals of Mathematical Statistics, 38(2): 325-339.

Dempster A P. 1968. A generalization of Bayesian inference. Journal of the Royal Statistical Society, 30(2): 205-247.

Diakoulaki D, Mavrotas G, Papayannakis L. 1995. Determining objective weights in multiple criteria problems: The CRITIC method. Computers & Operations Research, 22(7): 763-770.

Douven R, Peeters M. 1998. GDP-spillovers in multi-country models. Economic Modelling, 15: 163-195.

Douvere F, Maes F, Vanhulle A, et al. 2007. The role of marine spatial planning in sea use management: The Belgian case. Marine Policy, 31(2): 182-191.

Ehler C, Douvere F. 2009. Marine Spatial Planning: A Step-by-step Approach toward Ecosystem-based Management. Paris: UNESCO.

Eyring V, Isaksen I S A, Berntsen T, et al. 2010. Transport impacts on atmosphere and climate: Land transport. Atmospheric Environment, 44(37): 4772-4816.

Ferreira J G. 2000. Development of an estuarine quality index based on key physical and biogeochemical features. Ocean & Costal Management. 43(1): 99-122.

Field G. 2003. The Gulf of Guinea large marine ecosystem: Environmental forcing and sustainable development of marine resources. Journal of Experimental Marine Biology and Ecology. 296: 128-130.

Filgueira R, Grant J. 2009. A box model for ecosystem-level management of mussel culture carrying capacity in a coastal bay . Ecosystems, 12(7): 1222-1233.

Fogarty M J, Murawski S A. 1998. Large-scale disturbance and the structure of marine systems: Fishery impacts on Georges Bank. Ecological Applications, 8(1): 6-22.

Garrod B, Wilson A C. 2003. Marine Ecotourism: Issues and Experiences. Clevedon: Channel

View Publications: 233-248.

Ge W, Michael L, Chris S, et al. 2010. Testing of acoustic emission technology to detect cracks and corrosion in the marine environment . Journal of Ship Production and Design, 26(2): 106-110.

Geoffrey H B, David J H. 1967. A clustering technique for summarizing multivariate data . Behavioral Science, 12(2): 153-155.

Getis A, Griffith D A. 2002. Comparative spatial filtering in regression analysis. Geographical Analysis, 24(3): 189-206.

Gogoberidze G. 2012. Tools for comprehensive estimate of coastal region marine economy potential and its use for coastal planning. Journal of Coastal Conservation, 16(3): 251-260.

Groenewold N, Li G, Chen A. 2008. Inter-regional spillovers in china: The importance of common shocks and the definition of the regions. China Economic Review, (19): 32-52.

Heikoff J M. 1977. Coastal Resources: Management; Institutions and Programs. Ann Arbor: Ann Arbor Science Publishers.

Henderson J C. 1999. Managing the Asian financial crisis: Tourist attractions in Singapore . Journal of Travel Research, 38(2): 177-181.

Herrerias M J. 2012. Weighted convergence and regional growth in China: An alternative approach(1952-2008). The Annals of Regional Science, 49(3): 685-718.

Hirschman A. 1988. The Strategy of Economic Development. Boulder: Westview.

Hoen A R, Oosterhaven J. 2006. On the measurement of comparative advantage. The Annals of Regional Science, 40(3): 677-691.

Hrwood J. 1992. Assessing the competitive effects of marine mammal predation on commercial fisheries. South African Journal of Marine Science, 12: 689-693.

Islam M S. 2003. Perspectives of the coastal and marine fisheries of the Bay of Bengal, Bangladesh . Ocean & Coastal Management, 46: 763-796.

Jonathan S, Paul J. 2002. Technologies and their influence on future UK marine resource development and management. Marine Policy, 26: 231-241.

Jones P J S. 2008. Fishing industry and related perspectives on the issues raised by no-take marine protected area proposals. Marine Policy, (32): 749-758.

Kashubsky M. 2006. Marine pollution from the offshore oil and gas industry: Review of major conventions and Russian law. Maritime Studies, (11): 1-11.

Krugman P. 1991. Increasing returns and economic geography. Journal of Political Economy, 99(3): 183-199.

Kwak S-J, Yoo S-H, Chang J-I. 2005. The role of the maritime industry in the Korean national economy: An input-output analysis. Marine Policy, 29: 371-383.

LeSage J, Pace R K. 2009. Introduction to Spatial Econometrics. Boca Raton: CRC Press: 27-41.

Lorenz E H. 1991. An evolutionary explanation for competitive decline: The British shipbuilding industry, 1890-1970. The Journal of Economic History, 51 (4) : 911-935.

Luo J G, Harman K J, Brand T S B, et al. 2001. A spatially-explicit approach for estimating carrying capacity: An application for the Atlantic menhaden (*Brevoortia tyrannus*) in Chesapeake Bay. Estuaries and Coasts, 24 (4) : 545-556.

Messner S F, Anselin L, Baller R D, et al. 1999. The spatial patterning of county homicide rates: An application of exploratory spatial data analysis. Journal of Quantitative Criminology, 15 (4) : 423-450.

Miloy J, Copp A E. 1970. Economic Impact Analysis of Texas Marine Resources and Industries. Texas: Texas A&M University Press: 1-199.

Mitchell C L. 1998. Sustainable oceans development: The Canadian approach. Marine Policy, 22 (4) : 393-412.

Montero G G. 2002. The Caribbean: Main experiences and regularities in capacity building for the management of coastal areas. Ocean and Coastal Management, 45 (9/10) : 677-693.

Moran P A. 1950. Notes on continuous stochastic phenomena. Biometrika, 37 (1) : 17-23.

Myrdal G. 1957. Economic Theory and Under-Developed Regions. London: G. Duckworth.

Nijdam M H, de Langen P W. 2003. Leader films in the Dutch maritime cluster. ERSA Congress , 32: 16-27.

Noel D A. 1995. Reconsideration of effect of energy scarcity on economic growth. Energy, 20 (1) : 1-12.

Nordhaus W D. 1992. Lethal model 2: The limits to growth revised. Brookings Papers on Economic Activity, (2) : 1-43.

Panayotou K. 2009. Coastal management and climate change: An Australian perspective. Journal of Coastal Research, (1) : 742-746.

Paul R, Teresa F. 2003. Management of environmental impacts of marine aquaculture in Europe. Aquaculture, 226: 139-163.

Perroux F. 1950. Economic space: Theory and application. Quarterly Journal of Economies, 64 (1) : 89-104.

Porter M E. 1990. The Competitive Advantage of Nations. NewYork: Free Press.

Rakocinski C, Baltz D M, Fleeger J W. 1992. Correspondence between Environmental Gradients and the Community Structure of Marsh-Edge Fishes in a Louisiana Estuary. Halstenbek: Mar. Ecol. Prog. Ser: 135-148.

Ramajo J, Marquez A, Hewings D, et al. 2008. Spatial heterogeneity and interregional spillovers in the European Union: Do cohesion policies encourage convergence across regions? European Economic Review, 52: 551-567.

Rees S E, Rodwell L D, Attrill M J, et al. 2010. The value of marine biodiversity to the leisure and recreation industry and its application to marine spatial planning. Marine Policy, (34): 868-875.

Rimmer P J. 1967. The changing status of New Zealand seaports, 1853-1960. Annals of the Association of American Geographers, 57(1): 88-100.

Rimmer P J. 1973. The search for spatial regularities in the development of Australian seaports 1861-1961/2. Macmillan Education UK, 49(1): 42-54.

Rimmer P J. 1977. A conceptual framework for examining urban and regional transport needs in southeast Asia. Pacific View, 18: 133-147.

Rodriguez I, Montoya I, Sanchez M J, et al. 2009. Geographic information systems applied to integrated coastal zone management. Geomorphology, 107: 100-105.

Romer D. 2001. Advanced Macroeconomics(Second edition). New York: The McGraw-Hill Companies, Inc. : 30-38.

Rutherford R J, Herbert G J, Coffen-Smout S. 2005. Integrated ocean management and the collaborative planning process: The Eastern Scotian Shelf Integrated Management (ESSIM) Initiative. Marine Policy, 29: 75-83.

Samonte-Tan G P B, White A T, Tercero M A. 2007. Economic valuation of coastal and marine resources: Bohol marine triangle, Philippines. Coastal Management, 35: 319-338.

Satty T L. 1990. How to make a decision: The analytic hierarchy process. European Journal of Operational Research, (48): 9-26.

Schittone J. 2001. Tourism vs. commercial fishers: Development and changing use of Key West and Stock Island, Florida . Ocean & Coastal Management, 44(1/2): 15-37.

Shafer G. 1976. A Mathematical Theory of Evidence. Princeton: Princeton University Press: 1-150.

Silverman B W. 1986. Density Estimation for Statistics and Data Analysis. Monographs on Statistics and Applied Probability. London: Chapman and Hall.

Slack B. 1990. Intermodal transportation in North America and the development of inland load center. Professional Geographers, 4422(1): 72-85.

Sonis M, Hewings G J D, Guilhoto J. 1995. The Asian economy: Trade structure interpreted by feedback loop analysis. Journal of Applied Input-Output Analysis, 2(2): 25-40.

Tong T, Yu T H E, Cho S H, et al. 2013. Evaluating the spatial spillover effects of transportation infrastructure on agricultural output across the United States. Journal of Transport Geography, (30): 47-55.

Vasconcellos M, Gasalla M A. 2001. Fisheries catches and the carrying capacity of marine ecosystems in southern Brazil . Fisheries Research, 50(3): 279-295.

Vernberg F J, Vernberg W B. 2001. The Coastal Zone: Past, Present and Future. Columbia: University of South Carolina Press.

Wijesekara I, Kim S K. 2010. Angiotensin-I-converting enzyme（ACE）inhibitors from marine resources: Prospects in the pharmaceutical industry. Marine Drugs, 8: 1080-1093.

Ying L G. 2000. Measuring the spillover effects: Some Chinese evidence. Papers in Regional Science, 79(1): 75-89.

Yu N N, Jong M D, Storm S, et al. 2013. Spatial spillover effects of transport infrastructure: Evidence from Chinese regions. Journal of Transport Geography,（28）: 56-66.